卓越系列·国家示范性高等职业院校核心课程特色教材

Numerical Control Processing Craft and Programming

数控加工工艺与编程

(Numerical Control Vehicle Part)

(数控车部分)

主　编　闫华明　杨善迎
副主编　徐晓峰　李承浩
参　编　付振山

内 容 提 要

本书采用任务驱动方式编写,包括三大学习情境,分别是数控编程、数控加工工艺、数控加工。其中包括20个学习任务,每个学习任务均是完成一个典型零件的编程加工,并都穿插一个或多个知识点作为重点教学内容。在每个学习情境开始部分设有情境综述内容作为本情境学习的基础,以学习够用为原则合理分布理论知识体系,每个学习任务的教学都采用理论实践一体化方式。

本书采用华中世纪星 HNC－21T 数控系统为载体,进行数控编程和仿真加工。

本书可作为高职高专机电类有关数控机械加工制造及模具设计专业的应用教材,也可作为数控技能鉴定的培训学习用书。

图书在版编目(CIP)数据

数控加工工艺与编程(数控车部分)/闫华明,杨善迎主编.—天津:天津大学出版社,2009.2(2011.2重印)
(卓越系列)
国家示范性高等职业院校核心课程特色教材
ISBN 978-7-5618-2916-5

Ⅰ.数… Ⅱ.①闫…②杨… Ⅲ.①数控机床:车床-加工工艺-高等学校:技术学校-教材②数控机床:车床-程序设计-高等学校:技术学校-教材 Ⅳ.TG659

中国版本图书馆CIP数据核字(2009)第004464号

出版发行 天津大学出版社
出 版 人 杨欢
地　　址 天津市卫津路92号天津大学内(邮编:300072)
电　　话 发行部:022-27403647 邮购部:022-27402742
印　　刷 廊坊市长虹印刷有限公司
经　　销 全国各地新华书店
开　　本 169mm×239mm
印　　张 19
字　　数 405千
版　　次 2009年2月第1版
印　　次 2011年2月第2次
印　　数 3 001-6 000
定　　价 30.00元

前　言

教材改革是国家示范性高等职业院校建设项目中的一项重要建设任务，本书依照教育部高职高专教材改革发展要求，借鉴和吸收德国等国家的先进教育理念，采用任务驱动的方式组织编写，可实现理论实践一体化教学，体现"工学结合"的教学模式。

教材内容主要包括三大学习情境，共计 20 个学习任务。其中学习情境一是数控编程，包括三部分，分别是手动编程 8 个学习任务、自动编程 4 个学习任务、宏程序 1 个学习任务；学习情境二是数控加工工艺，包括 4 个学习任务；学习情境三是数控加工，包括两部分，分别是仿真加工 1 个学习任务，实际操作加工 2 个学习任务。每个学习任务就是一个典型零件完整的加工过程，每个任务在理论阐述中都穿插着一个或多个知识点作为重点教学内容。

教材内容由浅入深、逐步过渡，将不同知识点融入不同的任务中，通过多任务的学习，实现由单一的知识体系到综合、多领域的知识体系的有机结合，实现由单一的理论学习到理论实践一体化的教学改革。

本教材以培养学生自学能力为主，以使其综合掌握数控专业各方面的知识，不断提高解决问题和分析问题的能力。在技能培养方面以数控加工实践能力为主，工艺与编程能力为辅。

通过学习本课程使学生能够较全面地掌握数控工艺知识和数控机床编程技巧，熟练编制出符合加工工艺过程的程序，并完成工件的装卡定位到加工出合格的零件。

总之，将技能和知识有机结合，符合高职高专"工学结合"人才培养模式的指导思想，本书坚持结构层次递进，语言表述尽量浅显易懂，以符合读者的认知规律。

在本书编写的过程中，编者注重企业调研，广泛征求企业工程技术人员的意见，华东数控设备有限公司梁勇工程师以及光威渔具有限公司副总张立军工程师都给予很大帮助，同时也得到华中设备有限公司多名工程师的指导，在此表示衷心的感谢。

本书由闫华明、杨善迎主编，徐晓峰、李承浩为副主编，付振山参编，闫华明策划和统稿。

由于编者水平所限，书中难免存在错误和不妥之处，敬请广大读者批评、指正。

编者

2011 年 2 月

目　录

学习情境一　数控编程

一、数控编程简介

知识要点

- 数控程序编制的内容、规则及方法。
- 坐标系的种类及建立方法。

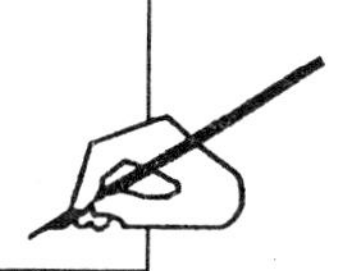

(一)数控程序的编制

1. 数控程序编制的内容及步骤

用数控机床加工零件时，首先对零件进行加工工艺分析，以确定加工方法、加工工艺路线，正确地选择数控机床刀具和装夹方法；然后按照加工工艺的要求，根据所用数控机床规定的指令代码及程序格式，将刀具的运动轨迹、位移量、切削参数以及辅助功能编写成加工程序单，传送或输入到数控装置中，从而指挥机床加工零件。具体包括以下步骤。

(1)在编制数控加工程序前，应首先了解数控程序编制的主要工作内容、程序编制的工作步骤、每一步应遵循的工作原则等，最终才能获得满足要求的数控程序。

内容包括：对零件图样进行分析，明确加工的内容和要求；确定加工方案；选择适合的数控机床；选择或设计刀具和夹具；确定合理的走刀路线及选择合理的切削用量等。这一工作要求编程人员能够对零件图样的技术特性、几何形状、尺寸及工艺要求进行分析，并结合数控机床使用的基础知识，如数控机床的规格、性能、数控系统的功能等，确定加工方法和加工路线。

(2)数学处理。在确定工艺方案后，就需要根据零件的几何尺寸、加工路线等，计算刀具中心运动轨迹，以获得刀位数据。数控系统一般均具有直线插补与圆弧插补功能，对于加工由圆弧和直线组成的较简单的平面零件，只需要计算出零件轮廓上相邻几何元素交点或切点的坐标值，得出各几何元素的起点、终点、圆弧的圆心坐标值等，就能满足编程要求。当零件的几何形状与控制系统的插补功能不一致时，就需要进行较复杂的数值计算，一般需要使用计算机辅助计算，否则难以完成。

(3)编写零件加工程序。在完成上述工艺处理及数值计算工作后，即可编写零件加工程序。程序编制人员使用数控系统的程序指令，按照规定的程序格式，逐段编写加工程序。程序编制人员应对数控机床的功能、程序指令及代码十分熟悉，才能编写出正确的加工程序。

(4)程序检查。将编写好的加工程序输入数控系统，就可控制数控机床的加工工作。一般在正式加工前，要对程序进行检验。通常可采用机床空运转的方式来检查机床动作和运动轨迹的正确性，以检验程序。在具有图形模拟显示功能的数控机床上，可通过显示走刀轨迹或模拟刀具对工件的切削过程，对程序进行检查。对于形状复杂和要求高的零件，也可采用铝件、塑料或石蜡等易切材料进行试切来检验程序。通过检查试件，不仅可确认程序是否正确，还可知道加工精度是否符合要求。若能采用与被加工零件材料相同的材料进行试切，则更能反映实际加工效果，当发现加工的零件不符合加工技术要求时，可修改程序或采取尺寸补偿等措施。

简单地说，数控编程就是从零件图纸到获得数控加工程序的全部工作过程，如图 1.1所示。

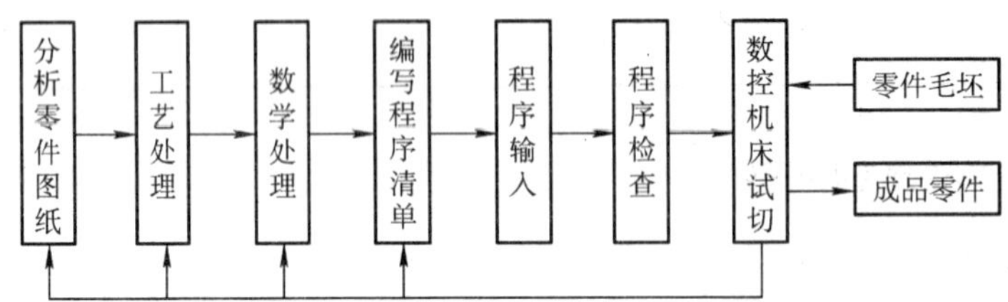

图 1.1 数控程序编制的内容及步骤

2. 数控程序编制的方法

数控加工程序的编制方法主要有 2 种：手工编程和自动编程。

1)手工编程

一般对几何形状不太复杂的零件、所需的加工程序不长、计算比较简单，用手工编程比较合适。手工编程的特点是耗费时间较长，容易出现错误，无法胜任复杂形状零件的编程。

2)自动编程

自动编程就是利用计算机专用软件编制数控加工程序的过程。编程人员只需根据零件图样的要求，使用数控语言，由计算机自动地进行数值计算及后置处理，编写出零件加工程序单，加工程序通过直接通信的方式送入数控机床，指挥机床工作。自动编程使得一些计算繁琐、手工编程困难或无法编出的程序能够顺利地完成。

3. 数控编程有关规则

为了规范数控加工程序指令及格式等方面内容，满足设计、制造、维修和普及的需要，国际上通用的 2 种数控编程标准分别是国际标准化组织(ISO)标准和美国电子工程协会(EIA)标准。

由于各个数控机床生产厂家所用的标准尚未完全统一，其所用的代码、指令及其含义不完全相同，因此，在数控编程时必须按所用数控机床编程手册中的规定进行。

目前，数控系统中常用的代码有 ISO 代码和 EIA 代码。

4. 数控程序的结构

1)程序的组成

一个完整的数控程序由程序号、程序内容和程序结束 3 部分组成。

(1)程序号。程序号为程序的开始部分，由程序编号地址码和程序编号组成，不同的数控系统程序地址码是不同的，如 FANUC 系统用英文字母“O”表示，华中数控系统用“%”符号表示。

(2)程序主体。程序主体由若干个程序段组成，表示数控机床要完成的全部动作。每个程序段由一个或多个指令字组成。

(3)程序结束。程序结束指令可以用 M02 或 M30，一般要求单列一段来结束整个程序。

例如，一个标准的数控程序如下所示：

```
O4321;                          程序号
N010 T0101;                  ┐
N020 M03 S800;               │
N030 G00 X60.0 Z5.0;         │
N040 X45.0;                  │
N050 G01 Z-20.0 F120;        ├  程序内容
N060 X60.0;                  │
N070 G00 X100.0 Z100.0;      │
N080 M05;                    ┘
N090 M30;                       程序结束
```

2)程序段格式

程序段格式通常有“字—地址”程序段格式、使用分隔符的程序段格式和固定程序段格式，最常用的为“字—地址”程序段格式。

“字—地址”程序段格式由语句号字、数据字和程序段结束符组成，各字后有地址，字的排列顺序要求不严格，数据的位数可多可少。

(1)语句号字。语句号字用以识别程序段的编号，由地址码 N 和后面的若干位数字组成。

(2)数据字。数据字由准备功能字 G、辅助功能字 M、尺寸字、进给功能字 F、刀具功能字 T、主轴转速功能字 S 等组成。

(3)程序段结束符。程序段结束符写在每一程序段后，表示程序结束。当用 EIA 标准代码时，结束符为“CR”；用 ISO 标准代码时，结束符为“NL”或“LF”；还有的用符号“:”“ * ”“;”表示；有的直接回车即可。

例如，“字—地址”程序段格式为：

N__	G__	X__Y__Z__	F__	S__	T__
顺序号	准备功能	坐标值	进给功能	主轴转速功能	刀具功能

M__　　LF(或;)

辅助功能　　结束代码

5. 数控程序基本代码

1)准备功能 G 代码

准备功能 G 代码由地址字 G 及二位数字表示，它主要用来规定刀具和工件的相对运动轨迹、机床坐标系、坐标平面、刀具补偿、坐标偏置等多种加工操作。

G 代码有 2 种：模态代码和非模态代码。模态代码又称为续效代码，一旦在一个程序段中指定，便保持到以后程序段中出现同组的另一代码时才失效，同组的任意 2 个 G 代码不能同时出现在一个程序段中；非模态代码只在所出现的程序段内有效。

华中世纪星数控系统的准备功能 G 代码如表 1.1 所示。

表 1.1　准备功能一览表

G 代码	组	功能	参数	G 代码	组	功能	参数
G00	01	快速定位	X、Z	G58	11	零点偏置	
*G01		直线插补	X、Z、F	G59			
G02		顺时针圆弧插补	X、Z、I、K、R、F	G65	06	宏程序简单调用	P、A～Z
G03		逆时针圆弧插补		G71		内/外径切削复合循环	X、Z、U、W、C、P、Q、R、E
G04	00	暂停	P	G72		端面切削复合循环	
G20	08	英寸输入		G73		闭环切削复合循环	
*G21		毫米输入		G76		螺纹切削复合循环	
G28	00	返回到参考点	X、Z	*G80	01	内/外径切削固定循环	X、Z、I、K、C、P、R、E
G29		由参考点返回		G81		端面切削固定循环	
G32	01	螺纹切削	X、Z、R、E、P、F	G82		螺纹切削固定循环	
*G40	09	刀尖半径补偿取消		*G90	13	绝对值编程	
G41		刀尖半径左补偿	D	G91		增量值编程	
G42		刀尖半径右补偿		G92	00	工件坐标系设定	X、Z
G52	00	局部坐标系设定	X、Z	*G94	14	每分钟进给	
*G54	11	零点偏置		G95		每转进给	
G55				*G36	16	直径编程	
G56				G37		半径编程	
G57							

注：①00 组中的 G 代码是非模态的，其他组的 G 代码是模态的。

② * 标记者为缺省值。

2)辅助功能 M 代码

辅助功能用地址字 M 及二位数字表示，它主要用于机床加工操作时的工艺性指令。

表 1.2 为华中世纪星数控系统的 M 代码功能表。

表 1.2　M 代码及功能

代码	模态	功能说明	代码	模态	功能说明
M00	非模态	程序停止	M03	模态	主轴正转启动
M02	非模态	程序结束	M04	模态	主轴反转启动
M30	非模态	程序结束并返回程序起点	* M05	模态	主轴停止转动
			M06	非模态	换刀
M98	非模态	调用子程序	M07	模态	切削液打开
M99	非模态	子程序结束	* M09	模态	切削液停止

3)主轴功能 S 指令

主轴功能 S 指令用来控制主轴转速，用地址字 S 及其后的数字表示主轴速度，有 G97 恒转速（单位为 r/min）和 G96 恒线速度（单位为 m/min）两种指令方式。

数控车床的加工形式为工件旋转，一般使用 G96 恒线速度指令方式；数控铣床和加工中心的加工形式为刀具旋转，一般使用 G97 恒转速指令方式。S 指令只是设定主轴转速的大小，S 所编程的主轴转速可以借助机床控制面板上的主轴倍率开关进行修调；S 指令不会使主轴回转，必须有 M03（主轴正转）或 M04（主轴反转）指令时，主轴才开始旋转。

4)进给功能 F 指令

进给功能 F 指令表示工件被加工时刀具相对工件的合成进给速度，用地址字 F 及其后的数字表示，F 的单位取决于 G94 每分钟进给量（单位为 mm/min）或 G95 每转进给量（单位为 mm/r）。

使用下式可以实现每转进给量与每分钟进给量的转化：

$$f_m = f_r \times S$$

式中，f_m ——每分钟的进给量（mm/min）；

f_r ——每转进给量（mm/r）；

S ——主轴转速（r/min）。

6. 数控程序编制中的数值计算

(1)基点：各几何元素间的联结点称为基点。相邻基点间只能是一个几何元素。

(2)节点：由直线段或圆弧之外的其他曲线构成的轮廓曲线，按数控系统插补功能的要求，在满足允许的编程误差的条件下，用若干直线段或圆弧逼近给定的曲线，逼近线段的交点或切点称为节点。

零件轮廓上节点坐标的计算一般有两种方法：手工计算和计算机辅助计算。手工计算时间长且容易出错，而利用 AutoCAD、CAXA 等绘图软件按 1∶1 比例绘制零件图形后则很容易获得节点的准确坐标。

(二)数控坐标系

1. 数控车床坐标系的确定原则

(1)刀具相对静止工件运动的原则。

(2)机床坐标系中 X、Y、Z 坐标轴的相互关系用右手笛卡尔直角坐标系决定,见图 1.2 所示。根据右手螺旋法则,可以确定 A、B、C 3 个旋转坐标的方向。

(3)坐标轴的确定:Z 轴是平行于主轴轴线的坐标轴;X 轴在与 Z 轴垂直的平面内,即平行于工件的装夹平面。

(4)增大刀具与工件距离的方向为各坐标轴的正方向,如图 1.3 所示为后置刀架数控车床的坐标系。

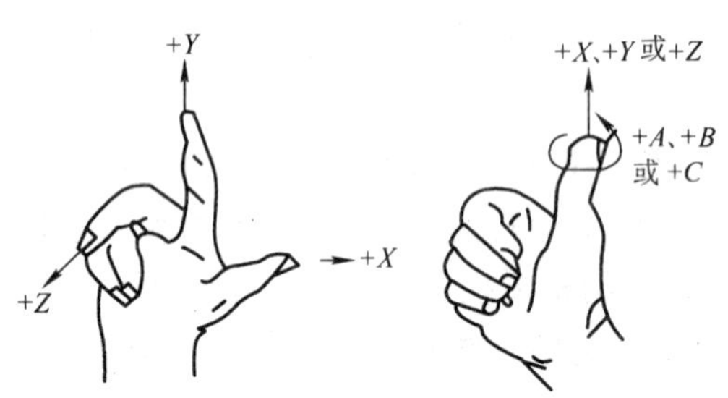

图 1.2 右手笛卡尔直角坐标系

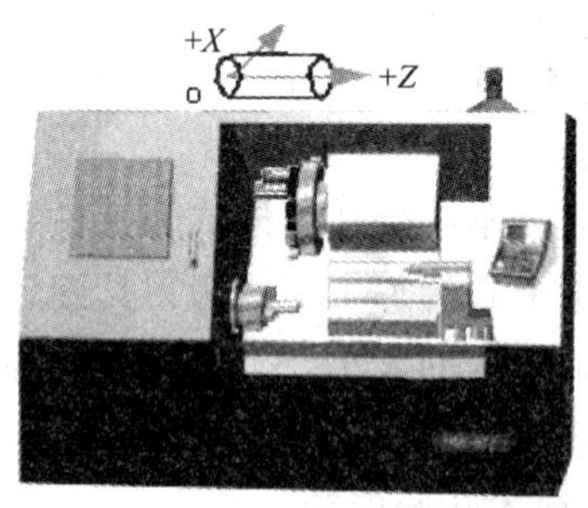

图 1.3 数控车床坐标系

2. 数控坐标系种类

1)机床坐标系

机床坐标系是机床上固有的坐标系,确定机床的运动方向和移动距离。机床坐标系的原点也称为机床原点或机床零点。机床原点在机床一经设计和制造调整后便被确定下来,是一个固定的点,一般设在卡盘前端面或卡盘后端面的中心。

机床坐标系是通过操作手动返回参考点,以机床参考点为基准点来设定的。机床参考点通常设置在车床 X、Z 轴正向极限位置上,该点对机床原点的坐标是一个已知的定值,也就是说,可以根据机床参考点在机床坐标系中的坐标值间接确定机床原点的位置,如图 1.4 所示。

2)工件坐标系

工件坐标系是编程人员在编程时使用的。编程人员以工件图纸上的某一固定点为原点而建立的坐标系称为工件坐标系,也称为编程坐标系,如图 1.5 所示。所有的编程尺寸都是按工件坐标系中的尺寸确定的。

从理论上讲,工件坐标系的原点选在工件上任何一点都可以,但这可能带来繁琐的计算问题,增添编程的困难。为了计算方便,简化编程,通常把工件坐标系的原点选在工件的回转中心上,具体位置可考虑设置在工件的左端面或右端面上,尽可能使编程基准与设计基准、定位基准重合。

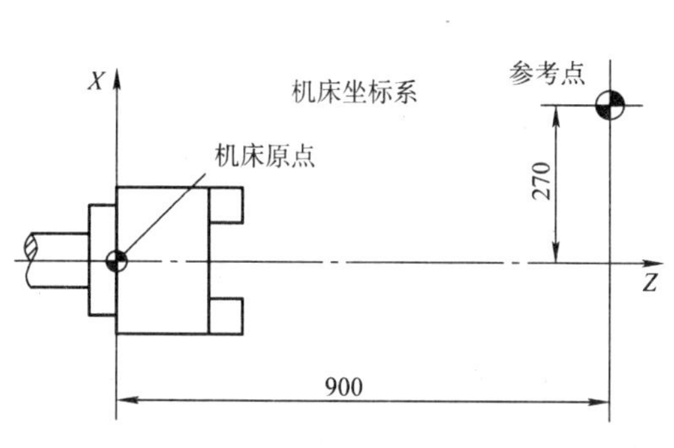

图 1.4 机床坐标系

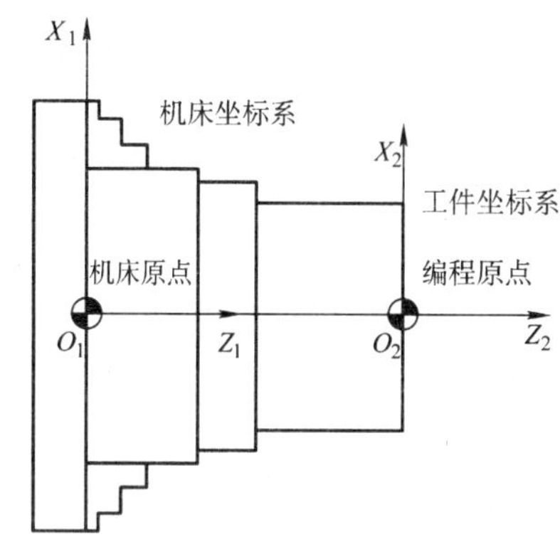

图 1.5 工件坐标系

3)局部坐标系

在工件坐标系中编程时,工件坐标系内设有子坐标系,这样比较有利于编程,这个子坐标系称为局部坐标系。各局部坐标系的原点为各工件坐标系中的位置,一旦坐标系被设定,则程序中绝对值方式的移动指令将变为局部坐标系中的坐标值。要变更局部坐标时,同样可在工件坐标系中指定新的局部坐标系原点的位置来实现,如图 1.6 所示。

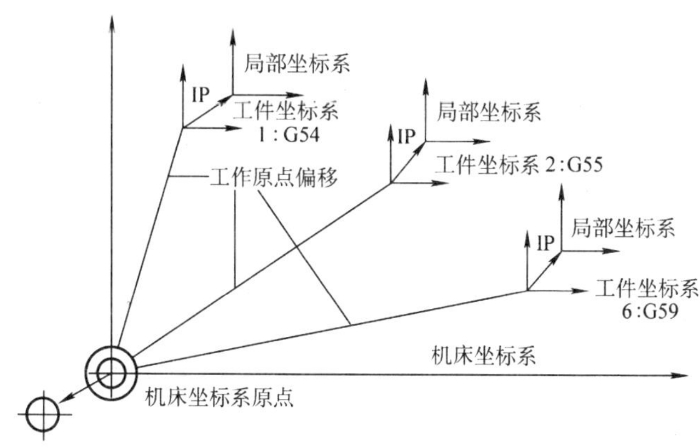

图 1.6 局部坐标系

3. 坐标系的建立

机床坐标系是机床唯一的基准,所以必须要弄清楚程序原点在机床坐标系中的位置。通常在零件加工前需要进行对刀操作,对刀的目的是确定工件坐标系原点在机床坐标系中的位置。只有通过对刀在机床坐标系中建立合适的工件坐标系,才能实现零件的正确加工。

华中世纪星车床数控系统 HNC－21/22T 有很多种对刀方法，可以用 G54～G59、G92 指令对刀，也可以用 T 指令对刀。

1) G92 指令对刀

G92 指令对刀方式通过确立对刀点在工件坐标系下的坐标而间接建立工件坐标系，执行该指令只建立一个坐标系，刀具并不产生运动，图 1.7 为数控车床对刀原理图。

程序调用格式：G92 X __ Z __；其中，X、Z 为对刀点到工件坐标系原点的有向距离。

(1) 对刀操作。① 机床回参考点；② 试切端面：将 Z 坐标置零，再按对刀点在 Z 方向的偏置量 β 移动，此时刀具在机床坐标系下的 Z 坐标为 $Z_{机}$；③ 试切外径：将 X 坐标置零，测量工件外径，再按对刀点在 X 方向的偏置量 α 移动，此时刀具在机床坐标系下的 X 坐标为 $X_{机}$。④将刀具移动到对刀点，即工件坐标系(α,β)处。

(2) 工件坐标系建立。用 G92 Xα Zβ 语句建立工件坐标系，工件原点即为 A 点。

(3) 原理分析。通过对刀操作，准确地将刀移动到工件坐标系 $B(\alpha,\beta)$点处，加工时，系统一旦执行 G92 Xα Zβ 指令，便会自动计算出工件原点在机床坐标系下的坐标值为 $x_0=x_{机}-\alpha$，$z_0=z_{机}-\beta$，从而找到工件原点 A，建立工件坐标系，系统便控制刀具在此坐标系中按程序进行加工。

例如图 1.8 所示坐标系的设定，当以工件左端面为工件原点 O_2 时，应执行以下程序建立工件坐标系：

```
G92 X50.0 Z110.0
```

当以工件右端面为工件原点 O_1 时，应执行以下程序建立工件坐标系：

```
G92 X50.0 Z50.0
```

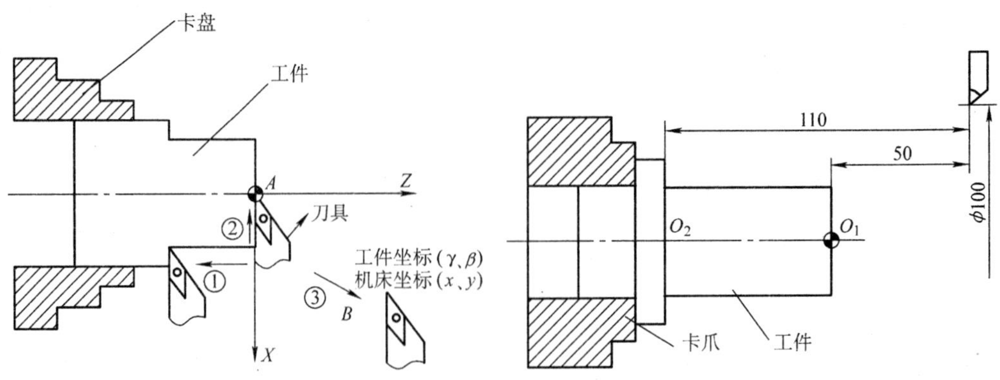

图 1.7 数控车床对刀原理图

①试切外径；②试切端面；③将刀移动到对刀点 B 点

图 1.8 G92 设定工件坐标系

2)G54～G59 指令对刀

G54～G59 指令对刀方式通过对刀直接输入工件原点在机床坐标系中的坐标值。

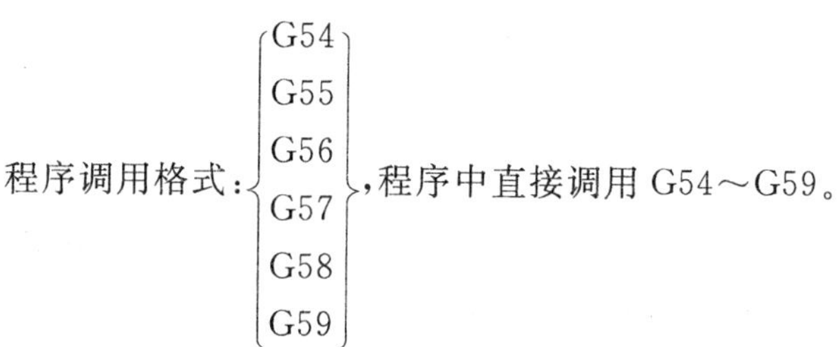

(1) 对刀操作。① 机床回参考点；② 试切端面：切完端面后，刀具不能进行 Z 方向的移动，然后读取刀具在 Z 方向的机床坐标值 $Z_{机}$；③ 试切外径：切完外径后，刀具不能进行 X 方向的移动，然后测量外径 X_D，并读取刀具在 X 方向的机床坐标值 $X_{机}$。

(2) 工件坐标系建立。在 MDI 方式下，选择"坐标系"G54～G59 中的一个坐标系，输入 X，回车，输入 Z，回车。其中，$X=X_{机}-X_D$，$Z=Z_{机}$。

(3) 原理分析。通过对刀操作，准确地知道工件坐标系原点在机床坐标系中的坐标，系统一旦执行 G54～G59 指令，便知道工件原点在机床坐标系中的坐标值，从而找到工件原点，建立工件坐标系。

例如，图 1.9 所示，使用工件坐标系编程，要求刀具从当前点移动到 A 点，再从 A 点移动到 B 点。

程序如下。

G54 G00 G90 X40. Z30.；使用 G54 坐标系，刀具从当前点移动到 A 点

G59；使用 G59 坐标系

G00 X30. Z30.；刀具从 A 点移动到 B 点

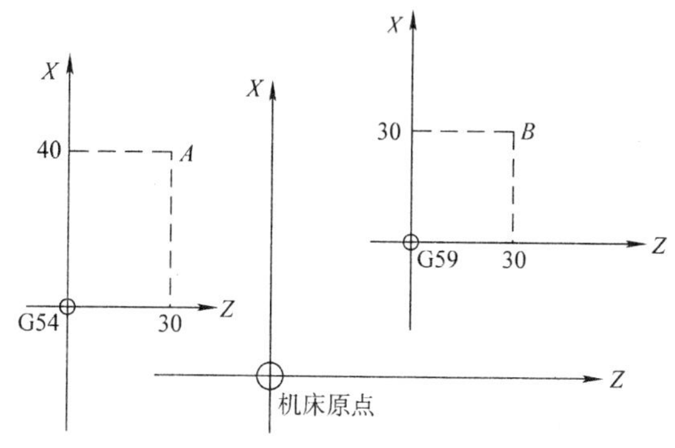

图 1.9　G54～G59 工件坐标系编程

3) T 指令对刀

T 指令对刀方式用在多把车刀对刀的情况下，即对每把刀分别对刀，最终建立相同的工件坐标系，图 1.10 为多把车刀对刀刀具布置图，现假设刀架上有 4 把车刀。

程序调用格式：T _ _ _ _；

T 指令其后跟 4 位数字，前 2 位表示选择的刀具号，后 2 位表示刀具补偿号。

(1)对刀操作。①机床回参考点；②用第一把车刀试切端面，测得刀尖到工件端

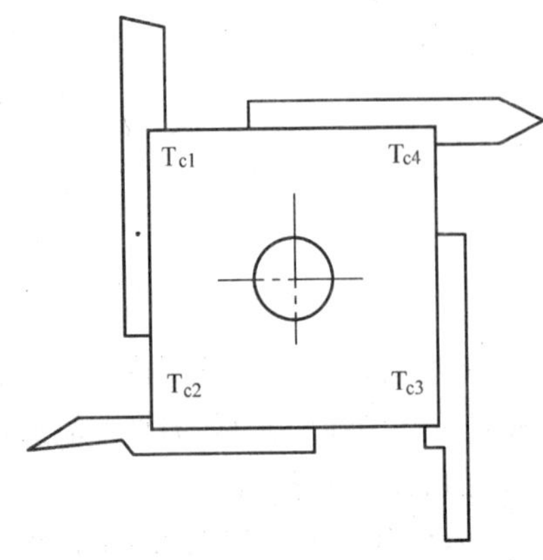

图 1.10 多把车刀对刀刀具布置图

面的长度 L_1（因为试切端面，$L_1=0$），此时刀具在机床坐标系下的 Z 坐标值为 $Z_{机1}$；再试切外径，测得工件的外径为 Φ_1，此时刀具在机床坐标系下的 X 坐标值为 $X_{机1}$；然后将 L_1 和 Φ_1 存入刀偏表中与第一把车刀 T01 对应的行内；③ 再用同样的方法对其余 3 把车刀。

(2) 工件坐标系建立。如果调用第 i 把车刀，则用 T0i0i(i=1,2,3,4)指令建立工件坐标系，例如要调用第一把车刀，则用 T0101 指令建立工件坐标系。

(3) 原理分析。先以第一把车刀的对刀来分析，通过对刀操作，准确测量出试切的长度 L_1 和外径 Φ_1，实际加工时，系统一旦执行 T0101 指令，便自动计算出第一把车刀的工件原点在机床坐标系下的坐标为

$$X_1=X_{机1}-\Phi_1, Z_1=Z_{机1}-L_1=Z_{机1}$$

从而找到第一把刀的工件原点 A，建立工件坐标系，其余 3 把车刀的对刀原理和上述相同。

任务一 螺栓的加工——G01(G00)、G32/G33

知识要点

- 掌握快速定位指令 G00、直线插补指令 G01 的应用。
- 掌握螺纹切削指令 G32 的应用。
- 掌握用学过的指令加工螺栓的方法。

[任务描述]

◆ 技术要求：如图 1.11 所示的零件毛坯为 ϕ40 mm×80 mm 的棒料，材料为 45 号钢，刀具 T01 为主偏角 90°的外圆车刀，T02 为 60°的螺纹车刀，T03 为宽度 3 mm 的切断刀。

◆ 分析：采用 G01 直线插补指令加工 ϕ20 mm 外圆，采用 G32 螺纹切削指令加工 M20×2.5 mm 的外螺纹，最后采用 G01 指令对零件进行切断。

[理论阐述]

1. 快速定位指令 G00

◆ 格式：G00 X(U)__ Z(W)__；

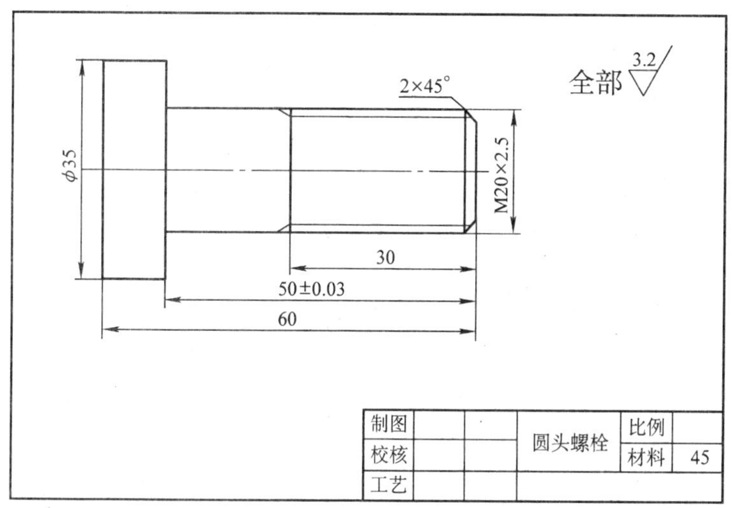

图 1.11　圆头螺栓零件图

◆ 功能：执行 G00 指令时，刀具相对工件以各轴预先设定的速度，从当前位置快速移动到程序段指令的定位目标点。

◆ 说明：

(1)*X*、*Z* 为绝对编程时，快速定位终点在工件坐标系中的坐标；*U*、*W* 为增量编程时，快速定位终点相对起点的位移量。

(2)G00 指令中的快速移动速度由机床参数快移进给速度对各轴分别设定，不能用合成速度 *F* 规定。

(3)G00 指令一般用于加工前的快速定位或加工后的快速退刀。

注意：执行 G00 指令，其合成轨迹不一定是一条直线，编程时需要注意，以免刀具与工件发生碰撞，可以先将 *X* 轴移到安全位置，再执行 G00 指令。

2. 直线插补指令 G01

◆ 格式：G01 X(U)__ Z(W)__ F __。

◆ 功能：执行 G01 指令时，刀具以联动的方式，按 *F* 规定的合成速度，从当前位置按线性路线移动到程序段指令指定的终点位置。

◆ 说明：*X*、*Z* 为绝对编程时，快速定位终点在工件坐标系中的坐标；*U*、*W* 为增量编程时，快速定位终点相对起点的位移量；*F* 为合成进给速度。

3. 螺纹切削指令 G32

◆ 格式：G32 X(U)__ Z(W)__ R __ E __ P __ F __；

◆ 功能：执行 G32 指令时，刀具可以加工圆柱螺纹及等螺距的锥螺纹、端面螺纹。

◆ 说明：

(1)*X*、*Z* 为绝对编程时，螺纹加工轨迹终点的坐标值；*U*、*W* 为增量编程时，螺纹加工轨迹终点相对螺纹加工轨迹起点的距离。

(2)R、E 为螺纹切削的退尾量，R 表示 Z 向退尾量；E 为 X 向退尾量。使用 R、E 可免去退刀槽，R、E 可以省略，表示不用回退功能。根据螺纹标准，R 一般取 2 倍的螺距；E 取螺纹的牙型高。

(3)P 为主轴基准脉冲处距离螺纹切削起始点的主轴转角。

(4)F 为螺纹导程，即主轴每转一圈，刀具相对工件的进给值。

注意：

(1)螺纹加工轨迹中应设置足够的引入距离 δ_1 和超越距离 δ_2，即升速进刀段和减速退刀段，以消除伺服滞后造成的螺距误差，如图 1.12 所示。

(2)螺纹切削加工为成形加工，其切削量较大，一般要求分数次进给，表 1.3 为常用螺纹切削的进给次数与背吃刀量。

(3)从螺纹粗加工到精加工，主轴的转速必须保持为一常数。

(4)在没有停止主轴的情况下，停止螺纹的切削将非常危险。

(5)在螺纹加工中不使用恒定线速度控制功能。

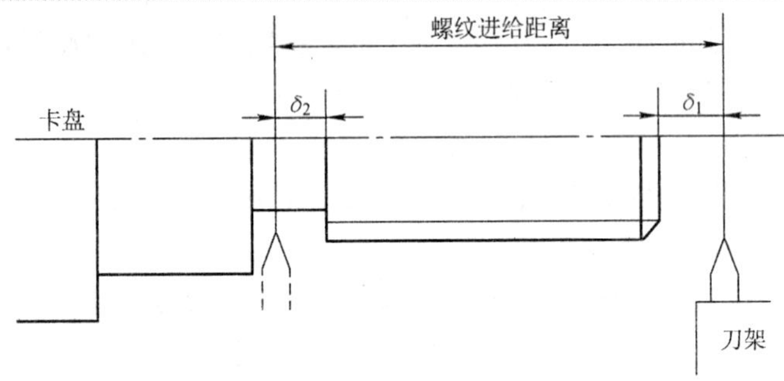

图 1.12 切削螺纹时的进刀段、退刀段

表 1.3 常用螺纹切削进给次数与吃刀量

公制螺纹								
螺距(mm)		1.0	1.5	2	2.5	3	3.5	4
牙深(半径量)		0.649	0.974	1.299	1.624	1.949	2.273	2.598
切削次数及吃刀量(直径量)	1 次	0.7	0.8	0.9	1.0	1.2	1.5	1.5
	2 次	0.4	0.6	0.6	0.7	0.7	0.7	0.8
	3 次	0.2	0.4	0.6	0.6	0.6	0.6	0.6
	4 次		0.16	0.4	0.4	0.4	0.6	0.6
	5 次			0.1	0.4	0.4	0.4	0.4
	6 次				0.15	0.4	0.4	0.4
	7 次					0.2	0.2	0.4
	8 次						0.15	0.3
	9 次							0.2

续表

英制螺纹								
牙(in)		24	18	16	14	12	10	8
牙深(半径量)		0.678	0.904	1.016	1.162	1.355	1.626	2.033
切削次数及吃刀量(直径量)	1次	0.8	0.8	0.8	0.8	0.9	1.0	1.2
	2次	0.4	0.6	0.6	0.6	0.6	0.7	0.7
	3次	0.16	0.3	0.5	0.5	0.6	0.6	0.6
	4次		0.11	0.14	0.3	0.4	0.4	0.5
	5次				0.13	0.21	0.4	0.5
	6次						0.16	0.4
	7次							0.17

[解决方案]

1. 制订加工工艺

1)装夹与定位

该螺栓零件为短轴类零件，其轴心线为工艺基准，用三爪自定心卡盘夹持 ϕ40 mm外圆左端，使工件伸出卡盘约 80 mm，一次装夹完成粗精加工。

2)确定加工顺序

按先主后次、先粗后精的加工原则确定加工路线，从右端至左端轴向进给切削。先进行外轮廓粗加工，再精加工，然后加工螺纹，最后进行切断。

(1)手动切削端面。

(2)粗车 ϕ35 mm 外圆，留 0.5 mm 精车余量。

(3)粗车 ϕ20 mm 外圆，留 0.5 mm 精车余量。

(4)精车 2×45°倒角。

(5)精车 ϕ20 mm 和 ϕ35 mm 外圆到尺寸。

(6)切削螺纹。

(7)切断。

3)确定刀具

根据零件加工要求和加工工艺分析，选用 3 把刀具：T01 外圆车刀、T02 螺纹车刀、T03 切断刀。

4)确定切削用量

切削用量的具体数值应根据机床性能、加工工艺、相关手册并结合实际经验确定：机床转速 800 r/min，精加工余量为 0.5 mm，车螺纹和切断为 400 r/min；粗加工时进给速度为 100 mm/min；精加工时进给速度为 60 mm/min，切断为 10 mm/min。

5)选择机床和数控系统

(1)机床型号:威海天诺数控机械有限公司生产的 CK6132—Ⅱ型数控车床。

(2)数控系统:采用华中世纪星 HNC—21T 数控系统。

2. 数控加工程序

该螺栓零件的数控加工程序如下。

程序	说明
%0001	程序号
N10 T0101	换一号外圆车刀,建立工件坐标系
N20 G00 X100 Z80	快速返回到换刀点
N30 M03 S800	主轴正转,转速为 800 r/min
N40 X38 Z5	快速走刀至第一切削起点
N50 G01 Z—65 F100	粗车 ϕ35 mm 外圆至 38 mm,进给速度为 100 mm/min
N60 X42	X 向 G01 退刀
N70 G00 Z5	Z 向 G00 回起点
N80 X35.5	快速走刀至第二切削起点
N90 G01 Z—65	粗车 ϕ35 mm 外圆,留 0.5 mm 精加工余量
N100 X42	X 向 G01 退刀
N110 G00 Z5	Z 向 G00 回起点
N120 X30.5	快速走刀至第三切削起点
N130 G01 Z—49.5	粗车 ϕ20 mm 外圆至 30.5 mm,Z 向留 0.5 mm 余量
N140 X40	X 向 G01 退刀
N150 G00 Z5	Z 向 G00 回起点
N160 X25.5	快速走刀至第四切削起点
N170 G01 Z—49.5	粗车 ϕ20 mm 外圆至 25.5 mm
N180 X40	X 向 G01 退刀
N190 G00 Z5	Z 向 G00 回起点
N200 X20.5	快速走刀至第五切削起点
N210 G01 Z—49.5	粗车 ϕ20 mm 外圆至 21 mm,留0.5 mm 精加工余量
N220 X40	X 向 G01 退刀
N230 G00 Z5	Z 向 G00 回起点
N240 X16	快速至精加工 X 向起点处
N250 G01 Z0 F60	快速至精加工起点,调整进给速度
N260 X20 Z—2	车 2×45°倒角

程序	说明
N270 Z－50	精车 ϕ20 mm 外圆
N280 U15	精车端面,增量编程
N290 W－15	精车 ϕ35 mm 外圆,增量编程
N300 X45	X 向 G01 退刀
N310 G00 X100 Z80	快速返回到换刀点
N320 T0202 G97	换二号螺纹刀,建立工件坐标系,恒转速
N330 G00 X19 Z5 S400	快速至螺纹第一切削起点,调整转速
N340 G32 Z－30 R－3.75 E1.625 F2.5	切削螺纹,切削深度 1 mm
N350 G01 X25	X 向 G01 退刀
N360 G00 Z5	Z 向快速返回起点
N370 X18.3	快速至螺纹第二切削起点
N380 G32 Z－30 R－3.75 E1.625 F2.5	切削螺纹,切削深度 0.7 mm
N390 G01 X25	X 向 G01 退刀
N400 G00 Z5	Z 向快速返回起点
N410 X17.7	快速至螺纹第三切削起点
N420 G32 Z－30 R－3.75 E1.625 F2.5	切削螺纹,切削深度 0.6 mm
N430 G01 X25	X 向 G01 退刀
N440 G00 Z5	Z 向快速返回起点
N450 X17.3	快速至螺纹第四切削起点
N460 G32 Z－30 R－3.75 E1.625 F2.5	切削螺纹,切削深度 0.4 mm
N470 G01 X25	X 向 G01 退刀
N480 G00 Z5	Z 向快速返回起点
N490 X16.9	快速至螺纹第五切削起点
N500 G32 Z－30 R－3.75 E1.625 F2.5	切削螺纹,切削深度 0.4 mm
N510 G01 X25	X 向 G01 退刀
N520 G00 Z5	Z 向快速返回起点
N530 X16.75	快速至螺纹第六切削起点
N540 G32 Z－30 R－3.75 E1.625 F2.5	切削螺纹,切削深度 0.15 mm
N550 G01 X25	X 向 G01 退刀
N560 G00 X100 Z80	快速返回换刀点
N570 T0303	换三号切断刀,刀宽 3 mm,建立工件坐标系
N580 G00 X42 Z－63 S400	快速移至切断起点处
N590 G01 X0 F10	切断,调整进给量

N600 G00 X100 Z80　　快速返回换刀点
N610 M05　　主轴停止
N620 M30　　程序结束

[任务扩展]

1. 学习应用

加工如图 1. 13 所示的螺纹轴零件，零件毛坯为 ϕ55 mm 的棒料，材料为 45 号钢。

注意：该零件螺纹为双头螺纹，切削加工至图纸尺寸。

◆ 要求：

(1)对零件进行简单加工工艺分析。

(2)数控加工程序编制。

(3)进行数控加工仿真。

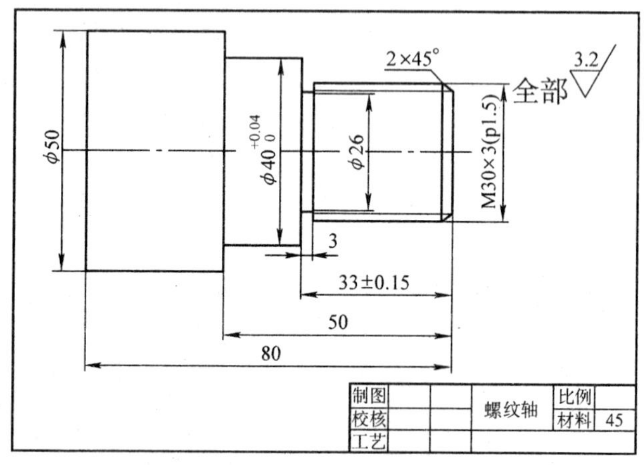

图 1.13　螺纹轴零件

2. 创新设计

设计一零件，能够用本学习任务的直线插补、螺纹切削指令进行零件加工。

◆ 设计要求：

(1) 介绍零件的功用。

(2) 画出标准图纸，表达清晰，画法规范。

(3) 给出材料，说明选材意图。

(4) 设计加工工艺，给出工艺卡。

(5) 给出加工程序。

(6) 给出加工仿真结果图。

任务二　杯盖的加工——G02、G03

知识要点

- 圆弧插补指令 G02、G03 的应用。
- 圆弧顺、逆时针插补的原理及判别。
- 常见圆弧的切削加工方法。
- 掌握用学过的指令加工杯盖的方法。

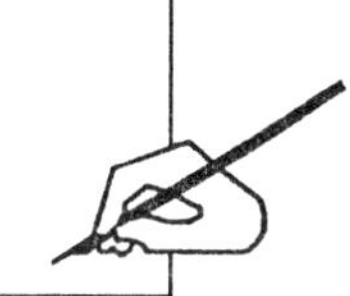

[任务描述]

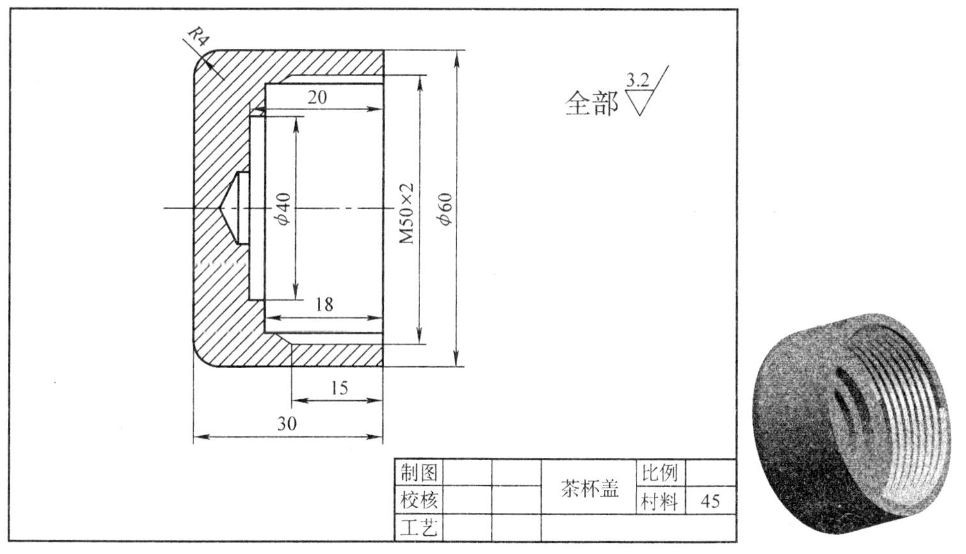

图 1.14　茶杯盖

◆ 技术要求：如图 1.14 所示的零件毛坯为 ϕ65 mm×45 mm 的棒料，材料为 45 号钢，刀具 T01 为主偏角 90°的外圆车刀，T02 为宽度 4 mm 的切断刀，T03 为 ϕ30 mm的钻头，T04 为内孔车刀，T05 为内螺纹车刀。

◆ 分析：采用 G01 直线插补指令进行外轮廓加工，采用 G03 圆弧插补指令加工 *R*4 圆弧，使用钻头进行钻孔后再使用内孔车刀进行镗孔，最后采用 G32 螺纹切削指令加工 M50×2 mm 的内螺纹。

[理论阐述]

1. 圆弧插补指令 G02/G03

1)半径 R 指定方式

◆ 格式:

顺时针圆弧插补指令:G02 X(U)__ Z(W)__ R__ F__。

逆时针圆弧插补指令:G03 X(U)__ Z(W)__ R__ F__。

◆ 功能:圆弧插补指令 G02/G03 控制刀具按顺时针(CW)/逆时针(CCW)进行圆弧加工。

◆ 说明:

(1)X、Z 为绝对编程时,圆弧终点在工件坐标系中的坐标值。

(2)U、W 为增量编程时,圆弧终点相对圆弧起点的位移量。

(3)R 为圆弧半径。

(4)F 为进给速度。

2)圆心 I、K 指定方式

◆ 格式:

顺时针圆弧插补指令:G02 X(U)__ Z(W)__ I__ K__ F__。

逆时针圆弧插补指令:G03 X(U)__ Z(W)__ I__ K__ F__。

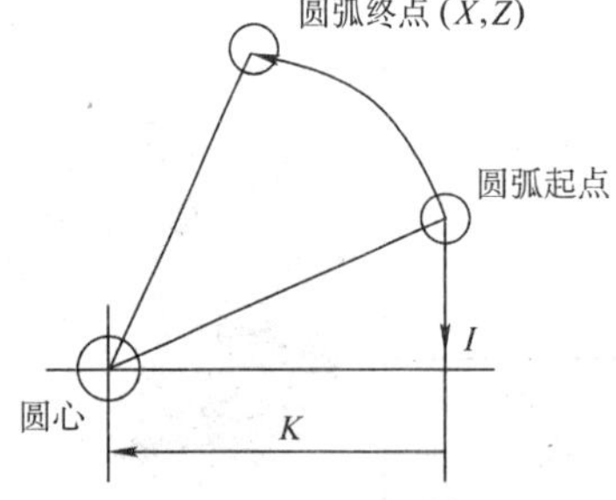

图 1.15 圆弧起点与矢量方向

◆ 说明:

(1)I、K 表示圆弧起点到圆弧圆心矢量值在 X、Z 方向的投影值,它们是增量值,并带有正负号,即圆心的坐标值减去圆弧起点的坐标值,在绝对、增量编程时都是以增量方式指定,在直径、半径编程时 I 都是半径值;

(2)I、K 方向是从圆弧起点指向圆心,其正负取决于该方向与坐标轴方向的异同,相同为正,反之为负,如图 1.15 所示。

注意:

(1)用半径 R 指定圆心位置时,由于在同一半径 R 的情况下,从圆弧起点到终点有 2 个圆弧的可能性,为区别二者,在一些系统中,规定加工大于 180°圆弧时,在圆弧半径 R 值前加"—"号,有些系统规定 R 不带符号,不能用于加工等于或大于 180°的圆弧。

(2)用 R 方式编程只适用于非整圆的圆弧插补的情况,不适用于整圆加工。

(3)若在程序中同时出现 I、K 和 R 时,以 R 为优先,I、K 无效,即以半径 R 方式编程。

2. 圆弧顺逆的判断

圆弧插补的顺逆方向判断的原则：沿圆弧所在平面（XZ 平面）的垂直坐标轴的负方向看去，顺时针方向为 G02，逆时针方向为 G03。

数控车床的刀架有前置和后置之分，这两种形式的车床 X 轴正方向刚好相反，因此圆弧插补的顺逆方向也相反，一般情况下，在数控编程时以后刀架作为参考，以零件图中轴线以上部分来判断圆弧的顺逆。

如图 1.16 所示为如何根据刀架的位置判断圆弧插补的顺逆。

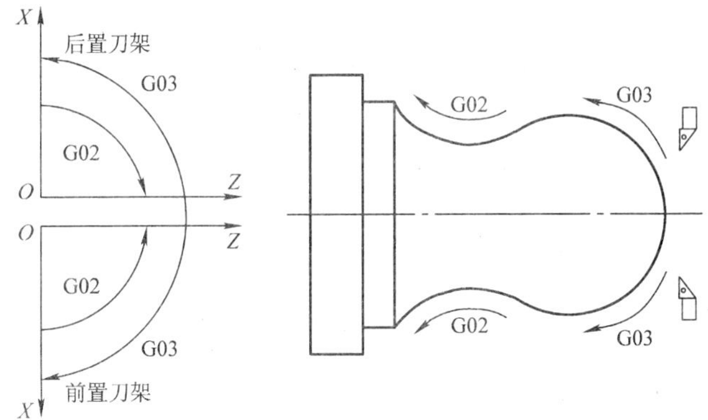

图 1.16　圆弧的顺逆方向与刀架位置的关系

[解决方案]

1. 制订加工工艺

1)装夹与定位

该杯盖零件为盘类零件，轴心线为工艺基准，加工外表面用三爪自定心卡盘夹持 ϕ65 mm 外圆，加工内孔时也要以外圆表面来装夹定位，二次装夹完成加工。

2)加工顺序

按先主后次、先粗后精、先外后内的加工原则确定加工路线。

(1)装夹 ϕ65 mm 外圆、找正，手动切削端面。

(2)粗加工 ϕ60 mm 外圆，留精加工余量 0.5 mm。

(3)精加工 R4 圆弧面和 ϕ60 mm 外圆。

(4)切断。

(5)用软爪装夹 ϕ60 mm 外圆（避免给该表面带来深的压痕），车端面。

(6)中心钻钻中心孔。

(7)钻头钻孔。

(8)粗加工 ϕ40 mm 和 ϕ47.4 mm 内孔（螺纹小径），留精加工余量 0.5 mm。

(9)精加工 ϕ40 mm 和 ϕ47.4 mm 内孔。

(10)切削螺纹。

3)选择刀具

根据零件加工要求和加工工艺分析,选用 5 把刀具:T01 外圆车刀、T02 切断刀、T03 钻头、T04 内孔车刀、T05 内螺纹车刀。

4)确定切削用量

切削用量的具体数值应根据机床性能、加工工艺、相关手册并结合实际经验确定。

(1)机床转速:外圆粗加工时为 800 r/min,精加工时为 1 000 r/min;内孔加工时为 600 r/min。

(2)进给速度:粗加工外圆面时进给速度为 100 mm/min,内孔和外圆面精加工时,进给速度为 50 mm/min。

5)选择机床和数控系统

(1)机床型号:威海天诺数控机械有限公司生产的 CK6132－Ⅱ型数控车床。

(2)数控系统:采用华中世纪星 HNC－21T 数控系统。

2. 数控加工程序

该零件的数控加工程序如下。

%0002	程序号,加工 ϕ60 mm 外圆
N10 T0101	换外圆车刀
N20 G00 X70 Z5	快速靠近工件
N30 M03 S800	主轴正转,转速为 800 r/min
N40 X60.5	快速走刀至切削起点
N50 G01 Z－35 F100	粗车 ϕ60 mm 外圆,留 0.5 mm 精加工余量
N60 X65	X 向 G01 退刀
N70 G00 Z5	Z 向 G00 回起点
N80 X52	快速走刀至圆弧切削起点 X 处
N90 G01 Z0 F50 S1000	进给至圆弧切削起点
N100 G03 X60 Z－4. R4	切削圆弧面
N110 G01 Z－35	精车 ϕ60 mm 外圆
N120 X65	X 向退刀
N130 G00 X100 Z100	快速返回换刀点
N140 T0202 S400	换切断刀,刀宽 4 mm
N150 G00 X65 Z－34	快速至切断起点
N160 G01 X0 F40	切断
N170 G00 X100 Z100	快速返回换刀点
N180 M05	主轴停止
N190 M30	程序结束

外轮廓加工好后,调头装夹,用中心钻钻中心孔,然后用 ϕ30 mm 的钻头进行钻

孔,这里只列出内孔和螺纹加工的数控程序。

%0003	程序号,加工内孔
N10 T0404	换内孔车刀
N20 G00 X28 Z5	快速靠近工件
N30 M03 S600	主轴正转,转速为 600 r/min
N40 X34	快速走刀至切削起点
N50 G01 Z−19.5 F50	粗车 ϕ40 mm 外圆,Z 向留0.5 mm精加工余量
N60 X28	X 向 G01 退刀
N70 G00 Z5	Z 向 G00 回起点
N80 X38	快速走刀至切削起点
N90 G01 Z−19.5 F50	粗车 ϕ40 mm 外圆
N100 X28	X 向退刀
N110 G00 Z5	Z 向退刀
N120 X39.5	快速走刀至切削起点
N130 G01 Z−19.5 F50	粗车 ϕ40 mm 外圆,留 0.5 mm 精加工余量
N140 X28	X 向退刀
N150 G00 Z5	Z 向退刀
N160 X43.5	快速走刀至切削起点
N170 G01 Z−17.5	粗车 ϕ47.4 mm 外圆,Z 向留0.5 mm精加工余量
N180 X38	X 向退刀
N190 G00 Z5	Z 向退刀
N200 X46.9	快速走刀至切削起点
N210 G01 Z−17.5	粗车 ϕ47.4 mm 外圆,X 向留0.5 mm精加工余量
N220 X45	X 向退刀
N230 G00 Z5	Z 向退刀
N240 X47.4	快速走刀至精加工切削起点(内螺纹小径处)
N250 G01 Z−18	精车 ϕ47.4 mm 外圆
N260 X40	精车端面
N270 Z−20	精车 ϕ40 mm 外圆
N280 X28	精车端面,退刀
N290 G00 Z5	Z 向快速退刀
N300 X100 Z100	快速返回至换刀点

```
N310 T0505                          换螺纹车刀,加工内螺纹
N320 G00 X45 Z5                     快速靠近工件
N330 X48.3                          快速至螺纹第一切削起点
N340 G32 Z-15 R-3 E-1.3 F2          切削螺纹,切削深度 0.9 mm
N350 G01 X45                        X 向 G01 退刀
N360 G00 Z5                         Z 向快速返回起点
N370 X48.9                          快速至螺纹第二切削起点
N380 G32 Z-15 R-3 E-1.3 F2          切削螺纹,切削深度 0.6 mm
N390 G01 X45                        X 向 G01 退刀
N400 G00 Z5                         Z 向快速返回起点
N410 X49.5                          快速至螺纹第三切削起点
N420 G32 Z-15 R-3 E-1.3 F2          切削螺纹,切削深度 0.6 mm
N430 G01 X45                        X 向 G01 退刀
N440 G00 Z5                         Z 向快速返回起点
N450 X49.9                          快速至螺纹第四切削起点
N460 G32 Z-15 R-3 E-1.3 F2          切削螺纹,切削深度 0.4 mm
N470 G01 X45                        X 向 G01 退刀
N480 G00 Z5                         Z 向快速返回起点
N490 X50                            快速至螺纹第五切削起点
N500 G32 Z-15 R-3 E-1.3 F2          切削螺纹,切削深度 0.1 mm
N510 G01 X45                        X 向 G01 退刀
N520 G00 Z5                         Z 向退刀
N530 X100 Z100                      快速返回换刀点
N540 M05                            主轴停止
N550 M30                            程序结束
```

[任务扩展]

1. 圆弧常用加工方法

1)阶梯法

图 1.17 为车圆弧的阶梯切削路线:先粗车成阶梯,最后一刀精车出圆弧。此方法在确定每刀吃刀量 α_p 后,需精确计算出粗车的终刀距 S,即求圆弧与直线的交点。此方法刀具切削运动距离较短,但数值计算较繁。

2)车锥法

图 1.18 为车圆弧的车锥法切削路线:先车一个圆锥,再车圆弧。但要注意车锥时的起点和终点的确定,若确定不好,则可能损坏圆弧表面,也可能将余量留得过大。确定方法如图 1.18 所示半球体,粗加工路线以不超过半径中点 A、B 的连接线 AB

为宜。

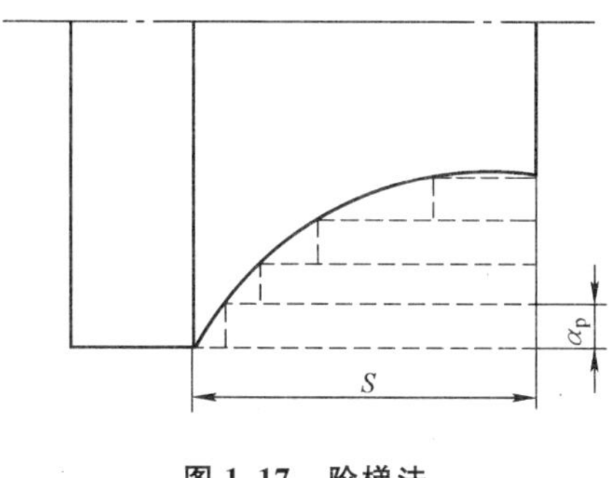

图 1.17　阶梯法

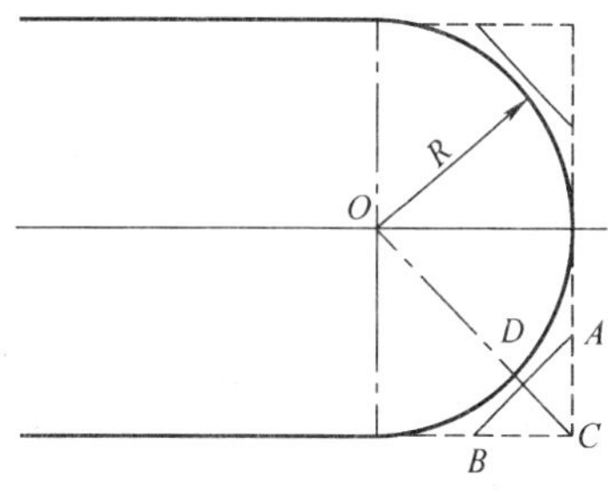

图 1.18　车锥法

3)同心圆法

图 1.19 为车圆弧的同心圆弧切削路线：用不同的半径圆来切削，最后将所需圆弧加工出来。此方法在确定每次吃刀量 α_p 后，对圆心角为 90°圆弧的起点、终点坐标较易确定，数值计算简单，编程方便，但空行程时间较长。

2. 学习应用

加工如图 1.20 所示的盘类零件，零件毛坯为 ϕ70 mm×45 mm 的棒料，材料为 45 号钢，切削加工至图纸尺寸。

◆ 要求：

(1)对零件进行加工工艺分析。

(2)数控加工程序编制。

(3)进行数控加工仿真。

3. 创新设计

设计一个零件，能够用本学习任务的圆弧插补指令进行加工。

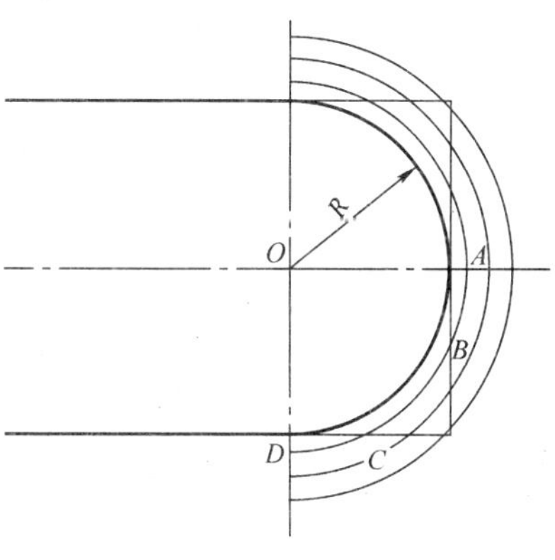

图 1.19　同心圆法

◆ 设计要求：

(1)介绍零件的功用。

(2)画出标准图纸，表达清晰，画法规范。

(3)给出材料，说明选材意图。

(4)设计加工工艺，给出工艺卡。

(5)给出加工程序。

(6)给出加工仿真结果图。

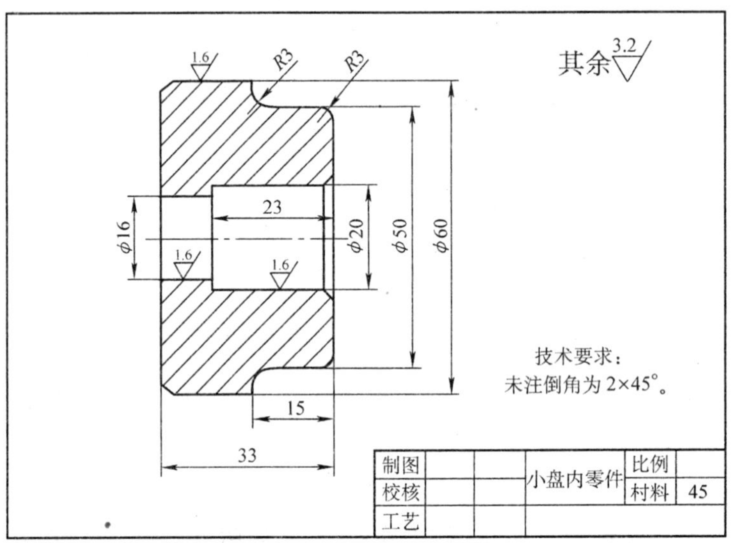

图 1.20 小盘内零件

任务三 简易塞规的加工——G90、G92、G94

知识要点

- 内(外)径切削循环指令 G80 的应用。
- 端面切削循环指令 G81 的应用。
- 螺纹切削循环指令 G82 的应用。
- 掌握用循环指令加工塞规的方法。

[任务描述]

◆ 技术要求：零件毛坯为 φ30 mm×90 mm 的棒料，材料为 45 号钢，T01 为主偏角 90°的外圆粗车刀，T02 为主偏角 90°的外圆精车刀，T03 为宽度 5 mm 的切断刀。

◆ 分析：塞规是应用于测量定尺寸内孔的量具，对于外轮廓的加工，采用 G80 圆柱面切削循环进行加工；对于 30 mm 长度的切槽加工，若使用 G01 指令进行切槽，则编程较为麻烦，可以使用端面固定切削循环指令 G81 进行加工，较为方便。

[理论阐述]

简单切削循环指令通常是一个含 G 代码的程序段完成多个程序段指令的加工操作，使程序得以简化。

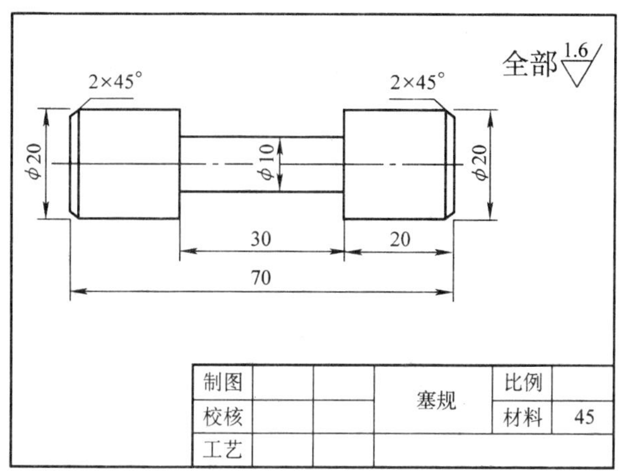

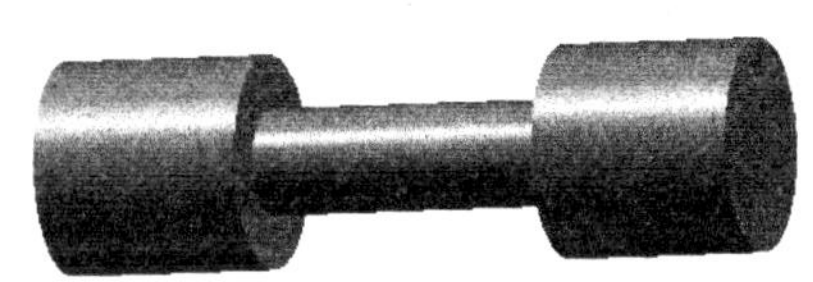

图 1.21　塞规

1. 内(外)径切削循环指令 G80

1)圆柱面内(外)径切削循环

◆ 格式:G80 X(U)__ Z(W)__ F __。

◆ 说明:

(1)X、Z 为绝对编程时,切削终点 C 在工件坐标系下的坐标值。

(2)U、W 为增量编程时,切削终点 C 相对于循环起点 A 的有向距离。

(3)该指令执行如图 1.22 所示 $A \to B \to C \to D \to A$ 的轨迹动作。

◆ 编程举例:图 1.23 所示的零件的数控加工程序如下。

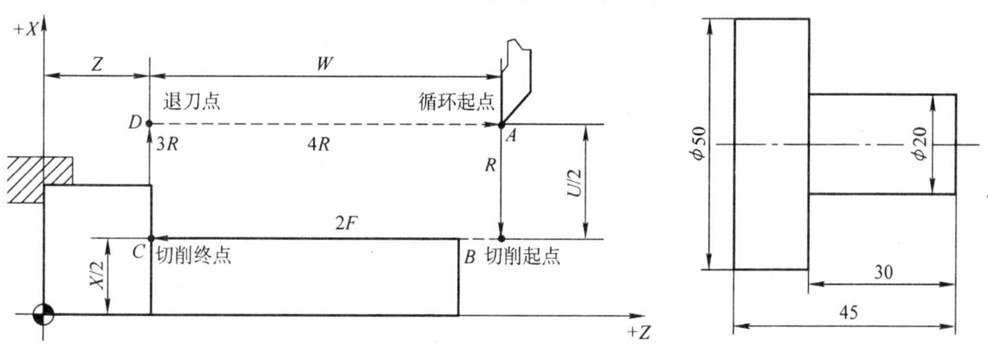

图 1.22　圆柱面内(外)径切削循环　　图 1.23　G80 圆柱面切削循环示例

%0004	
N10 T0101	
N20 M03 S600	主轴正转,转速 600 r/min。
N30 G00 X52 Z2	快速走刀至循环加工起点处
N40 G80 X45 Z—30 F40	使用 G80 编程,Z 向长度固定,X 向多次

	进给
N50 G80 X40 Z−30	
N60 X35 Z−30	G80 是模态指令，可省略
N70 X30 Z−30	
N80 X25 Z−30	
N90 X21 Z−30	
N100 X20 Z−30	切削至 ϕ20 外圆处，刀最终停在循环加工起点处
N110 G00 X100 Z100	快速移到安全点
N120 M05	
N130 M30	

2)圆锥面内(外)径切削循环

◆ 格式：G80 X(U)__ Z(W)__ I __ F __。

◆ 说明：

(1)X、Z 为绝对编程时，切削终点 C 在工件坐标系下的坐标值。

(2)U、W 为增量编程时，切削终点 C 相对于循环起点 A 的有向距离。

(3)I 为切削起点 B 与切削终点 C 的半径差，其符号为差的符号。

(4)该指令执行如图 1.24 所示 $A \to B \to C \to D \to A$ 的轨迹动作。

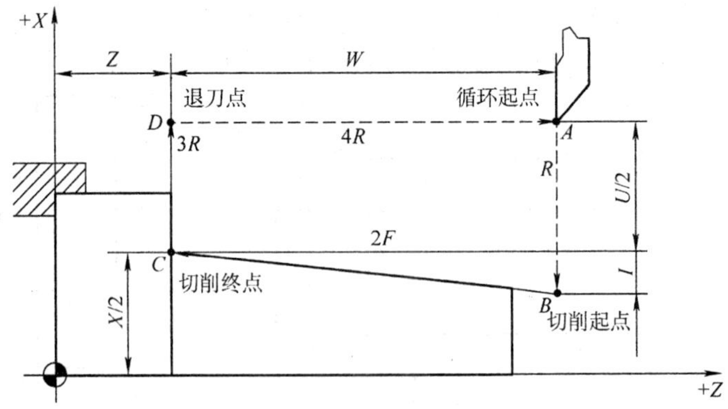

图 1.24　圆锥面内(外)径切削循环

◆ 编程举例：对于如图 1.25 所示的零件，首先分析 I 的计算，如图 1.26 所示，C 点为切削起点，A 点为切削终点，根据三角形 ABE 相似于三角形 ACF，得

$\frac{AE}{AF}=\frac{BE}{CF}$，即 $\frac{30}{30+5}=\frac{7.5}{CF}$，可得 $CF=8.75$。

又因为 C 点 X 值小于 A 点 X 值，所以 $I=-8.75$。

可以看出，循环起点的 Z 方向坐标值直接影响到程序中 I 值的大小。

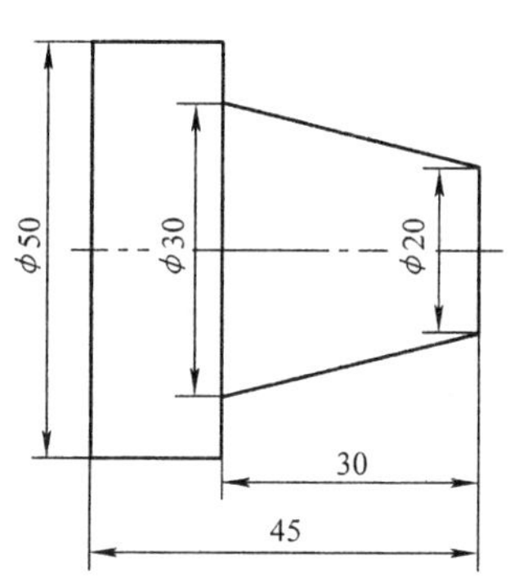

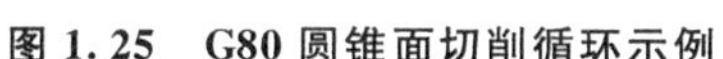
图 1.25　G80 圆锥面切削循环示例

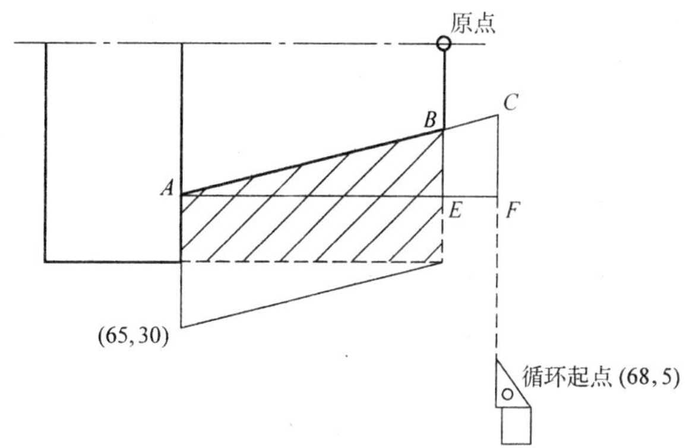

图 1.26　*I* 值计算示意图

图 1.25 所示零件的加工程序如下。

```
%0005
N10 T0101
N20 M03 S600                        主轴正转,转速 600 r/min
N30 G00 X68 Z5                      快速走刀至循环起点(68,5)处
N40 G80 X60 Z-30 I-8.75 F40         使用 G80 编程,Z 向长度固定,X 向多次进给
N50 G80 X55 Z-30 I-8.75
N60 G80 X50 Z-30 I-8.75
N70 G80 X45 Z-30 I-8.75
N80 G80 X40 Z-30 I-8.75
N90 G80 X35 Z-30 I-8.75             循环结束后,刀具停在循环起点(68,5)处
N100 G00 X100 Z100                  快速移到安全点
N110 M05
N120 M30
```

2. 端面切削循环指令 G81

1)端平面切削循环

◆ 格式:G81 X(U)__ Z(W)__ F__。

◆ 说明:

(1)*X*、*Z* 为绝对编程时,切削终点 *C* 在工件坐标系下的坐标值。

(2)*U*、*W* 为增量编程时,切削终点 *C* 相对循环起点 *A* 的有向距离。

(3)该指令执行如图 1.27 所示 *A*

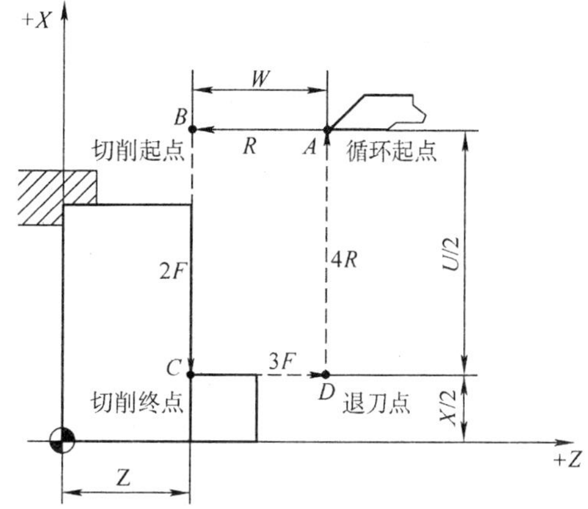

图 1.27　端平面切削循环

→B→C→D→A 的轨迹动作。

◆ 编程举例：对于如图 1.23 所示的零件采用 G81 指令编程，程序如下。

```
%0006
N10 T0101
N20 M03 S600                主轴正转，转速 600 r/min
N30 G00 X52 Z2              快速走刀至循环加工起点处
N40 G81 X20 Z−5 F40         使用 G81 编程，X 向直径固定，Z 向多次进给
N50 G81 X20 Z−10
N60 G81 X20 Z−15
N70 G81 X20 Z−20
N80 G81 X20 Z−25
N90 G81 X20 Z−30
N100 G00 X100 Z100          快速移到安全点
N110 M05
N120 M30
```

2)圆锥端面切削循环

◆ 格式：G81 X(U)__ Z(W)__ K __ F __。

◆ 说明：

(1)X、Z 为绝对编程时，切削终点 C 在工件坐标系下的坐标值。

(2)U、W 为增量编程时，切削终点 C 相对循环起点 A 的有向距离。

(3)K 为切削起点 B 与切削终点 C 的 Z 向有向距离。

(4)该指令执行如图 1.28 所示 A→B→C→D→A 的轨迹动作。

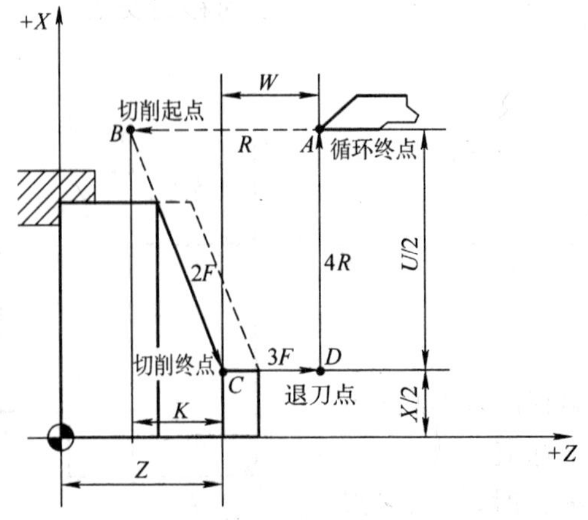

图 1.28 圆锥端面切削循环

◆ 编程举例：对于图 1.29 所示的零件，首先分析 K 值的计算，如图 1.30 所示，

C 点为切削起点，A 点为切削终点，根据三角形 ABE 相似于三角形 ACF，得

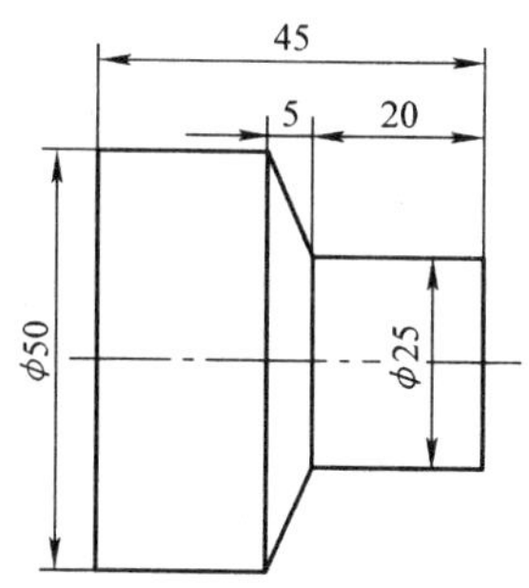

图 1.29 G81 圆锥端面切削循环示例

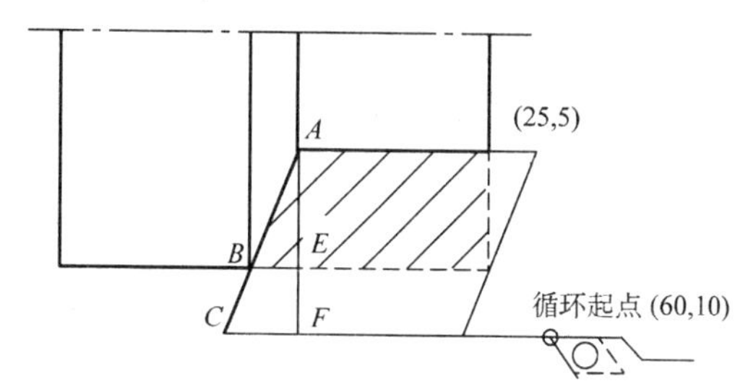

图 1.30 K 值计算示意图

$\frac{AE}{AF}=\frac{BE}{CF}$，即 $\frac{12.5}{12.5+5}=\frac{5}{CF}$，可得 $CF=7$。

又因为 C 点 Z 值小于 A 点 Z 值，所以 $K=-7$。

可以看出，循环起点的 X 方向坐标值直接影响到程序中 K 值的大小。

图 1.29 所示的零件的加工程序如下。

```
%0007
N10 T0101
N20 M03 S600                  主轴正转，转速 600 r/min
N30 G00 X60 Z10               快速走刀至循环起点(60,10)处
N40 G81 X25 Z0 K-7 F40        使用 G81 编程，X 向直径固定，Z 向多次进给
N50 G81 X25 Z-5 K-7
N60 G81 X25 Z-10 K-7
N70 G81 X25 Z-15 K-7
N80 G81 X25 Z-20 K-7
N90 G00 X100 Z100             快速移到安全点
N100 M05
N110 M30
```

3. 螺纹切削循环指令 G82

◆ 格式：G82 X(U)__ Z(W)__ R__ E__ C__ P__ F__。

◆ 说明：

(1)X、Z 为绝对编程时，螺纹终点 C 在工件坐标系下的坐标值。

(2)U、W 为增量编程时，螺纹终点 C 相对循环起点 A 的有向距离。

(3)R、E 为螺纹切削的退尾量，R 为 Z 向回退量；E 为 X 向回退量，R、E 可以省略，表示不用回退功能。

(4)C 为螺纹头数，当 C 为 0 或 1 时切削单头螺纹。

(5)单头螺纹切削时，P 为主轴基准脉冲处距离切削起始点的主轴转角(缺省值为 0)；多头螺纹切削时，P 为相邻螺纹头的切削起始点之间对应的主轴转角。

(6)F 为螺纹导程。

(7)该指令执行如图 1.31 所示 $A \to B \to C \to D \to A$ 的轨迹动作。

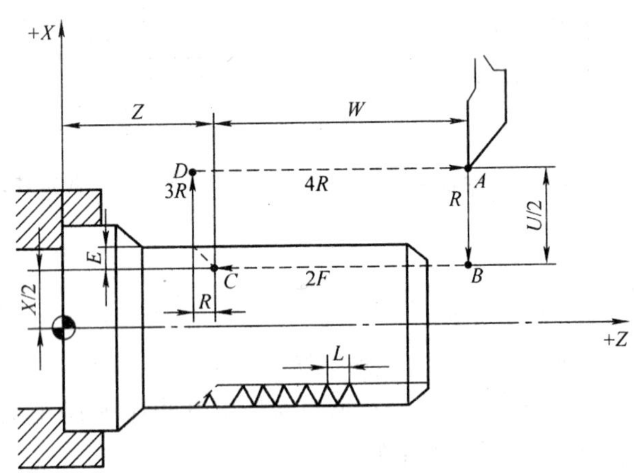

图 1.31 直螺纹切削循环

[解决方案]

1. 制订加工工艺

1) 装夹与定位

该塞规零件为短轴类零件，其轴心线为工艺基准，用三爪自定心卡盘夹持 ϕ30 mm外圆，使工件伸出卡盘约 90 mm，完成外圆加工；调头用软爪夹持 ϕ20 mm 外圆，切断至长度尺寸，切槽。

2) 工步顺序

按先主后次、先粗后精的加工原则确定加工路线，从右端至左端轴向进给切削。先进行外轮廓粗加工，再进行精加工，然后调头，切断至要求尺寸，最后切槽。

(1)夹持 ϕ30 mm 外圆，手动切削端面。

(2)粗车 ϕ20 mm 外圆，留 0.5 mm 精车余量。

(3)精车 ϕ20 mm 外圆。

(4)调头夹持 ϕ20 mm 外圆。

(5)切断至要求尺寸。

(6)切槽。

3）选择刀具

根据零件加工要求和加工工艺分析，选用3把刀具：T01为外圆粗车刀、T02为外圆精车刀、T03为切断刀。

4）确定切削用量

切削用量的具体数值应根据机床性能、加工工艺、相关手册并结合实际经验确定。

（1）机床转速：外圆粗加工为800 r/min，精加工为1 000 r/min；切槽和切断为400 r/min。

（2）进给速度：外圆粗加工为100 mm/min，精加工为60 mm/min；切槽和切断为40 mm/min。

5）选择机床和数控系统

（1）机床型号：威海天诺数控机械有限公司生产的CK6132－Ⅱ型数控车床。

（2）数控系统：采用华中世纪星HNC－21T数控系统。

2. 数控加工程序

该零件的数控加工程序如下。

%0008	程序号，外圆加工程序
N10 T0101	换外圆粗车刀
N20 G00 X100 Z100	快速返回到换刀点
N30 M03 S800	主轴正转，转速为800 r/min
N40 X35 Z5	快速走刀至循环切削起点
N50 G80 X26.5 Z－75 F100	圆柱面切削循环粗车ϕ20 mm外圆，吃刀量为3.5 mm
N60 G80 X23.5 Z－75 F100	粗车ϕ20 mm外圆，吃刀量为3 mm
N70 G80 X20.5 Z－75 F100	粗车ϕ20 mm外圆，留0.5 mm精加工余量
G0 X14.5 Z1	倒角
G01 X21.5 Z－2.5	
N80 G00 X100 Z100	快速返回到换刀点
N90 T0202 S100	换外圆精车刀，调整转速
N100 G00 X14 Z1	快速至精车起点
G01 X20 Z－2 F60	倒角
N110 G01 Z－75	精车ϕ20 mm外圆
N120 G00 X100 Z100	返回换刀点
N130 M05	主轴停止
N140 M30	程序结束
%O009	程序号，切槽加工程序
N10 T0303 M03 S400	换切槽刀，刀宽5 mm调整转速

N20 G00 X23 Z—25	快速至切槽起点
N30 G81 X10 Z—25 F40	利用端面切削循环指令，切槽
N40 G81 X10 Z—29.5 F40	端面切削循环，第二刀切槽
N50 G81 X10 Z—34 F40	端面切削循环，第三刀切槽
N60 G81 X10 Z—38.5 F40	端面切削循环，第四刀切槽
N70 G81 X10 Z—43 F40	端面切削循环，第五刀切槽
N80 G81 X10 Z—47.5 F40	端面切削循环，第六刀切槽
N90 G81 X10 Z—50 F40	端面切削循环，切槽至要求尺寸长度
G00 Z—75	切至 X16
G01 X16	
X22 Z—72	倒角
G00 Z—75	
G01 X0 F20	切断
N100 G00 X100 Z100	快速返回换刀点
N110 M05	主轴停止
N120 M30	程序结束

[任务扩展]

1. 锥螺纹切削循环

◆ 格式：G82 X(U)__ Z(W)__ I__ R__ E__ C__ P__ F__。

◆ 说明：

(1)X、Z 为绝对编程时，螺纹终点 C 在工件坐标系下的坐标值。

(2)U、W 为增量编程时，螺纹终点 C 相对循环起点 A 的有向距离。

(3)I 为螺纹起点 B 与螺纹终点 C 的半径差，其符号为差的符号。

(4)R、E 为螺纹切削的退尾量，R 为 Z 向回退量；E 为 X 向回退量，R、E 可以省略，表示不用回退功能。

(5)C 为螺纹头数，当 C 为 0 或 1 时切削单头螺纹。

(6)单头螺纹切削时，P 为主轴基准脉冲处距离切削起始点的主轴转角(缺省值为 0)；多头螺纹切削时，P 为相邻螺纹头的切削起始点之间对应的主轴转角。

(7)F 为螺纹导程。

(8)该指令执行如图 1.32 所示 $A \rightarrow B \rightarrow C \rightarrow D \rightarrow A$ 的轨迹动作。

◆ 编程举例：图 1.33 所示为单头螺纹，螺纹螺距为 2 mm，查表知分 5 次加工，吃刀深度分别为 0.9、0.6、0.6、0.4、0.1 mm，加工程序如下。

%0010	
N10 T0101	螺纹车刀，建立工件坐标系
N20 M03 S400	

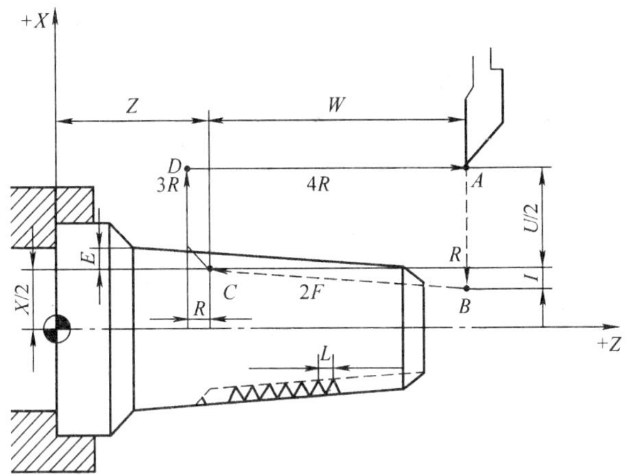

图 1.32　锥螺纹切削循环

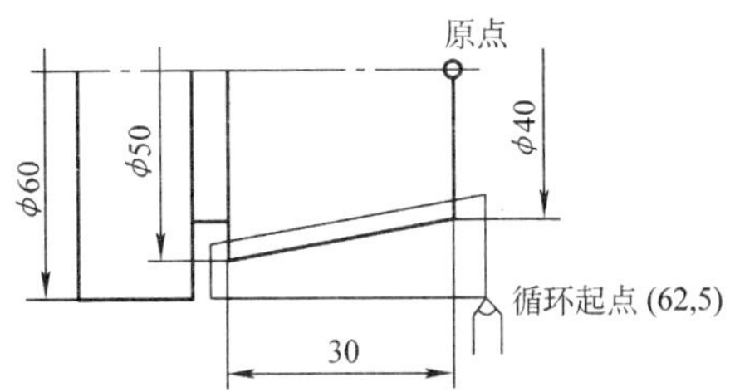

图 1.33　锥螺纹切削循环示例

N30 G00 X62 Z5	快速至螺纹切削循环起点
N40 G82 X49.1 Z−32 I−5 F2	G82 螺纹切削循环，第一次循环切削螺纹，切深 0.9 mm
N50 G82 X48.5 Z−32 I−5 F2	第二次循环切削螺纹，切深 0.6 mm
N60 G82 X47.9 Z−32 I−5 F2	第三次循环切削螺纹，切深 0.6 mm
N70 G82 X47.5 Z−32 I−5 F2	第四次循环切削螺纹，切深 0.4 mm
N80 G82 X47.4 Z−32 I−5 F2	第五次循环切削螺纹，切深 0.1 mm
N90 G00 X100 Z80	快速退刀至安全点
N100 M05	
N110 M30	

2. 应用学习

加工如图 1.34 所示的螺纹轴零件，零件毛坯为 ϕ55 mm 的棒料，材料为 45 号钢，完成零件的数控加工，切削加工至图纸尺寸。

◆ 要求：

(1)对零件进行简单加工工艺分析。

(2)要求使用简单循环切削指令进行数控加工程序编制。

(3)进行数控加工仿真。

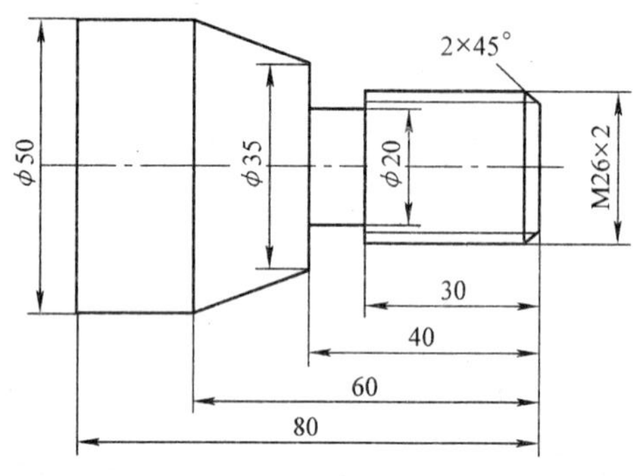

图 1.34 螺纹轴零件图

3. 创新设计

设计一个零件,能够用本学习任务的简单循环指令进行零件加工。

◆ 设计要求:

(1)介绍零件的功用。

(2)画出标准图纸,表达清晰,画法规范。

(3)给出材料,说明选材意图。

(4)设计加工工艺,给出工艺卡。

(5)给出加工程序。

(6)给出加工仿真结果图。

任务四 钢印模的加工——G40、G41、G42

知识要点

- 刀尖半径补偿的功能。
- 刀尖半径补偿的实质。
- 数控车床刀尖方位号的确定。
- 刀尖半径补偿指令 G40、G41、G42 指令的应用。
- 掌握应用半径补偿加工钢印模的方法。

[任务描述]

◆ 技术要求:如图 1.35 所示的零件毛坯为 φ30 mm×60 mm 的棒料,材料为 45 号钢,T01 为主偏角 90°的外圆粗车刀、T02 为主偏角 90°的外圆精车刀、T03 为宽度 4 mm 的切断刀。

◆ 分析:采用 G80 圆柱面切削循环进行轮廓粗加工,采用直线插补指令 G01、圆弧逆时针插补指令 G03 和刀尖圆弧半径右补偿指令 G42 进行轮廓精加工,以消除刀尖加工圆弧产生的加工误差。

[理论阐述]

1. 刀尖半径补偿原理

1)假想刀尖

数控程序是针对刀具上的某一点即刀位点进行编制的,车刀具有两个点可用做数控编程时的起点,即刀尖圆弧圆心 O 点和理想尖锐状态下的假想刀尖 A 点,如图

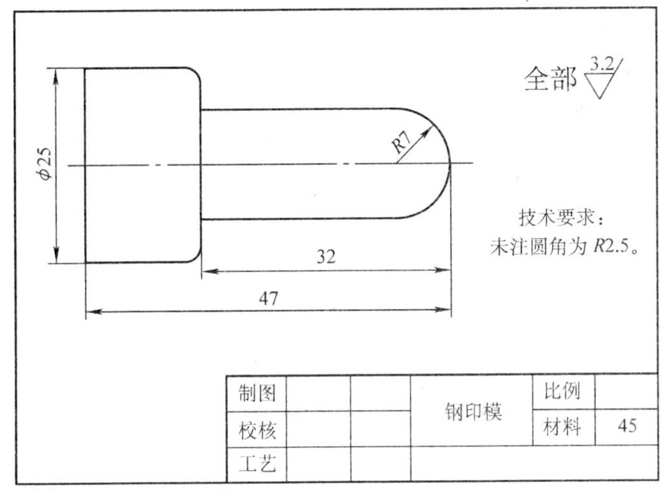

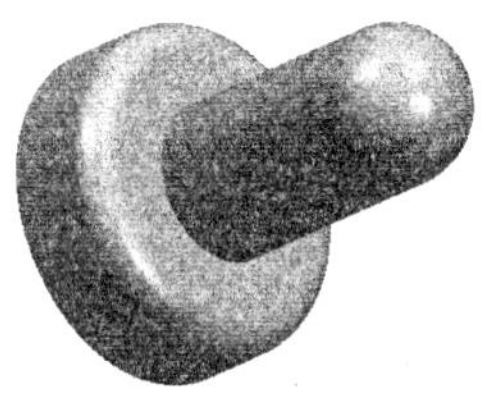

图 1.35　钢印模

1.36 所示。

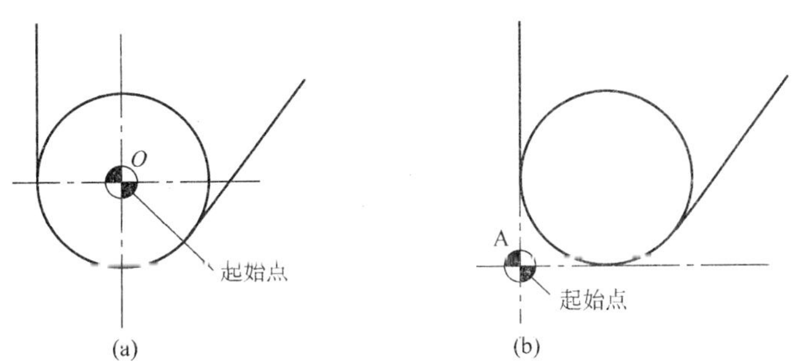

图 1.36　刀尖半径中心和假想刀尖

(a)用刀尖半径中心编程　(b)用假想刀尖编程

2)补偿的目的

在实际加工中的车刀，由于工艺或其他要求，刀尖往往不是一个理想的尖锐点，当切削加工时刀具切削点在刀尖圆弧上变动，造成实际切削点与刀位点之间的位置有偏差，从而造成过切或少切。这种由于刀尖不是一个理想的尖锐点而是一段圆弧而造成的加工误差，可用刀尖半径补偿功能来消除。从图 1.37 中可以看出，圆头车刀若按假想刀尖点 A 作为刀位点编程时，如果不进行刀尖半径补偿，刀具实际切削轨迹线与工件要求的轮廓形状存在误差，误差大小与刀尖圆弧半径有关。所以选用圆头车刀加工工件时，一定要采用圆弧半径补偿功能。

3)补偿的应用

(1)若使用尖角车刀切削加工时，刀位点即为刀尖，其编程轨迹和实际切削轨迹完全相同，不用使用刀尖圆弧半径补偿功能。

(2)若使用圆头车刀切削加工时，如图 1.38 所示。

在切削端面时，刀尖圆弧的实际切削点与理想刀尖点的 Z 坐标值相同；切削外

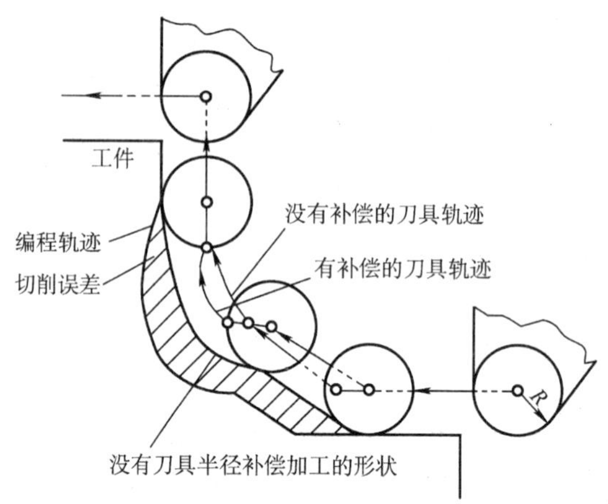

图 1.37 刀尖半径补偿的轨迹

圆柱表面和内圆柱孔时，实际切削点与理想刀尖点的 X 坐标值相同。因此，切削端面和内外圆柱表面时不需要对刀尖圆弧半径进行补偿。

在切削锥面和圆弧时，即加工轨迹与机床轴线不平行时，则实际切削点与理想刀尖点之间在 X、Z 轴方向都存在位置偏差。若以理想刀尖点编程，则会造成加工误差，所以切削锥面和圆弧时要采用刀尖圆弧半径补偿功能。

(3)由于刀尖圆弧半径通常比较小，所以在粗车加工时可以不考虑刀尖半径补偿。

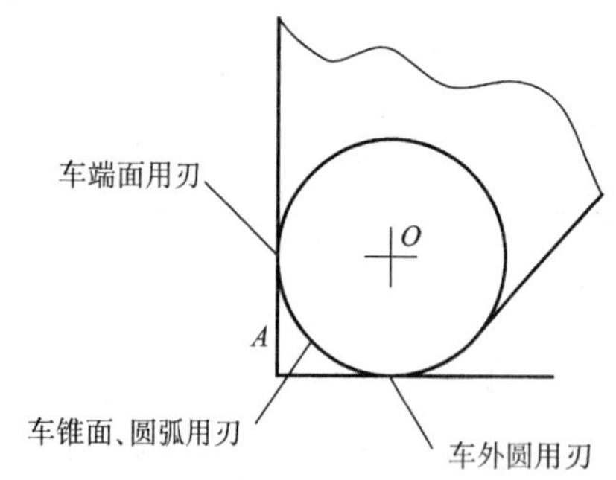

图 1.38 圆头车刀切削用刃示意图

4)补偿的原理

(1)具有刀尖圆弧半径补偿功能的数控车床，编程时可以不用计算刀尖圆弧中心轨迹，只要按工件轮廓编程即可。

(2)半径补偿值可以通过手动输入方式直接从控制面板上输入，数控系统便能自动地计算出刀尖圆弧中心的运动轨迹。

(3)执行刀尖圆弧半径补偿指令后，数控系统便能自动地计算出刀具中心轨迹，并按刀具中心轨迹运动，即刀具自动偏离工件轮廓一个补偿距离，从而加工出所要求的工件轮廓。

(4)当刀具磨损或重磨，刀尖圆弧半径值改变时，只需更改输入的半径补偿值，不需要修改程序。

(5)用同一把车刀进行粗、精加工时，也可以使用刀尖圆弧半径补偿功能。

5)刀尖方位的设置

车刀的形状有很多，在进行刀尖圆弧半径补偿时，假想刀尖相对圆弧中心的方位与刀具移动的方向有关，它直接影响圆弧车刀补偿计算的结果，因此要把代表车刀形状和假想刀尖方位的参数输入到存储器中。将车刀按形状和假想刀尖方位归纳为 8

种，如图 1.39 所示，同相应的 T 代码一起选择。

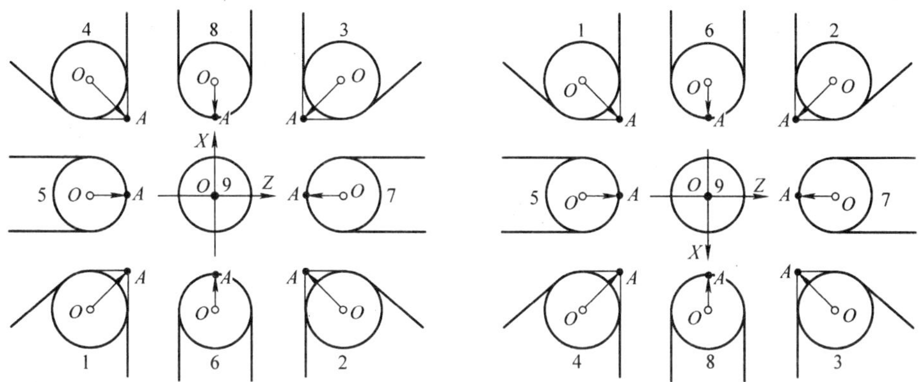

图 1.39　车刀刀尖方位码定义

从图 1.39 可知，若刀尖方位码设为 0 或 9 时，机床将以刀尖圆弧中心为刀位点进行刀补计算处理；若刀尖方位码设为 1～8 时，机床将以假想刀尖为刀位点，根据相应的代码方位进行刀补计算处理。

2. 刀尖圆弧半径补偿指令

在切削加工时，若要实现刀尖圆弧半径补偿功能，首先要在刀具代码 T 中的补偿号对应的存储单元里存放刀尖圆弧半径补偿值和假想刀尖方位编号。另外，还要通过 G40、G41、G42 指令来完成。

1）刀具半径补偿指令 G41、G42

◆ 格式：

刀具半径左补偿：G41 G00（或 G01）X __ Z __。

刀具半径右补偿：G42 G00（或 G01）X __ Z __。

◆ 说明：

（1）X、Z 是 G00 或 G01 的参数，即建立刀补的终点坐标值。

（2）G41 称为刀具半径左补偿功能，即沿着刀具进给方向看，刀具位于工件轮廓线的左侧；G42 称为刀具半径右补偿功能，即沿着刀具进给方向看，刀具位于工件轮廓线的右侧，如图 1.40 所示。

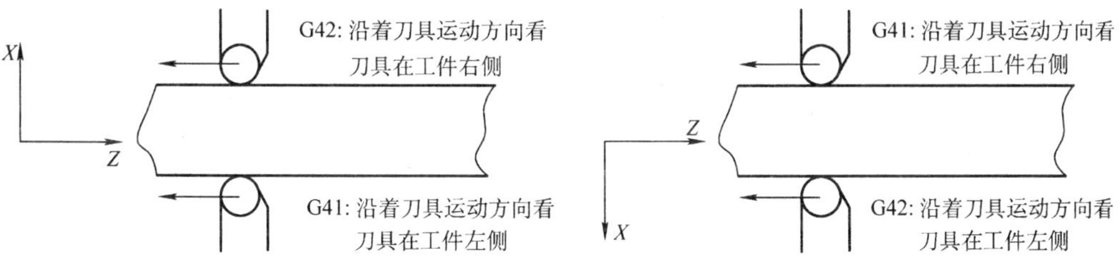

图 1.40　刀具半径左补偿和右补偿

2)取消刀具半径补偿指令 G40

◆ 格式:G40 G00 (G01) X __ Z __。

◆ 说明:

(1)X、Z 为取消刀具半径补偿点的坐标值。

(2)G40 是用来取消 G41 和 G42 的,使用该指令后,G41、G42 指令无效。

3)刀具半径补偿的编程实现

刀具半径补偿的编程实现分为 3 个步骤:刀具半径补偿的引入、进行和取消。

(1)刀具半径补偿的引入:刀具中心从与编程轨迹重合到过渡到与编程轨迹偏离一个偏置量的过程,如图 1.41 所示。

(2)刀具半径补偿的进行:刀具中心始终与编程轨迹保持设定的偏置距离。

(3)刀具半径补偿的取消:刀具中心从与编程轨迹偏离过渡到与编程轨迹重合的过程,如图 1.42 所示。

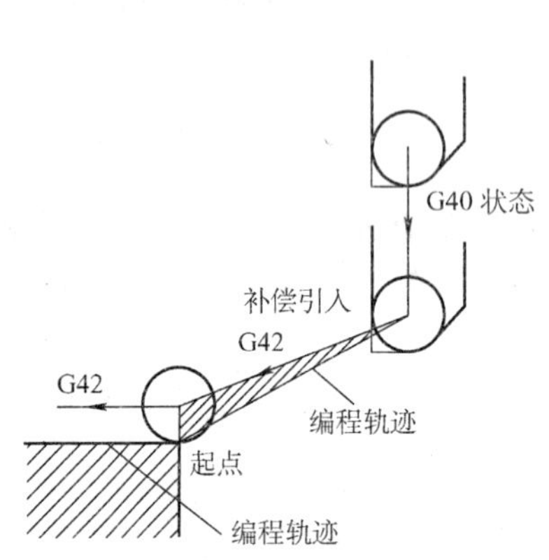

图 1.41 刀具半径补偿的引入

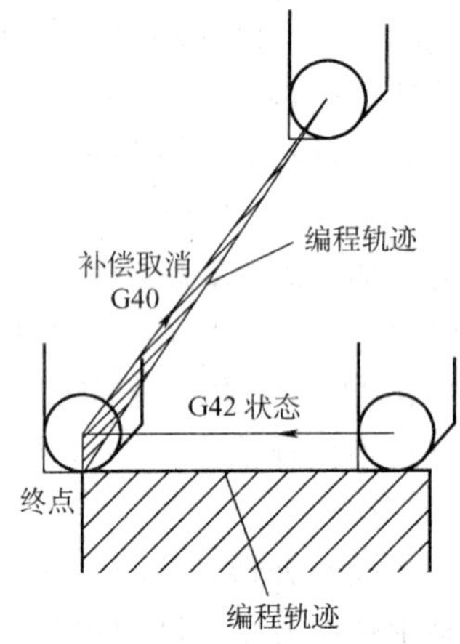

图 1.42 刀具半径补偿的取消

4)刀具半径补偿指令注意事项

(1)刀具半径补偿的引入和取消应在不加工的空行程段上进行,且只能用 G00 或 G01 指令,不能用 G02 或 G03 指令。

(2)G41、G42 指令不带参数,其补偿号,即所用刀具对应的刀尖半径补偿值在补偿寄存器中输入,定义车刀圆弧半径及刀尖的方位号,程序中由 T 代码指定。

(3)刀具半径补偿的引入和取消时,刀具位置的变化是一个渐变的过程。

(4)当输入刀补数据时给的是负值,则 G41、G42 互相转化。

(5)G41、G42 指令不要重复规定,要改变刀尖半径补偿方向,必须先用 G40 指令解除原来的左刀补或右刀补状态,再用 G41 或 G42 指令重新设定,否则会产生不正常的补偿。

(6)当刀具磨损、重新刃磨或更换新刀具后,刀尖半径发生变化,这时只需在刀具偏置输入界面中改变刀具参数的 R 值,而不需修改已编好的加工程序。

[解决方案]

1. 制订加工工艺

1)装夹与定位

该钢印模零件为短轴类零件,其轴心线为工艺基准,用三爪自定心卡盘夹持 ϕ30 mm外圆左端,使工件伸出卡盘约 65 mm,一次装夹完成粗精加工。

2)工步顺序

按先主后次、先粗后精的加工原则确定加工路线,从右端至左端轴向进给切削。先进行外轮廓粗加工,再精加工,最后进行切断。

(1)装夹,手动切削端面。

(2)粗车 ϕ25 mm 外圆,留 0.5 mm 精车余量。

(3)粗车 ϕ14 mm 外圆,留 0.5 mm 精车余量。

(4)车锥面(为切削圆弧面去除余量)。

(5)精车 $R7$ 圆弧面、精车 ϕ14 和 ϕ25 外圆。

(6)切断。

3)选择刀具

根据零件加工要求和加工工艺分析,选用 3 把刀具:T01 为外圆粗车刀、T02 为外圆精车刀、T03 为切断刀。

4)确定切削用量

切削用量的具体数值应根据机床性能、加工工艺、相关手册并结合实际经验确定。

(1)机床转速:粗加工为 800 r/min,精加工为 1 000 r/min;切断为 400 r/min。

(2)进给速度:粗加工为 100 mm/min,精加工为 60 mm/min;切断为 40 mm/min。

5)选择机床和数控系统

(1)机床型号:威海天诺数控机械有限公司生产的 CK6132—Ⅱ型数控车床。

(2)数控系统:采用华中世纪星 HNC—21T 数控系统。

2. 数控加工程序

该钢印模零件的加工程序如下。

%0011	程序号
N10 T0101	换外圆粗车刀
N20 G00 X100 Z100	快速返回到换刀点
N30 M03 S800	主轴正转,转速为 800 r/min
N40 X35 Z5	快速走刀至循环切削起点
N50 G80 X27.5 Z—52 F100	外圆切削循环粗车 ϕ25 mm 外圆,吃刀量为 2.5 mm
N60 G80 X25.5 Z—52 F100	粗车 ϕ25 mm 外圆,留 0.5 mm 的精加工余量
N70 G80 X21.5 Z—31.5 F100	外圆循环粗车 ϕ14 mm 外圆,Z 向留 0.5 mm 余量

N80 G80 X18 Z−31.5 F100	粗车 ϕ14 mm 外圆，吃刀量为 3.5 mm
N90 G80 X14.5 Z−31.5 F100	粗车 ϕ14 mm 外圆，留 0.5 mm 的精加工余量
N100 G00 X7 Z0	快速至锥面切削起点
N110 G01 X14 Z−3.5	车锥面，为加工 $R7$ 圆弧去除余量
N120 X16	X 向退刀
N130 G00 X100 Z100	快速返回换刀点
N140 T0202 S1000	外圆精车刀
N150 G00 X16 Z5	快速靠近工件
N160 G42 G01 X0 F60	使用刀尖半径补偿指令
N170 Z0	进刀至精加工轮廓起点
N180 G03 X14 Z−7 R7	切削 $R7$ 圆弧面
N190 G01 Z−32	精车 ϕ14 mm 外圆
N200 X20	精车端面
N210 G03 X25 Z−34.5 R2.5	精车 $R2.5$ 圆弧面
N220 G01 Z−52	精车 ϕ25 mm 外圆
N230 G40 G00 X100 Z100	快速返回至换刀点，取消刀尖半径补偿功能
N240 T0303 S400	切断刀，刀宽为 4 mm
N250 G00 X27 Z−51	快速至切断起点
N260 G01 X0 F40	切断
N270 G00 X100 Z100	快速至换刀点
N280 M05	主轴停止
N290 M30	程序结束

[任务扩展]

1. 刀具补偿扩展

刀具补偿是补偿实际加工时所用的刀具与编程时使用的理想刀具或对刀时使用的基准刀具之间的偏差值，保证加工零件符合图纸要求的一种处理方法，指刀具尺寸或某些随机变量(如对刀误差、刀具磨损、计算误差、刀具布置等)，很难在程序中预先给定，通过输入寄存器存储值根据加工尺寸及精度的需要随时手动输入予以补偿，而不必更改程序。车刀刀具补偿包括刀具偏置补偿、刀具磨损补偿和刀尖半径补偿，这里只对刀具偏置补偿和磨损补偿进行叙述。

1)刀具偏置补偿

数控编程时，设定刀架上各刀在工作位时，其刀尖位置是一致的。但由于刀具的几何形状、刀具的安装，其刀尖位置是不一致的，其相对工件原点的距离也是不同的。因此需要将各刀具的位置值进行比较或设定，称为刀具偏置补偿，共有以下两种补偿形式。

(1)绝对补偿形式。如图 1.43 所示，绝对刀偏即机床回到机床零点时，工件零点相对刀架工作位上各刀刀尖位置的有向距离。当执行刀偏补偿时，各刀以此值设定各自的加工坐标系。各刀由于几何尺寸不一致，各刀刀位点相对工件零点的距离不同，但各自建立的坐标系均与工件坐标系重合。

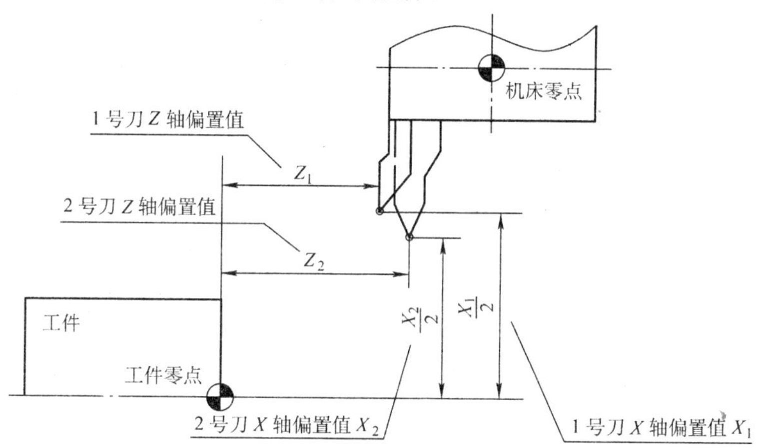

图 1.43　刀具偏置的绝对补偿形式

可采用试切法得到各刀绝对刀偏值，并输入到刀具偏置表中。具体做法是：试切工件端面，输入此时刀具在将设立的工件坐标系下的 Z 轴坐标值；试切工件外圆，输入此时刀具在将设立的工件坐标系下的 X 轴坐标值。

(2)相对补偿形式。如图 1.44 所示，在对刀时，确定一把刀具作为标准刀具，并以其刀尖位置 A 为依据建立工件坐标系。这样，当其他各刀转到加工位置时，刀尖位置 B 相对标准刀刀尖位置 A 就会出现偏置，原来建立的坐标系就不再适用，因此应对非标准刀具相对标准刀具之间的偏置值 ΔX、ΔZ 进行补偿，使刀尖位置 B 移至位置 A。

标刀偏置值为机床回到机床零点时，工件零点相对工作位上标刀刀位点的有向距离。可以通过试切法获得标刀的刀偏值，同时在“刀具偏置表”子菜单下的“标刀选择”功能按钮，设定标刀刀偏值作为基准；然后将标刀退出换刀，用试切法获得其他各刀相对于标刀的刀偏值，并输入到刀具偏置表中。

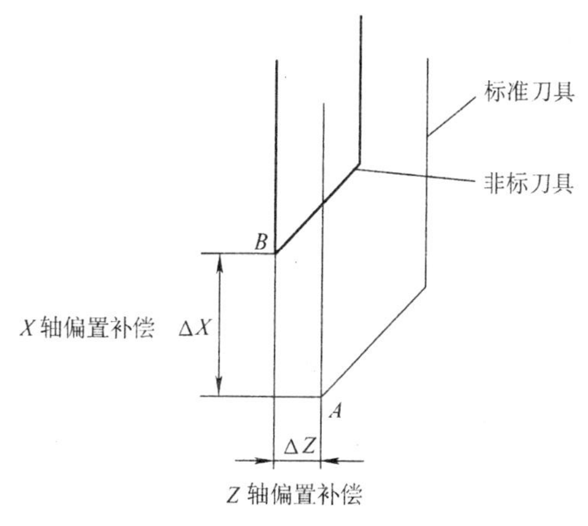

图 1.44　刀具偏置的相对补偿形式

2)刀具磨损补偿

刀具在使用一段时间后会有不同程度的磨损，会导致刀尖位置尺寸改变，从而使加工尺寸产生误差，因此需要对其进行补偿，称其为刀具磨损补偿。该补偿与刀具偏置补偿存放在同一个寄存器的地址号中。

3）刀具补偿量的设定

车刀刀具的补偿功能由T代码指定，其后的4位数字分别表示选择的刀具号和刀具补偿号。刀具补偿号是刀具补偿寄存器的地址号，该寄存器存放刀具的 X 轴和 Z 轴偏置补偿值、刀具的 X 轴和 Z 轴磨损补偿值、刀具半径补偿量 R 和刀尖方位号T。

T代码加补偿号表示开始补偿功能，补偿号为00表示补偿量为0，即取消补偿功能。补偿号可以和刀具号相同，也可以不同，即一把刀具可以对应多个补偿号(值)。

2. 学习应用

加工如图1.45所示的零件，零件毛坯为 ϕ55 mm的棒料，材料为45号钢，完成零件的数控加工，切削加工至图纸尺寸。

◆ 要求：

(1)对零件进行简单加工工艺分析。

(2)要求使用刀尖半径补偿指令进行数控加工程序编制。

(3)进行数控加工仿真。

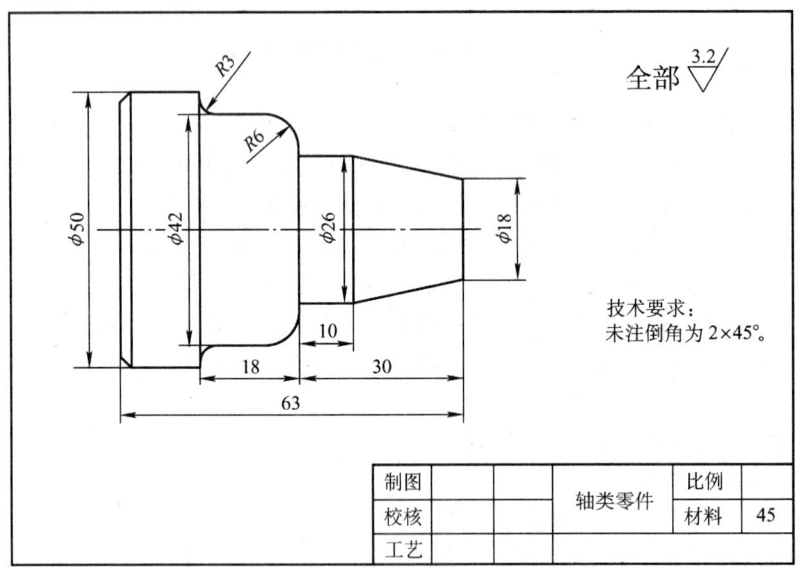

图1.45　锥面及圆弧面加工

3. 创新设计

设计一个零件，能够用本学习任务的刀具半径补偿指令进行零件加工。

◆ 设计要求：

(1)介绍零件的功用。

(2)画出标准图纸，表达清晰，画法规范。

(3)给出材料，说明选材意图。

(4)设计加工工艺，给出工艺卡。

(5)给出加工程序。

(6)给出加工仿真结果图。

任务五　多槽轴的加工——M98、M99

知识要点

- 数控车床子程序的运用。
- M98、M99 指令的应用。
- 暂停指令——G04 指令的应用。
- 掌握运用子程序加工多槽轴的方法。

[任务描述]

◆ 技术要求：如图 1.46 所示的零件毛坯为 ϕ32 mm×70 mm 的棒料，材料为 45 号钢，T01 为主偏角 90°的外圆车刀、T02 为宽度 4 mm 的切断刀。

◆ 分析：多槽轴结构上具有多个规律性的槽，可采用 M98 调用子程序方式，通过调用 2 次子程序进行加工。

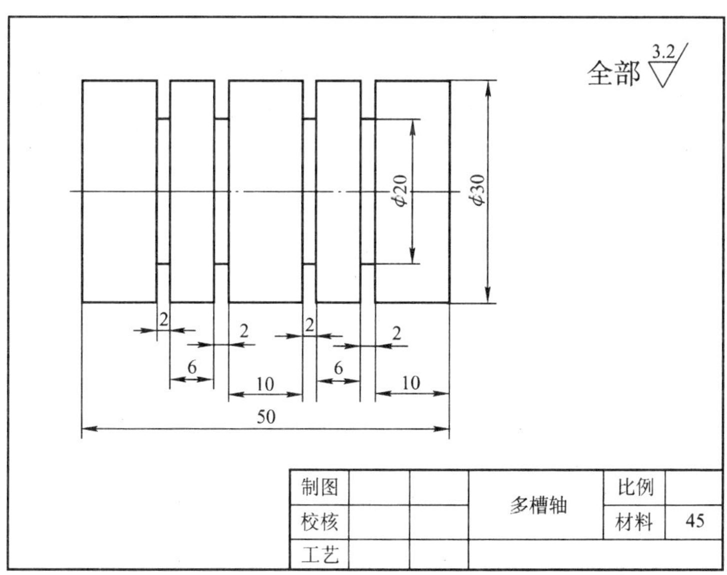

图 1.46　多槽轴

[理论阐述]

1. 子程序指令

1）子程序的定义

在编制加工程序中，有时会遇到一组程序段在一个程序中多次出现，或者几个程序中都要使用它，可以把这类程序做成固定程序，并单独加以命名，事先存储起来，这组程序段就称为子程序。使用子程序可以减少不必要的编程重复，从而达到简化编程的目的。

2）子程序的调用

子程序可以在存储器方式下调出使用，主程序可以调用子程序，一个子程序也可以调用下一级的子程序。子程序必须在主程序结束后建立，其作用相当于一个固定循环，子程序执行完后返回到主程序中调用子程序的程序段的下一句程序段运行。子程序的调用格式如下。

M98 P _ L _

其中，P 为被调用的子程序号；L 是重复调用的次数。

子程序的格式与主程序相似，区别在于程序结束使用 M99 从子程序返回指令，如下所示。

%××××

……

……

M99

在子程序开头，必须规定子程序号，以作为调用入口地址；在子程序结尾，必须使用 M99 指令，以控制执行完该子程序后返回主程序。

主程序可以多次调用子程序，但连续调用同一子程序执行加工，最多可执行 999 次。另外，为了进一步简化零件加工程序，子程序也可再调用另一子程序，这种调用称为子程序嵌套，子程序只能执行有限级嵌套，最多可嵌套 4 层子程序（不同系统可能不同），应该尽量避免子程序间的互相调用。

3）子程序的应用原则

若零件上有多处相同的轮廓形状，可将此处编写一个子程序，然后用主程序调用该子程序就可以了。

程序的内容具有相对独立性。在加工较复杂的零件时，往往包含许多独立的工序，有时工序之间的调整也是容许的，为了优化加工顺序，把每一个的工序编成一个独立子程序，主程序中只需加入换刀和调用子程序等指令即可。

注意：在子程序中可以改变模态有效的 G 功能，如 G90 到 G91 的变换。所以在返回调用程序时，一定要检查所有模态有效的功能指令，并按要求进行调整。

2. 暂停指令 G04

◆ 格式：G04 P_；

◆ 说明：

（1）*P* 为暂停时间，单位为 s（秒）。

（2）G04 在前一程序段的进给速度降到零之后才开始暂停动作。

(3)G04 为非模态指令,仅在其被规定的程序段中有效。

(4)G04 可使刀具作短暂停留,以获得圆整而光滑的表面。

有些数控系统的 G04 指令后面可跟 P 和 X,其中 P 的单位为 ms(毫秒),不可以带小数;X 的单位为 s(秒),可以带小数位。

[解决方案]

1. 制订加工工艺

1)装夹与定位

该零件为轴类零件,其轴心线为工艺基准,用三爪自定心卡盘夹持 ϕ32 mm 外圆左端,使工件伸出卡盘约 65 mm,一次装夹完成加工。

2)工步顺序

从右端至左端轴向进给切削。先进行外圆加工,再进行切槽,最后进行切断。

(1)装夹工件。

(2)切削端面。

(3)加工 ϕ30 mm 外圆。

(4)切槽至 ϕ20 mm。

(5)切断。

3)选择刀具

根据零件加工要求和加工工艺分析,选用两把刀具:T01 为外圆车刀、T02 为切断刀。

4)确定切削用量

切削用量的具体数值应根据机床性能、加工工艺、相关手册并结合实际经验确定。

(1)机床转速:外圆加工为 800 r/min,切槽和切断为 400 r/min。

(2)进给速度:外圆加工为 80 mm/min,切槽和切断为 30 mm/min。

5)选择机床和数控系统

(1)机床型号:威海天诺数控机械有限公司生产的 CK6132－Ⅱ型数控车床。

(2)数控系统:采用华中世纪星 HNC－21T 数控系统。

2. 数控加工程序

该多槽轴零件的加工程序如下。

```
%0012                     主程序
N10 T0101 M03             外圆车刀,建立工件坐标系
N20 S800 M08              冷却液打开
N30 G00 X35 Z0            移至端面切削起点处
N40 G01 X0 F75            切削端面
N50 G00 X30 Z5            移至外圆切削起点处
```

N60 G01 Z−52	切削 ϕ30 外圆
N70 G00 X100 Z100	快速退刀至换刀点
N80 T0202	换切断刀
N90 G00 X32 Z0	移到子程序起点处
N100 M98 P0013 L2	调用子程序,循环 2 次
N110 G00 W−12	移至切断起点处
N120 G01 X0 F20	切断,调整进给速度
N130 G04 P2	暂停 2 s
N140 G00 X100 Z100 M09	快速退刀至安全点,关闭冷却液
N150 M30	程序结束
%0013	子程序
N10 G00 W−12	移至槽的切削起点处
N20 G01 U−12 F30	切槽至 ϕ20 mm,调整进给速度
N30 G04 P1	槽底暂停 1 s
N40 G00 U12	X 向退刀
N50 W−8	Z 向偏移至第二个槽切削起点处
N60 G01 U−12	切槽至 ϕ20 mm
N70 G04 P1	槽底暂停 1 s
N80 G00 U12	X 向退刀
N90 M99	子程序结束,并返回到主程序

[任务扩展]

1. 子程序应用扩展

图 1.46 所示的零件上有若干处相同的轮廓形状,所以采用子程序进行编程,可以简化程序。

本示例讲述子程序的另一个应用原则:当加工中反复出现相同轨迹的走刀路线时,可以采用子程序编程。如图 1.47 所示,被加工的零件需要刀具在某一区域内分层或分行反复走刀,走刀轨迹总是出现某一特定的形状,采用子程序比较方便,此时通常以增量方式编程,该零件程序如下。

%0014	主程序
N10 T0101	外圆车刀,建立工件坐标系
N20 S400 M03	主轴正转,转速为 400 r/min
N30 G00 X92 Z5	移到子程序起点处
N40 M98 P0015 L11	调用子程序,并循环 11 次
N50 G00 X100 Z100	返回安全位置
N60 M05	主轴停

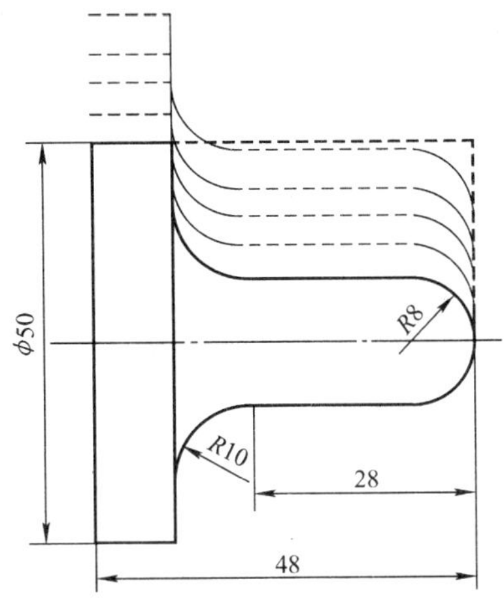

图 1.47　子程序加工零件示例

N70 M30	主程序结束并复位
%0015	子程序
N10 G00 G42 U－52	移至切削 X 起点处，并建立刀尖圆弧半径补偿
N20 G01 Z0 F100	进刀至切削起点处，留下后面的切削余量
N30 G03 U16 W－8 R8	加工 $R8$ 圆弧段
N40 G01 W 20	加工 $\phi16$ mm 外圆
N50 G02 U20 W－10 R10	加工 $R10$ 圆弧段
N60 G01 U14	加工端面
N70 W－10	加工 $\phi50$ mm 外圆
N80 G40 U2	离开已加工表面，并取消刀补
N90 G00 Z5	回到循环起点 Z 轴处
N100 U－4	调整每次循环的吃刀量为 4 mm
N110 M99	子程序结束，并返回到主程序

2. 学习应用

加工如图 1.48 所示的零件，零件毛坯为 $\phi35$ mm 的棒料，材料为 45 号钢，完成零件的数控加工，切削加工至图纸尺寸。

◆ 要求：

(1)对零件进行简单加工工艺分析。

(2)要求使用子程序指令进行数控加工程序编制。

(3)进行数控加工仿真。

3. 创新设计

设计一个零件，能够用本学习任务的子程序指令进行零件加工。

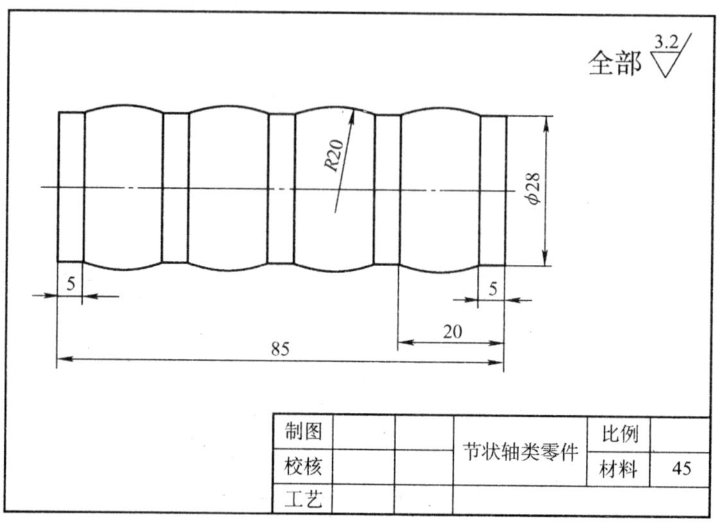

图 1.48 子程序应用

◆ 设计要求：

(1)介绍零件的功用。

(2)画出标准图纸，表达清晰，画法规范。

(3)给出材料，说明选材意图。

(4)设计加工工艺，给出工艺卡。

(5)给出加工程序。

(6)给出加工仿真结果图。

任务六 台阶螺纹轴的加工——G71、G76

知识要点

- 内(外)径粗车复合循环指令 G71 的应用。
- 螺纹切削复合循环指令 G76 的应用。
- 掌握运用复合指令加工螺纹轴的方法。

[任务描述]

◆ 技术要求：如图 1.49 所示的零件毛坯为 φ72 mm×120 mm 的棒料，材料为 45 号钢，T01 为 90°外圆粗车刀；T02 为 90°外圆精车刀；T03 为切槽刀，刀宽为 4 mm；T04 为螺纹车刀。

◆ 分析：该零件的外轮廓较为复杂，直径差较大，可采用复合循环指令 G71 进行加工；对于螺纹切削，可采用螺纹复合切削循环指令 G76 进行加工。

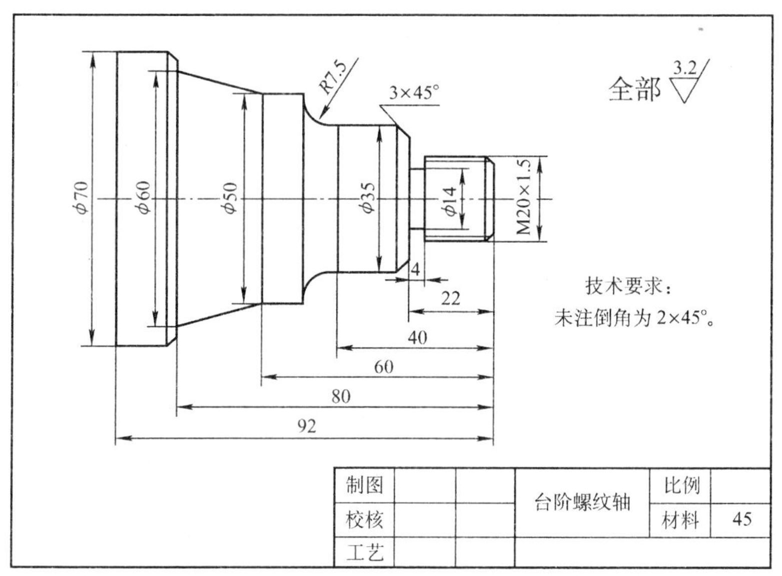

图 1.49　台阶螺纹轴零件

[理论阐述]

在数控车床上加工棒料或铸、锻件，如果余量很大时，要分为粗加工、精加工几个阶段进行加工，粗加工要多次重复切削，才能加工到规定尺寸。此时，即便使用单一固定循环指令编程，程序也很复杂，需要人工计算分配切削次数和吃刀量，而用车床复合固定循环指令，只要给出最终精加工路径、每次的背吃刀量及精加工余量，机床便能自动计算出粗加工时的刀具路径和加工次数，可大大简化编程工作。

1. 内(外)径粗车复合循环指令 G71

1)指令格式

◆ 格式:G71 U(Δd) R(r) P(ns) Q(nf) X(Δx) Z(Δz) F(f) S(s) T(t)。

◆ 说明:

(1)Δd 为切削深度(每次切削量)，指定时不加符号，为半径值。

(2)r 为每次退刀量。

(3)ns 为精加工路径第一程序段的顺序号，nf 为精加工路径最后程序段的顺序号。

(4)Δx 为 X 方向精加工余量，直径值，Δz 为 Z 方向精加工余量。

(5)f、s、t 为粗加工时 G71 程序段中编程的 F、S、T 有效，一般在 G71 之前已经指定，故大都省略；而精加工时处于 ns 到 nf 程序段之间的 F、S、T 有效。

2)刀具循环路径

图 1.50 所示为 G71 粗车循环指令的进给路径，图中 C 点为粗加工循环起点，虚线(R)为快速定位，实线(F)为以粗车进给速度切削。程序执行时，刀具由循环起点

C沿着X方向快进一个切削深度Δd，然后开始沿着Z方向切削循环。当最后一次粗车循环后，零件各表面留有X方向精车余量Δx，Z方向精车余量Δz，粗车循环结束后，刀具返回到循环起点。

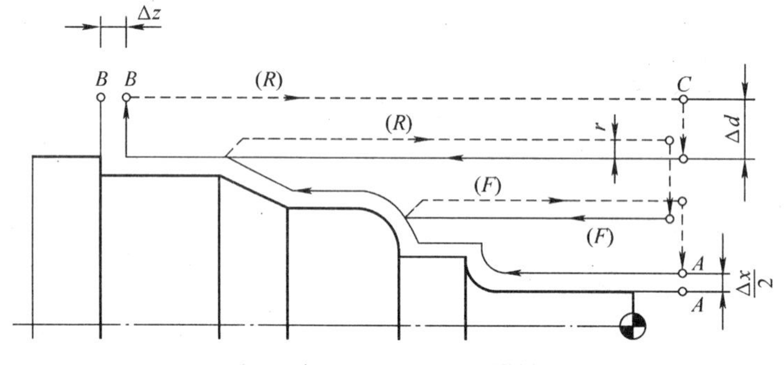

图 1.50 G71 外圆粗车循环刀具轨迹

注意：

(1)G71 适用于圆柱棒料毛坯，轴向方向的切除余量比直径的切削余量大的情况，且切削的路径必须是单调增大或减小，即不可有内凹的轮廓外形。

(2)G71 指令必须带有 P、Q 地址 ns、nf，且与精加工路径起、止顺序号对应，精加工轮廓轨迹描述从A点到B点。

(3)G71 指令的循环起点C必须在零件构成的矩形框的外侧。

(4)ns 的程序段必须为 G00 或 G01 指令，即由循环起点C到A点的移动只能用 G00 或 G01，且不能包含Z轴方向的移动指令。

(5)G71 用于内轮廓粗车循环时，Δx应为负值。

(6)在顺序号 ns 到顺序号 nf 之间的程序段中，不应包含子程序。

2. 螺纹切削复合循环指令 G76

1)指令格式

◆ 格式：G76 C(c) R(r) E(e) A(a) X(x) Z(z) I(i) K(k) U(d) V(Δd_{min}) Q(Δd) P(p) F(L)。

◆ 说明：

(1)c为精整次数。

(2)r为螺纹Z向退尾长度，e为螺纹X向退尾长度。

(3)a为刀尖角度(2 位数字)，在 80°、60°、55°、30°、29°和 0°这 6 个角度中选一个，通常为 60°。

(4)当绝对值编程时，x、z为有效螺纹终点的坐标值；当增量值编程时，x、z为有效螺纹终点相对循环起点的有向距离。

(5)i为螺纹两端的半径差，若$i=0$则为直螺纹切削方式。

(6)k 为螺纹高度,该值由 X 轴方向上的半径值指定。

(7)d 为精加工余量,半径值;$\Delta d_{\min}$ 为最小切削深度,半径值;Δd 为第一次切削深度,半径值。

(8)p 为主轴基准脉冲处距离切削起始点的主轴转角。

(9)L 为螺纹导程。

2)刀具循环路径

螺纹切削复合循环执行如图 1.51 所示的加工轨迹 $A\rightarrow B\rightarrow C\rightarrow D\rightarrow A$。其单边切削及参数如图 1.52 所示。

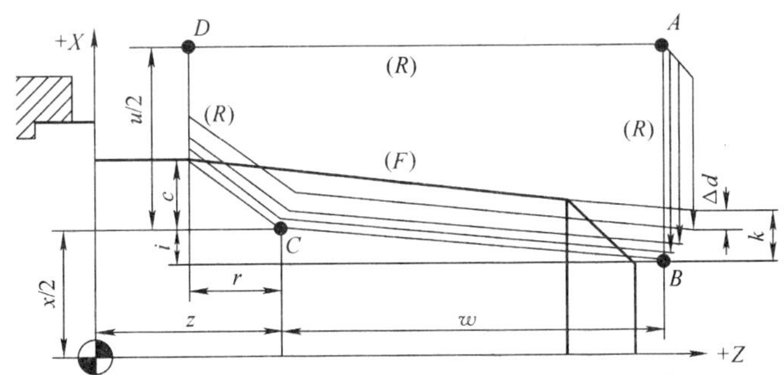

图 1.51　G76 螺纹切削循环刀具轨迹

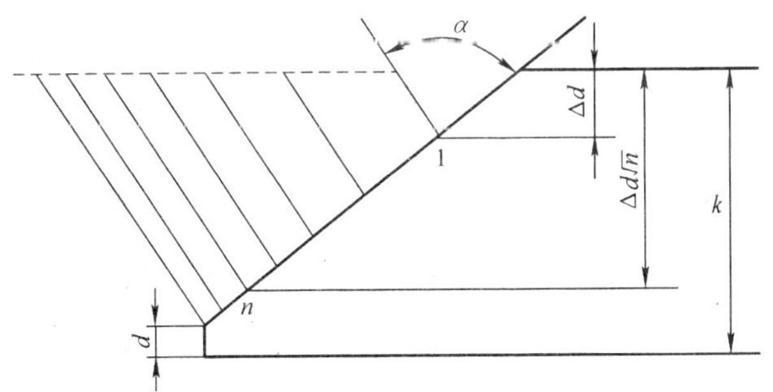

图 1.52　G76 螺纹切削循环单边切削及其参数

G76 循环进行单边切削,减小刀尖的受力。每一次切削时切削深度为 Δd,第 n 次的切削总深度为 $\Delta d\sqrt{n}$,每次循环的背吃刀量为 $\Delta d(\sqrt{n}-\sqrt{n-1})$。

图 1.52 中,C 点到 D 点的切削速度由 F 代码指定,而其他轨迹均为快速进给。

[解决方案]

1. 制订加工工艺

1)装夹与定位

该零件为实心轴类零件,采用轴的左端面和 $\phi72$ mm 外圆作为定位基准,采用三爪自定心卡盘夹紧工件左端，一次装夹完成粗精加工。

2)工步顺序

(1)装夹工件，手动切削端面。

(2)自右向左粗车外轮廓。

(3)自右向左精车外轮廓。

(4)切螺纹退刀槽。

(5)车螺纹。

3)选择刀具

根据零件加工要求和工艺分析，选用 4 把刀具：T01 为 90°外圆粗车刀；T02 为 90°外圆精车刀；T03 为切槽刀，刀宽为 4 mm；T04 为螺纹车刀。

4)确定切削用量

切削用量的具体数值应根据机床性能、加工工艺、相关手册并结合实际经验确定。

(1)机床转速：粗车外轮廓为 800 r/min，精车外轮廓为 1 000 r/min；车螺纹和切槽为 400 r/min。

(2)进给速度：粗车外轮廓为 100 mm/min，精车外轮廓为 60 mm/min；切槽为 30 mm/min。

5)选择机床和数控系统

(1)机床型号：威海天诺数控机械有限公司生产的 CK6132－Ⅱ型数控车床。

(2)数控系统：采用华中世纪星 HNC－21T 数控系统。

2. 数控加工程序

该零件的数控加工程序如下。

%0016	程序号
N10 T0101 M03 S800	调 1 号刀，1 号刀补
N20 G00 X75 Z5	快进至粗车循环起点
N30 G71 U1.5 R1 P70 Q190 X0.4 Z0.1 F100	调用 G71 粗车循环
N40 G00 X100 Z100	快速退刀至安全点
N50 T0202 S1000	换外圆精车刀
N60 G00 X75 Z5	快进至循环起点
N70 G00 X16	精加工轮廓起始行，快进至倒角 X 处
N80 G01 Z0 F60	进刀至倒角起点处
N90 X20 Z－2	车倒角
N100 Z－22	车螺纹外径
N110 X29	车台阶面
N120 X35 Z－25	车倒角
N130 Z－40	车 ϕ35 mm 外圆

N140 G02 X50 W−7.5 R7.5	车圆弧
N150 G01 Z−60	车 ϕ50 外圆
N160 G01 X60 Z−80	车锥面
N170 X66	车台阶面
N180 X70 W−2	车倒角
N190 Z−92	车 ϕ70 外圆，精加工轮廓结束行
N200 G00 X100 Z100	快速返回换刀点
N210 T0303 S400	换 3 号刀，3 号刀补，调整转速
N220 G00 X37 Z−22	快速至切槽起点
N230 G01 X14 F30	切槽
N240 G04 P1	槽底暂停 1 s
N250 X37	X 向退刀
N260 G00 X100 Z100	快速返回换刀点
N270 T0404	换 4 号刀，4 号刀补
N280 G00 X22 Z5	快速至螺纹切削循环起点
N290 G76 C2 A60 X18.052 Z−20 I0 K0.974 U0.1 V0.1 Q0.4 F1.5	螺纹切削循环
N300 G00 X100 Z100	快速返回换刀点
N310 M30	程序结束

[任务扩展]

1. 带凹槽加工 G71 指令

◆ 格式：G71 U(Δd) R(r) P(ns) Q(nf) E(e) F(f) S(s) T(t)。

◆ 说明：

(1)Δd 为切削深度（每次切削量），指定时不加符号，半径值。

(2)r 为每次退刀量。

(3)ns 为精加工路径第一程序段的顺序号，nf 为精加工路径最后程序段的顺序号。

(4)e 为精加工余量，其为 X 方向的等高距离；外径切削时为正，内径切削时为负。

(5)f、s、t 为粗加工时 G71 程序段中编程的 F、S、T 有效，而精加工时处于 ns 到 nf 程序段之间的 F、S、T 有效。

2. 学习应用

加工如图 1.53 所示的轴零件，零件毛坯为 ϕ40 mm×100 mm 的棒料，材料为 45 号钢，完成零件的数控加工，切削加工至图纸尺寸。

◆ 要求：

(1)对零件进行简单加工工艺分析。

(2)使用 G71 指令进行外轮廓加工，使用 G76 指令加工螺纹。

(3)进行数控加工仿真。

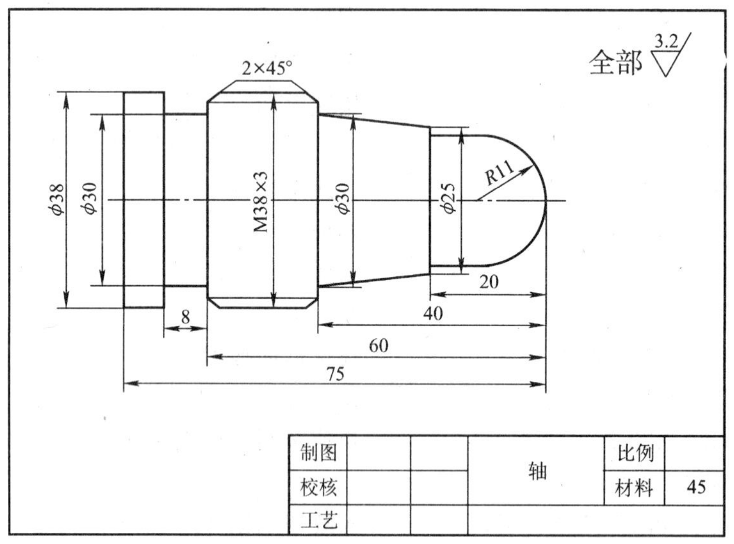

图 1.53 轴

3. 创新设计

设计一个零件，能够用本学习任务的复合循环指令进行零件加工。

◆ 设计要求：

(1)介绍零件的功用。

(2)画出标准图纸，表达清晰，画法规范。

(3)给出材料，说明选材意图。

(4)设计加工工艺，给出工艺卡。

(5)给出加工程序。

(6)给出加工仿真。

任务七 轧辊的加工——G72

知识要点

- 端面粗车复合循环指令 G72 的应用。
- 掌握运用 G72 指令加工轧辊的方法。

[任务描述]

◆ 技术要求：如图 1.54 所示的零件毛坯为 $\phi82$ mm×130 mm 的棒料，材料为 45 号钢，T01 为 90°外圆粗车刀；T02 为 90°外圆精车刀。

◆ 分析：采用端面粗车复合循环指令 G72 进行加工，先进行一端加工，然后调头装夹加工另一端。

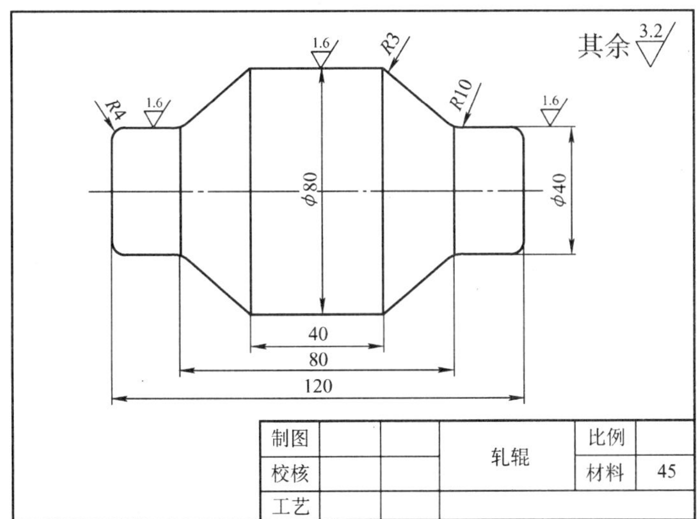

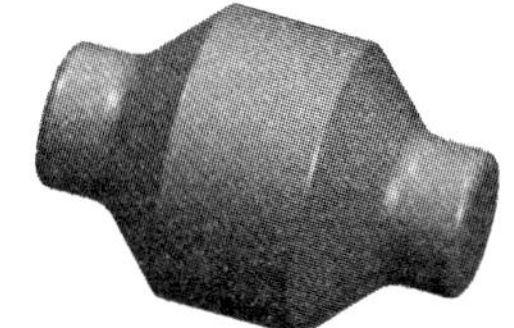

图 1.54　轧辊

[理论阐述]

1. 指令格式

◆ 格式：G72 W(Δd) R(r) P(ns) Q(nf) X(Δx) Z(Δz) F(f) S(s) T(t)。

◆ 说明：

(1)Δd 为切削深度(每次切削量)，指定时不加符号。

(2)r 为每次退刀量。

(3)ns 为精加工路径第一程序段的顺序号，nf 为精加工路径最后程序段的顺序号。

(4)Δx 为 X 方向精加工余量，直径值，Δz 为 Z 方向精加工余量。

(5)f、s、t 为粗加工时 G71 程序段中编程的 F、S、T 有效，一般在 G71 之前已经指定，故大都省略；而精加工时处于 ns 到 nf 程序段之间的 F、S、T 有效。

2. 刀具循环路径

G72 与 G71 指令类似，不同之处在于其刀具平行于 X 轴进行切削，如图 1.55 所示，图中 C 点为粗加工循环起点，虚线(R)为快速定位，实线(F)为以粗车进给速度切削。其进给路径是从外径方向往轴心方向切削，适用于棒料毛坯端面方向的粗车。程序执行时，刀具由循环起点 C 沿着 Z 方向快进一个切削深度 Δd，然后开始沿着 X 方向切削循环。当最后一次粗车循环后，零件各表面留有 X 方向精车余量 Δx，Z 方向精车余量 Δz，粗车循环结束后，刀具返回到循环起点。

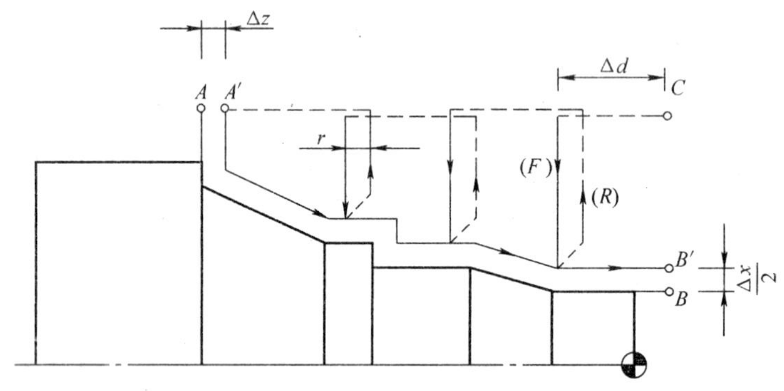

图 1.55 G72 端面粗车循环刀具轨迹

注意：

(1)G72 适用于圆柱棒料毛坯，直径方向的切削余量比轴向的切削余量大的情况。

(2)G72 指令必须带有 P、Q 地址 ns、nf，且与精加工路径起、止顺序号对应，精加工轮廓轨迹描述从 A 点到 B 点。

(3)G72 指令的循环起点 C 必须在零件构成的矩形框的外侧。

(4)ns 的程序段必须为 G00 或 G01 指令，即由循环起点 C 到 A 点的移动只能用 G00 或 G01，且不能包含 X 轴方向的移动指令。

(5)在顺序号 ns 到顺序号 nf 之间的程序段中，不应包含子程序。

[解决方案]

1. 制订加工工艺

1)装夹与定位

该零件为实心轴类零件，采用轴的左端面和 $\phi 82$ mm 外圆作为定位基准，采用三爪自定心卡盘夹紧工件左端加工右端部分，然后调头加工左端部分，分 2 次装夹完成加工。

2)工步顺序

(1)装夹工件，手动切削端面。

(2)自右向左粗车右端外轮廓。

(3)自右向左精车右端外轮廓。

(4)调头装夹。

(5)加工左端部分。

3)选择刀具

根据零件加工要求和工艺分析,选用2把刀具:T01为90°外圆粗车刀;T02为90°外圆精车刀。

4)确定切削用量

切削用量的具体数值应根据机床性能、加工工艺、相关手册并结合实际经验确定。

(1)机床转速:粗车外轮廓为800 r/min,精车外轮廓为1 000 r/min。

(2)进给速度:粗车外轮廓为120 mm/min,精车外轮廓为80 mm/min。

5)选择机床和数控系统

(1)机床型号:威海天诺数控机械有限公司生产的CK6132-Ⅱ型数控车床。

(2)数控系统:采用华中世纪星HNC-21T数控系统。

2. 数控加工程序

以工件右端面中心点为工件坐标系原点,轧辊零件的数控加工程序如下。

程序	说明
%0017	程序号
N10 T0101 M03 S800	调1号刀,1号刀补
N20 G00 X85 Z5	快进至粗车循环起点
N30 G72 W1.5 R1 P70 Q140 X0.2 Z0.4 F120	调用G72粗车循环
N40 G00 X100 Z100	快速退刀至安全点
N50 T0202 S1000	换外圆精车刀
N60 G00 X85 Z5	快进至循环起点
N70 G00 Z-70	精加工轮廓起始行
N80 G01 X80 F80	进刀至ϕ80 mm外圆起点处
N90 Z-41.243	车ϕ80 mm外圆
N100 G02 X78.243 Z-39.121 R3	车$R3$圆弧
N110 G01 X45.858 Z-22.929	车锥面
N120 G03 X40 Z-15.858 R10	车$R10$圆弧
N130 G01 Z-4	车ϕ40 mm外圆
N140 G02 X32 Z0 R4	车$R4$圆弧,精加工轮廓结束行
N150 G00 X100 Z100	快速返回换刀点
N160 M05	主轴停止
N170 M30	程序结束

工件调头后，加工左端部分，程序相同，不再叙述。

[任务扩展]

1. 学习应用

加工如图 1.56 所示的轴套零件，零件毛坯为 ϕ50 mm×80 mm 的棒料（预留 ϕ15 mm内孔），端面已平，材料为 45 号钢，完成零件的数控加工，切削加工至图纸尺寸。

◆ 要求：

(1)对零件进行简单加工工艺分析。

(2)要求使用 G72 复合循环指令进行数控加工程序编制。

(3)进行数控加工仿真。

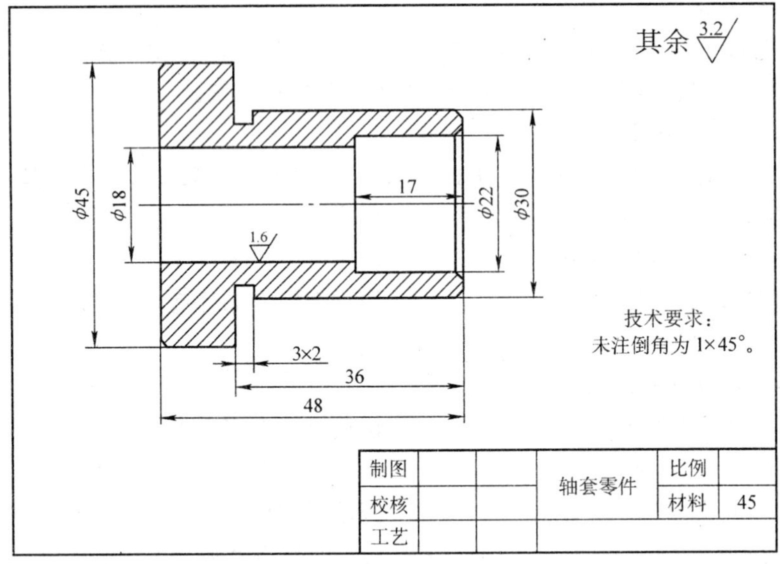

图 1.56 轴套零件

2. 创新设计

设计一个零件，能够用本学习任务的端面粗车复合循环指令 G72 进行零件加工。

◆ 设计要求：

(1)介绍零件的功用。

(2)画出标准图纸，表达清晰，画法规范。

(3)给出材料，说明选材意图。

(4)设计加工工艺，给出工艺卡。

(5)给出加工程序。

(6)给出加工仿真。

任务八　酒杯的加工——G73

知识要点

- 封闭轮廓粗车复合循环指令 G73 的应用。
- 掌握运用 G73 指令加工酒杯外形的方法。

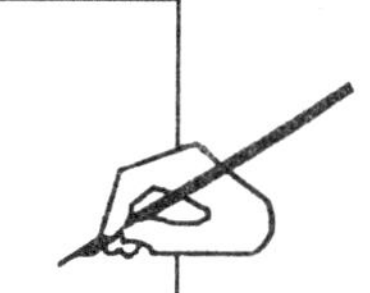

[任务描述]

◆ 技术要求：如图 1.57 所示的零件毛坯为 ϕ36 mm×80 mm 的棒料，材料为铝材，T01 为 90°外圆粗车刀，T02 为 90°外圆精车刀，T03 为刀宽 4 mm 的切断刀。

◆ 分析：该酒杯零件轮廓外形不是单调的递增或递减变化，不适合用 G71、G72 指令加工，所以采用封闭轮廓粗车复合循环指令 G73 进行加工，不过加工类似零件的毛坯一般是锻造或铸造成型件。

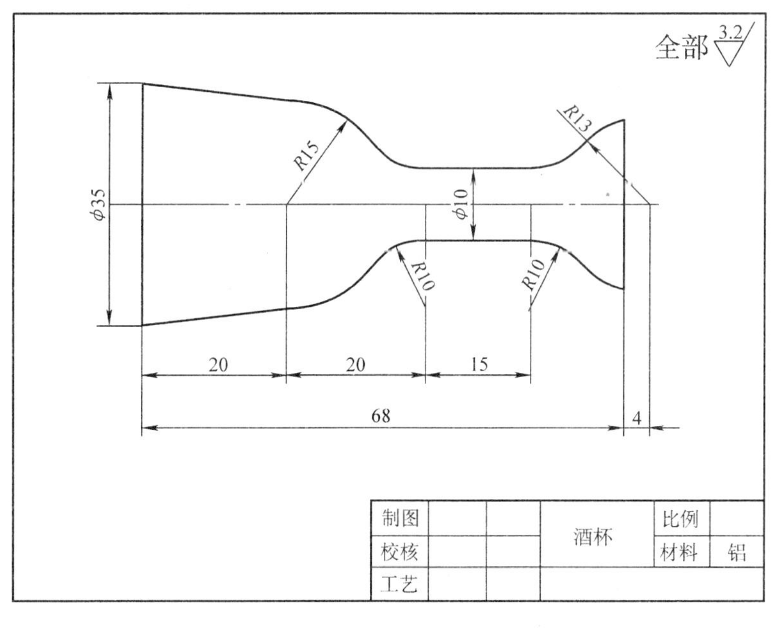

图 1.57　酒杯

[理论阐述]

1. 指令格式

◆ 格式：G73 U(ΔI) W(ΔK) R(r) P(ns) Q(nf) X(Δx) Z(Δz) F(f) S(s) T(t)。

◆ 说明：

(1)ΔI 为 X 轴方向的粗加工总余量，ΔK 为 Z 轴方向的粗加工总余量。

(2)r 为粗切削次数。

(3)ns 为精加工路径第一程序段的顺序号，nf 为精加工路径最后程序段的顺序号。

(4)Δx 为 X 方向精加工余量，直径值，Δz 为 Z 方向精加工余量。

(5)f、s、t 为粗加工时 G73 程序段中编程的 F、S、T 有效，一般在 G73 之前已经指定，故大都省略；而精加工时处于 ns 到 nf 程序段之间的 F、S、T 有效。

2. 刀具循环路径

图 1.58 所示为 G73 粗车循环指令的进给路径，图中 C 点为粗加工循环起点，虚线(R)为快速定位，实线(F)为以粗车进给速度切削。程序执行时，刀具由循环起点 A 快速退到 C 点，然后从 C 点沿着 X、Z 两个方向各快进一个切削深度，然后开始封闭粗车循环，每次偏移固定的切削深度。当最后一次粗车循环后，零件各表面留有 X 方向精车余量 Δx，Z 方向精车余量 Δz，粗车循环结束后，刀具返回到循环起点。

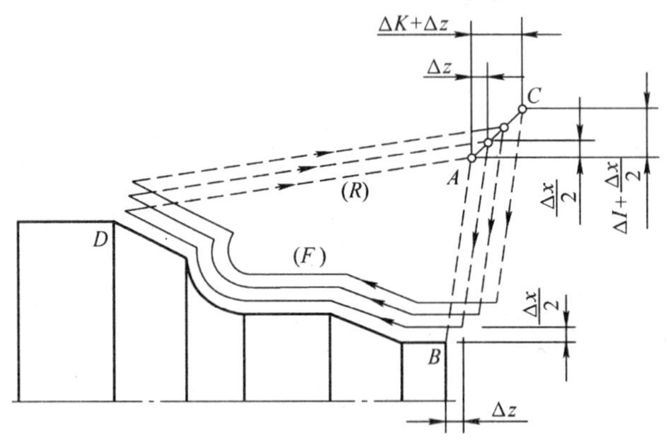

图 1.58 G73 封闭轮廓粗车循环刀具轨迹

注意：

(1)G73 适用于加工铸造成形、锻造成形或已粗车成形的工件，且切削的路径没有单调性的要求。

(2)G73 指令必须带有 P、Q 地址 ns、nf，且与精加工路径起、止顺序号对应，精加工轮廓轨迹描述从 A 点到 B 点。

(3)G73 指令的循环起点 A 必须在零件构成的矩形框的外侧。

(4)在顺序号 ns 到顺序号 nf 之间的程序段中，不应包含子程序。

[解决方案]

1. 制订加工工艺

1)装夹与定位

采用工件的左端面和 ϕ36 mm 外圆做为定位基准，采用三爪自定心卡盘夹紧工件左端，一次装夹完成粗精加工。

2)工步顺序

(1)装夹工件，手动切削端面。

(2)自右向左粗车加工。

(3)自右向左精车加工。

(4)切断加工。

3)选择刀具

根据零件加工要求和工艺分析，选用 3 把刀具：T01 为 90°外圆粗车刀；T02 为 90°外圆精车刀；T03 为切断刀，刀宽为 4 mm。

4)确定切削用量

切削用量的具体数值应根据机床性能、加工工艺、相关手册并结合实际经验确定。

(1)机床转速：粗车外轮廓为 800 r/min，精车外轮廓为 1 000 r/min，切断时为 400 r/min。

(2)进给速度：粗车外轮廓为 100 mm/min，精车外轮廓和切断时为 60 mm/min。

5)选择机床和数控系统

(1)机床型号：威海天诺数控机械有限公司生产的 CK6132－Ⅱ型数控车床。

(2)数控系统：采用华中世纪星 HNC－21T 数控系统。

2. 数控加工程序

以工件右端面中心点为编程原点建立工件坐标系，该零件的数控加工程序如下。

%0018	程序号
N10 T0101 M03 S800	调 1 号刀，1 号刀补
N20 G00 X40 Z5	快进至粗车循环起点
N30 G73 U8 W0 R8 P70 Q130 X0.4 Z0.2 F100	调用 G73 粗车循环
N40 G00 X100 Z100	快速退刀至安全点
N50 T0202 S1000	换外圆精车刀
N60 G00 X40 Z5	快进至循环起点
N70 G01 X24.738 Z0 F60	精加工轮廓起始行，快至圆弧起点处
N80 G03 X16.956 Z－5.855 R13	车 $R13$ 圆弧
N90 G02 X10 Z－13 R10	车 $R10$ 圆弧

```
N100 G01 Z-28                         车 φ10 mm 外圆
N110 G02 X18 Z-36 R10                 车 R10 圆弧
N120 G03 X29.788 Z-46.218 R15         车 R15 圆弧
N130 G01 X35 Z-68                     车锥面,精加工轮廓结束行
N140 G00 X100 Z100                    快速返回换刀点
N150 T0303 S400                       换 3 号刀,3 号刀补,调整转速
N160 G00 X38 Z-72                     快速至切断起点
N170 G01 X0 F6 0                      切断
N180 G00 X100 Z100                    快速返回换刀点
N190 M30                              程序结束
```

[任务扩展]

1. 学习应用

加工如图 1.59 所示的多功能轴零件,零件毛坯为 ϕ40 mm×100 mm 的棒料,材料为 45 号钢,完成零件的数控加工,切削加工至图纸尺寸。

◆ 要求:

(1)对零件进行简单加工工艺分析。

(2)使用 G73 指令进行外轮廓加工;使用 G76 指令加工螺纹。

(3)进行数控加工仿真。

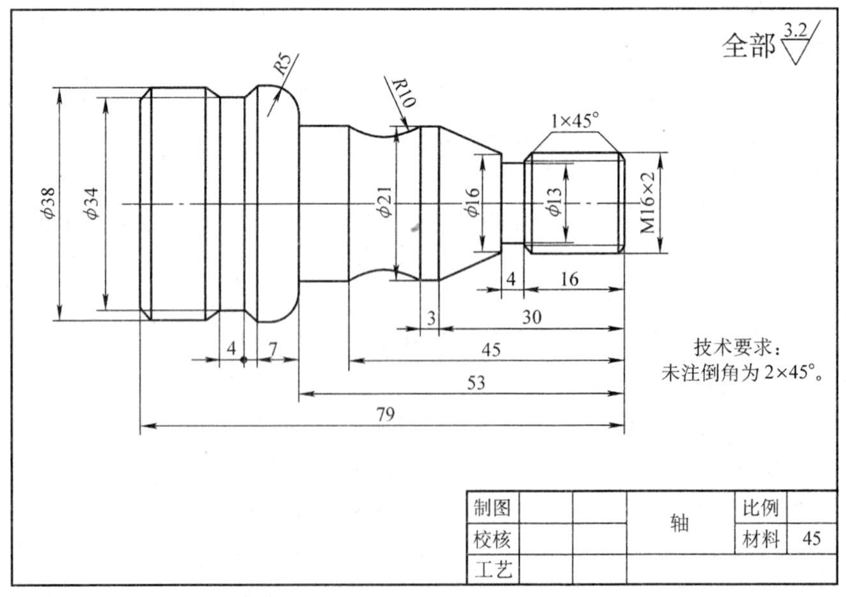

图 1.59　多功能轴

2. 创新设计

设计一个零件,能够用本学习任务的复合循环指令进行零件加工。

◆ 设计要求:

(1)介绍零件的功用。

(2)画出标准图纸,表达清晰,画法规范。

(3)给出材料,说明选材意图。

(4)设计加工工艺,给出工艺卡。

(5)给出加工程序。

(6)给出加工仿真结果图。

二、自动编程简介

(一)编程软件概述

随着计算机技术的发展,计算机辅助设计与制造(CAD/CAM)技术逐渐走向成熟。目前,CAD/CAM一体化集成形式的软件已经成为数控加工自动编程系统的主流。这些软件可以采用人机交互方式,进行零件几何建模(绘图、编辑和修改),对机床与刀具参数进行定义和选择,确定刀具相对零件的运动方式、切削加工参数,自动生成刀具轨迹和程序代码,最后经过后置处理,按照所使用机床规定的文件格式生成加工程序。通过串行通信的方式,将加工程序传送到数控机床的数控单元,实现对零件的数控加工。下面就介绍常用的自动编程软件。

1. CAXA制造工程师

CAXA制造工程师是由北京北航海尔软件有限公司研制开发的全中文、面向数控铣床和加工中心的三维CAD/CAM软件。它基于微机平台,采用原创Windows菜单和交互方式,便于轻松地学习和操作。它全面支持图标菜单、工具条、快捷键,用户还可以自由创建符合自己习惯的操作环境。它既具有线框造型、曲面造型和实体造型的设计功能,又具有生成2～5轴的加工代码的数控加工功能,可用于加工具有复杂三维曲面的零件。其特点是易学易用、价格较低,已在国内众多企业和研究院所得到应用。

2. Mastercam

Mastercam是由美国CNC Software公司推出的基于PC平台上的CAD/CAM软件,它具有很强的编程功能,尤其对复杂曲面的加工编程,它可以自动生成加工程序代码,具有独到的优势。由于Mastercam主要用于数控加工编程,其零件的设计造型功能不强,但对硬件的要求不高,且操作灵活、易学易用、价格较低,受到众多企业的欢迎。

Mastercam6.0以上版本的数控加工编程能力较强，其功能有以下几方面。

(1)点位加工编程；。

(2)二维轮廓加工编程。

(3)二维型腔加工编程。

(4)三维曲线加工编程。

(5)三维曲面加工编程，可按线框和曲面两种方法进行编程。

(6)参数线法加工编程。

(7)截平面法加工编程。

(8)投影法加工编程。

(9)刀具轨迹编辑。

(10)刀具轨迹干涉处理功能。

(11)多曲面组合编程，包括曲面交线及曲面间过渡区域编程。

(12)刀具轨迹验证与切削加工过程仿真。

(13)整个系统不同模块之间采用文件传输数据，具有IGES标准接口。

(14)后置处理功能，针对所使用的数控机床生成加工程序代码。

3. UGⅡ CAD/CAM系统

UGⅡ由美国UGS公司开发经销，不仅具有复杂造型和数控加工的功能，还具有管理复杂产品装配，进行多种设计方案的对比分析和优化等功能。该软件具有较好的二次开发环境和数据交换能力，其庞大的模块群为企业提供从产品设计、产品分析、加工装配、检验，到过程管理、虚拟运作等全系列的技术支持。目前该软件在国际CAD/CAM/CAE市场上占有较大的份额。

4. Pro/Engineer

Pro/Engineer是美国PTC公司研制和开发的软件，它开创了三维CAD/CAM参数化的先河。该软件具有基于特征、全参数、全相关和单一数据库的特点，可用于设计和加工复杂的零件。另外，它还具有零件装配、机构仿真、有限元分析、逆向工程、同步工程等功能。该软件也具有较好的二次开发环境和数据交换能力。

5. CATIA

CATIA是最早实现曲面造型的软件，它开创了三维设计的新时代，它的出现首次实现了计算机完整描述产品零件的主要信息，使CAM技术的开发有了现实的基础。目前CATIA系统已经发展成从产品设计、产品分析、加工、装配和检验，到过程管理、虚拟等众多功能的大型CAD/CAM/CAE软件。

6. CIMATRON

CIMATRON是以色列Cimatron公司提供的CAD/CAM/CAE软件，是较早在微机平台上实现三维CAD/CAM的全功能系统。它具有三维造型、生成工程图、数控加工编程等功能，具有各种通用和专用的数据接口及产品数据管理等功能。该软件较早在我国得到全面汉化，已经积累一定的应用经验。

7. CAXA 数控车 XP

CAXA 数控车软件主要包含 CAD 和 CAM 两大功能，它具有 CAD 软件的强大绘图功能和完善的外部数据接口，可以绘制任意复杂的二维零件图形，并可对图形进行编辑与修改；可通过 DXF、IGES 等数据接口与其他系统进行数据交换，这里不对 CAXA 数控车的 CAD 功能详述，主要介绍其 CAM 功能。

（二）CAXA 数控车 XP 软件介绍

CAXA 数控车软件可实现数控车的自动编程功能，主要包括几何建模、机床参数设置、加工方法的选择、刀具及刀具参数选择、切削用量参数的设置、刀具轨迹生成、模拟加工仿真、G 代码生成等。

1. 基本概念

1）两轴加工

在 CAXA 数控车加工中，机床坐标系的 Z 轴即是绝对坐标系中的 X 轴，软件中的 Y 轴相当于车床的 X 轴，平面图形均指投影到绝对坐标系 XOY 的图形。

2）轮廓

切削轮廓是一系列首尾相接曲线的集合，分为外轮廓、内轮廓和端面轮廓。

毛坯轮廓是加工前毛坯的表面轮廓。在进行数控编程及交互指定待加工图形时，常常需要用户指定毛坯的轮廓，将该轮廓用来界定被加工的表面或被加工的毛坯本身。如果毛坯轮廓是用来界定被加工表面的，则要求指定的轮廓是闭合的；如果加工的是毛坯轮廓木身，则毛坯轮廓也可以不闭合。

3）加工余量

切削加工是一个从毛坯开始逐步除去多余的材料（即加工余量）的过程，以便得到需要的零件。这种过程往往由粗加工和精加工构成，必要时还需要进行半精加工，即需要经过多道工序的加工。在前一道工序中，往往要给下一道工序留下一定的余量。

4）机床的速度参数

数控机床的一些速度参数包括主轴转速、接近速度、进给速度和退刀速度，如图 1.60 所示（图中 L 为慢速下刀/快速退刀距离）。

主轴转速是切削时机床主轴转动的角速度；进给速度是正常切削时刀具行进的线速度；接近速度为从进刀点到切入工件前刀具行进的线速度，又称进刀速度；退刀速度为刀具离开工件回到退刀位置时刀具行进的线速度。

5）加工误差

刀具轨迹和实际加工模型的偏差即为加工误差。用户可通过控制加工误差来控制加工的精度。在两轴加工中，对于直线和圆弧的加工不存在加工误差，加工误差指对样条线进行加工时所用折线段逼近样条时的误差。

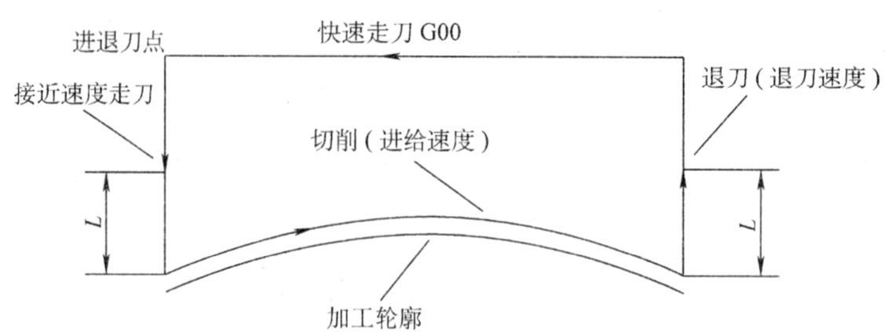

图1.60 数控车中各种速度示意图

6)干涉

切削被加工表面时,刀具切到了不应该切的部分,称为出现干涉现象,或者叫做过切。在CAXA数控车系统中,干涉分为以下两种:被加工表面中存在刀具切削不到的部分时存在的干涉现象;切削时,刀具与未加工表面存在的干涉现象。

2. 加工方法

CAXA数控车软件具有5种切削加工方法:轮廓粗车、轮廓精车、车槽、钻中心孔和车螺纹。当在计算机上建立好工件图形,设置好刀具,确定加工工艺后,就可以生成刀位轨迹。CAXA数控车的切削加工方式详见后续章节。

3. 机床设置与后置处理

1)机床设置

机床设置就是针对不同的机床、不同的数控系统,设置特定的数控代码、数控程序格式及参数,并生成配置文件。生成数控程序时,系统根据该配置文件的定义,生成用户所需要的特定代码格式的加工指令。

机床配置给用户提供了一种灵活方便的设置系统配置的方法。通过设置系统配置参数,后置处理所生成的数控程序可以直接输入数控机床或加工中心进行加工,而无需进行修改。如果已有的机床类型中没有所需的机床,可增加新的机床类型以满足使用需求,并可对新增的机床进行设置。机床配置的各参数如图1.61所示。

可在"机床名"下拉列表中用鼠标选取,也可以选择已存在的机床,或单击 增加机床 按钮增加系统中没有的机床;也可以通过 删除机床 按钮删除当前机床。

通过该对话框,可以对机床的各种指令地址,根据所用数控系统的代码规则进行设置。机床配置参数中的"说明""程序头""换刀"和"程序尾",必须按照使用数控系统的编程规则(参看所用机床的编程手册),利用宏指令格式书写,否则生成的数控加工程序可能无法使用。

2)后置处理

后置处理就是针对特定的机床,结合已经设置好的机床配置,对后置输出的数控程序的格式,如程序段行号、程序大小、数据格式、编程方式、圆弧控制方式等进行设置。在"加工"菜单中选择"后置设置"功能项,系统弹出"后置处理设置"对话框,如图

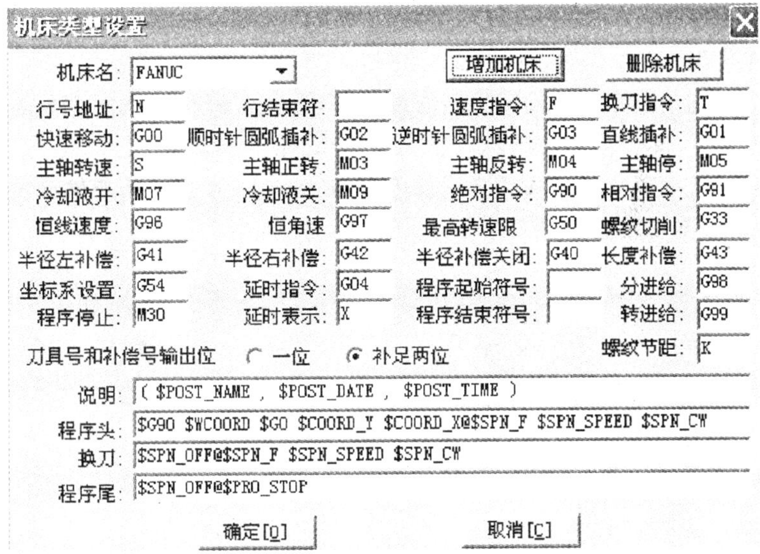

图 1.61　机床配置参数

1.62 所示,用户可按自己的需要更改已有机床的后置设置。

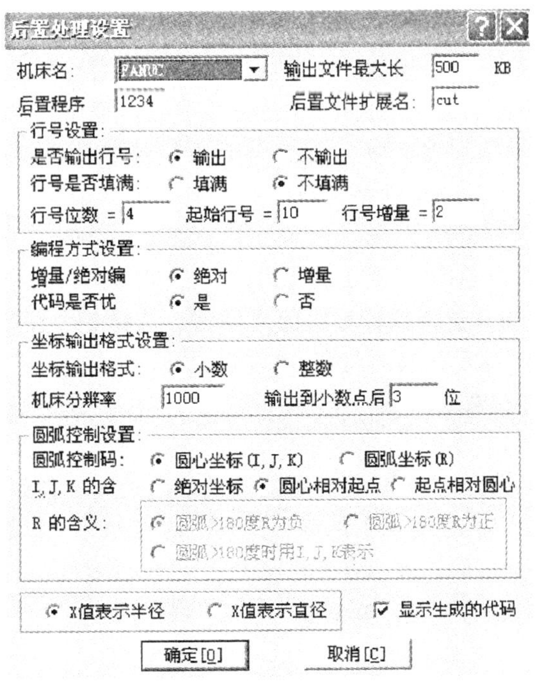

图 1.62　后置处理设置

4. G代码生成

1)生成代码

生成代码就是按照当前机床类型的配置要求，把已经生成的加工轨迹转化生成G代码数据文件，即CNC数控程序。生成代码的操作步骤如下。

在“加工”菜单中选择“生成代码”菜单项，则弹出一个需要用户输入文件名的对话框，要求用户填写后置程序文件名，如图1.63所示。

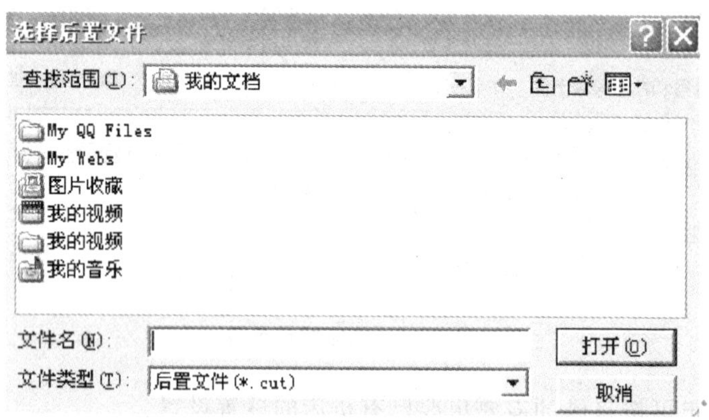

图1.63 输入文件名

输入文件名后保存文件，系统提示拾取加工轨迹。当拾取到加工轨迹后，该加工轨迹变为被拾取颜色。右击结束拾取，系统即生成数控程序。拾取时，使用系统提供的拾取工具，可以同时拾取多个加工轨迹，被拾取轨迹的代码将保存在一个文件中，生成的先后顺序与拾取的先后顺序相同。

2)查看代码

查看代码就是查看、编辑已生成代码的内容。在“加工”菜单中选择“查看代码”菜单，则弹出一个要用户选择数控程序的对话框。选择一个程序后，系统即用Windows提供的“记事本”显示代码的内容，当代码文件较大时，则要用“写字板”打开，用户可在其中对代码进行修改。

3)参数修改

对生成的轨迹不满意时，可以用参数修改功能对轨迹的各种参数进行修改，以生成新的加工轨迹。在“加工”菜单中选择“参数修改”菜单项，则提示用户拾取要进行参数修改的加工轨迹，拾取轨迹后将弹出该轨迹的参数表供用户修改。参数修改完毕单击 确定 按钮，即依据新的参数重新生成该轨迹，再生成G代码。

5. 轨迹仿真

轨迹仿真即对已有的加工轨迹进行加工过程模拟，以检查加工轨迹的正确性。对系统生成的加工轨迹，仿真时用生成轨迹时的加工参数，即轨迹中记录的参数；对从外部反读进来的刀位轨迹，仿真时用系统当前的加工参数。

1)生成轨迹种类

轨迹仿真分为动态仿真和静态仿真。动态仿真指模拟动态的切削过程,不保留刀具在每一个切削位置的图像;静态仿真指仿真过程中保留刀具在每一个切削位置的图像,直至仿真结束。仿真时可指定仿真的步长,用来控制仿真的速度。当步长设为0时,步长值在仿真中无效;当步长大于0时,所设的步长即为仿真中每一个切削位置之间的间隔距离。

2)轨迹仿真操作步骤

在“加工”菜单中选择“轨迹仿真”菜单项,同时可指定仿真的步长。拾取要仿真的加工轨迹,此时可使用系统提供的选择拾取工具。在结束拾取前仍可修改仿真的类型或仿真的步长。右击结束拾取,系统即开始仿真,仿真过程中可按<ESC>键终止。

6. 代码反读(校核G代码)

代码反读就是把生成的G代码文件反读进来,生成刀具轨迹,以检查生成的G代码的正确性。如果反读的刀位文件中包含圆弧插补,用户应指定相应的圆弧插补格式,否则可能得到错误的结果。若后置文件中的坐标输出格式为整数,且机床分辨率不为1时,反读的结果是不对的,亦即系统不能读取坐标格式为整数且分辨率为非1的情况。

在“加工”菜单中选择“代码反读”菜单项,则弹出一个供用户选取数控程序的对话框,系统要求用户选择要校对的G代码程序。选择要校对的数控程序后,系统根据程序G代码立即生成刀具轨迹。

刀位校核只用来对G代码的正确性进行检验,由于精度等方面的原因,用户应避免将反读出的刀位重新输出,因为系统无法保证其精度。

校对刀具轨迹时,如果存在圆弧插补,则系统要求选择圆心的坐标编程方式,其含义可参考后置设置中的说明。用户应正确选择对应的形式,否则会导致错误。

7. 刀具的管理功能

CAXA数控车XP提供轮廓车刀、切槽刀具、螺纹车刀和钻孔刀具4种类型的管理功能。刀具库管理功能用于定义、确定刀具的有关数据,以便用户从刀具库中获取刀具信息和维护刀具库。

1)操作方法

单击“加工”菜单,选择“刀具库管理”菜单项,系统弹出“刀具库管理”对话框,如图1.64所示。用户可按自己的需要添加新的刀具,进行已有刀具参数的修改,更换当前使用的刀具等操作。

刀具库中的各种刀具只是同一类刀具的抽象描述,并非符合国标或其他的标准,所以刀具库只列出对轨迹生成有影响的部分参数,其他与具体加工工艺相关的刀具参数并未列出。例如,将各种外轮廓、内轮廓、端面粗/精车刀均归为轮廓车刀,对轨迹生成没有影响。其他补充信息可在“备注”栏中输入。

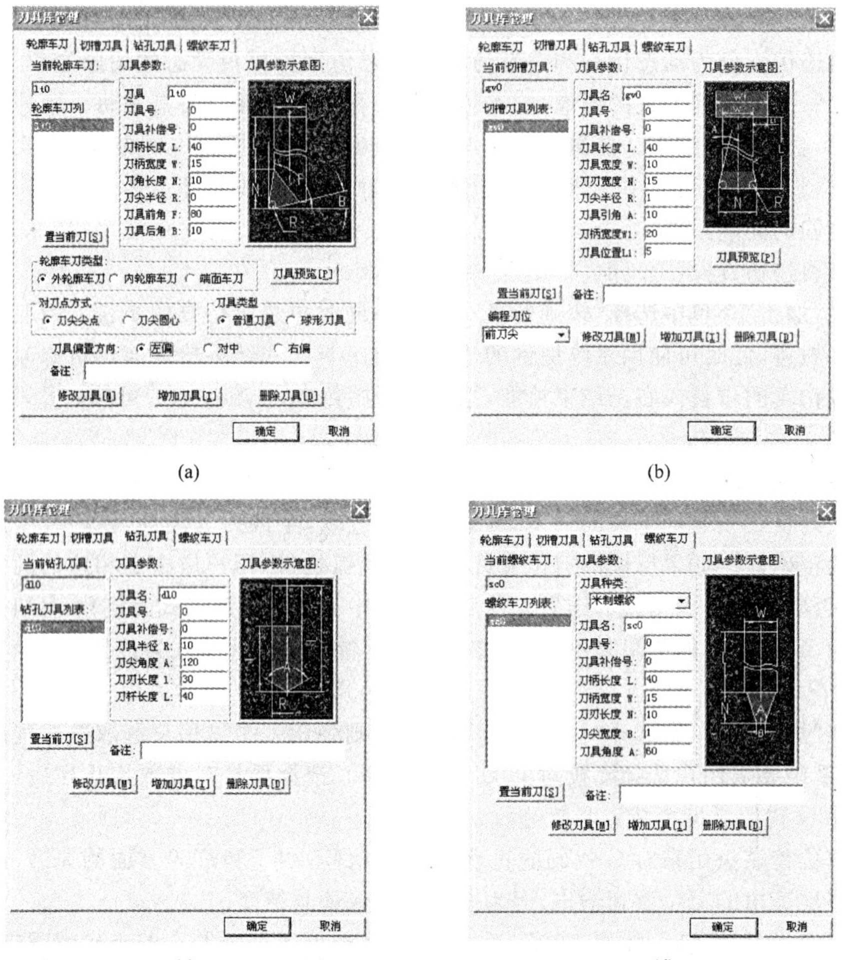

图 1.64 刀具库管理窗口

(a)轮廓车刀 (b)切槽刀具 (c)钻孔刀具 (d)螺纹车刀

2)刀具参数说明

轮廓车刀、切槽刀具、钻孔刀具和螺纹车刀的参数，包括共有参数和自身(由自身几何形状定义的参数)参数两部分。4 种刀具共有的参数有以下几种。

(1)刀具名:刀具的名称，用于刀具标注和列表，刀具名是唯一的。

(2)刀具号:刀具的系列号，用于后置处理的自动换刀指令，刀具号是唯一的。

(3)刀具补偿号:刀具补偿值的序列号，其值对应于机床的刀具偏置表。

(4)刀柄长度:刀具可夹持段的长度(钻孔刀具无此项)。

(5)刀柄宽度:刀具可夹持段的宽度(钻孔刀具无此项)。

(6)当前轮廓(切槽、钻孔、螺纹)车刀:显示当前使用刀具的刀具名，即在加工中要使用的刀具。

在加工轨迹生成时，要使用当前刀具的刀具参数。

(7)轮廓(切槽、钻孔、螺纹)车刀列表：显示刀具库中所有同类型刀具的名称，可通过鼠标或键盘的上、下键选择不同的刀具名。刀具参数表中将显示所选刀具的参数。双击所选的刀具可将其置为当前刀具。

3)轮廓车刀几何参数

(1)刀角长度：刀具可切削段的长度。

(2)刀尖半径：刀尖部分用于切削的圆弧的半径。

(3)刀具前角：刀具前刃与工件旋转轴的夹角。

4)切槽刀具几何参数

(1)刀刃宽度：刀具切削刃的宽度。

(2)刀尖半径：刀具切削刃两端圆弧的半径。

(3)刀具引角：刀具切削段两侧边与垂直于切削方向的夹角。

5)钻孔刀具几何参数

(1)刀尖角度：钻头前段尖部的角度。

(2)刀刃长度：刀具可用于切削部分的长度。

(3)刀杆长度：刀尖到刀柄之间的距离。刀杆长度应大于刀刃有效长度。

6)螺纹车刀几何参数

(1)刀刃长度：刀具切削刃顶部的长度。

(2)刀具角度：刀具切削段两侧边与垂直于切削方向的夹角，该角度决定了切削出螺纹的螺纹角。

(3)刀尖宽度：螺纹齿底宽度。对于三角螺纹车刀，刀尖宽度等于0。

任务九　跳棋模型的加工——外轮廓的造型与加工

知识要点

- CAXA数控车软件造型方法。
- 外轮廓加工参数的设置。
- 机床后置设置与加工程序生成方法。
- 掌握跳棋模型的造型与加工方法。

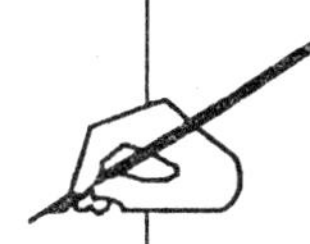

[任务描述]

◆ 技术要求：如图 1.65 所示的零件毛坯为 $\phi55$ mm×110 mm 的棒料，材料为 45 号钢，T01 为 93°外圆粗车刀；T02 为 93°外圆精车刀。

◆ 分析：该跳棋零件的加工要素只是外轮廓，可以采用 CAXA 数控车软件的轮廓粗车和轮廓精车分粗、精加工。

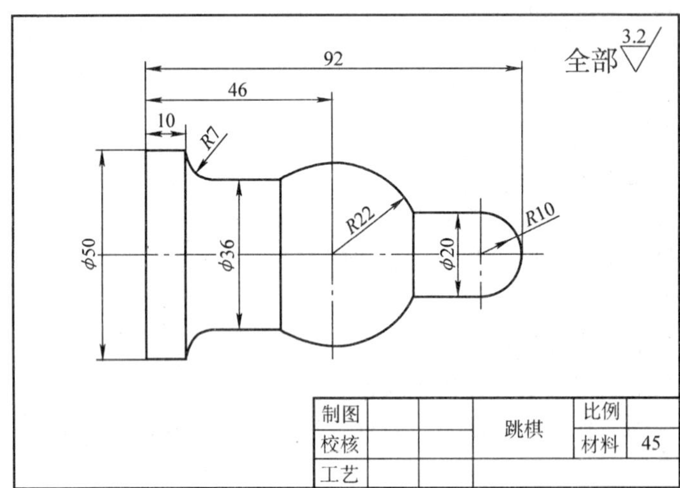

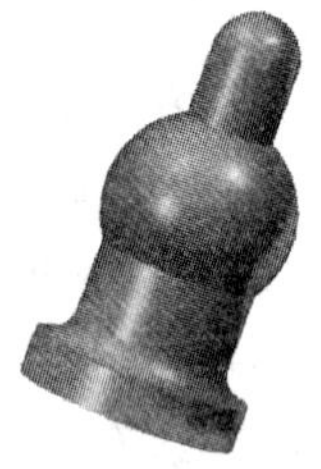

图 1.65 跳棋

[理论阐述]

1. 轮廓粗车

轮廓粗车可对工件的外轮廓表面、内轮廓表面和端面进行粗车加工，用来快速清除毛坯的多余部分。轮廓粗车时，要确定被加工轮廓和毛坯轮廓，被加工轮廓就是加工结束后的工件表面轮廓，毛坯轮廓就是加工前毛坯的表面轮廓。被加工轮廓和毛坯轮廓两端点相连，两轮廓共同构成一个封闭的加工区域，在此区域的材料将被加工去除。被加工轮廓和毛坯轮廓不能单独闭合或自相交。

1)操作步骤

在“加工”菜单中选取“轮廓粗车”菜单项，系统弹出加工参数表，如图 1.66 所示。

(1)在参数表中首先要确定被加工的是外轮廓表面，还是内轮廓表面或端面，接着按加工要求确定其他各加工参数。

(2)拾取被加工的轮廓和毛坯轮廓。此时可使用系统提供的 3 种轮廓拾取方式：单个拾取、链拾取和限制链拾取。其中，单个拾取需用户挨个拾取需批量处理的各条曲线，适用于曲线条数不多且不适用于链拾取的情况；链拾取需用户指定起始曲线及链搜索方向，系统按起始曲线及搜索方向自动寻找所有首尾搭接的曲线，适用于需批

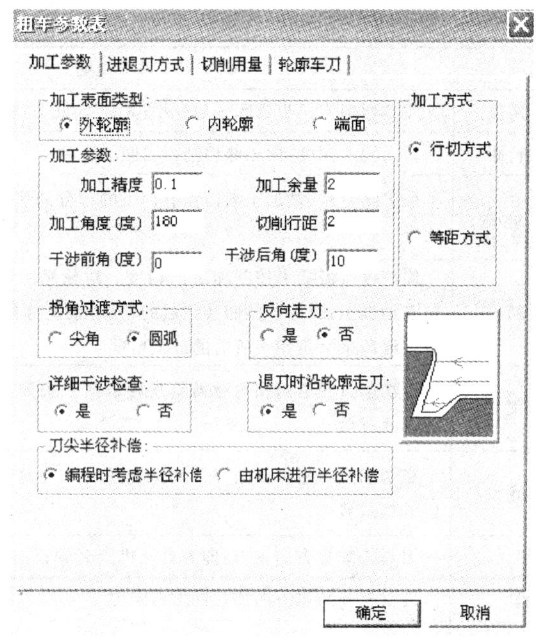

图 1.66　轮廓粗车加工参数表

量处理的曲线数目较大且无两根以上曲线搭接在一起的情况;限制链拾取需用户指定起始曲线、搜索方向和限制曲线,系统按起始曲线及搜索方向自动寻找首尾搭接的曲线至指定的限制曲线,适用于避开有两根以上曲线搭接在一起的情况,以正确地拾取所需要的曲线。

(3)确定进退刀点。指定一点为刀具加工前和加工后所在的位置。按鼠标右键可忽略该点的输入。完成上述步骤后即可生成加工轨迹。在"加工"菜单中选取"代码生成"功能项,拾取刚生成的刀具轨迹,即可生成加工指令。

2)参数说明

(1)加工参数。加工参数表主要用于对粗加工中的各种工艺条件和加工方式进行限定,各加工参数含义如表 1.4 所示。

表 1.4　加工参数说明

内容	选项	说　明
加工表面类型	外轮廓	采用外轮廓车刀加工外轮廓,此时缺省加工方向角度为 180°
	内轮廓	采用内轮廓车刀加工内轮廓,此时缺省加工方向角度为 180°
	车端面	此时缺省加工方向应垂直于系统 X 轴,即加工角度为 90°或 270°
加工参数	干涉前角	作底切干涉检查时,确定干涉检查的角度。避免加工反锥时出现前刀面,工件干涉
	干涉后角	作底切干涉检查时,确定干涉检查的角度。避免加工正锥时出现前刀具底面与工件干涉

续表

内容	选项	说　明
加工参数	加工角度	刀具切削方向与机床 Z 轴(软件系统 X 正方向)正方向的夹角
	切削行距	行间切入深度,两相邻切削行之间的距离
	加工余量	加工结束后,被加工表面没有加工的部分的剩余量(与最终加工结果相比)
	加工精度	用户可按需要来控制加工的精度。对轮廓中的直线和圆弧,机床可以精确地加工;对由样条曲线组成的轮廓,系统将按给定的精度把样条转化成直线段来满足用户所需的加工精度
拐角过渡方式	圆弧	在切削过程遇到拐角时刀具从轮廓的一边到另一边的过程中,以圆弧的方式过渡
	尖角	在切削过程遇到拐角时刀具从轮廓的一边到另一边的过程中,以尖角的方式过渡
反向走刀	否	刀具按缺省方向走刀,即刀具从机床 Z 轴正向向 Z 轴负向移动
	是	刀具按与缺省方向相反的方向走刀
详细干涉检查	否	假定刀具前后干涉角均为 0°,对凹槽部分不做加工,以保证切削轨迹无前角及底切干涉
	是	加工凹槽时,用定义的干涉角度检查加工中是否有刀具前角及底切干涉,并按定义的干涉角度生成无干涉的切削轨迹
退刀时沿轮廓走刀	否	刀位行首末直接进退刀,不加工行与行之间的轮廓
	是	两刀位行之间如果有一段轮廓,在后一刀位行之前、之后增加对行间轮廓的加工
刀尖半径补偿	编程时考虑半径补偿	在生成加工轨迹时,系统根据当前所用刀具的刀尖半径进行补偿计算(按假想刀尖点编程),所生成代码即为已考虑半径补偿的代码
		在生成加工轨迹时,假设刀尖半径为 0,按轮廓编程,不进行刀尖半径补偿计算,所生成代码在用于实际加工时应根据实际刀尖半径由机床指定补偿值

(2)进退刀方式。点击对话框中的“进退刀方式”标签即进入进退刀方式参数表,如图 1.67 所示。该参数表用于对加工中的进退刀方式进行设定。

◆ 进刀方式:每行相对毛坯进刀方式用于指定对毛坯部分进行切削时的进刀方式,每行相对加工表面进刀方式用于指定对加工表面部分进行切削时的进刀方式。

①与加工表面成定角:指在每一切削行前加入一段与轨迹切削方向成一定角度的进刀段,刀具垂直进刀到该进刀段的起点,再沿该进刀段进刀至切削行。角度定义为该进刀段与轨迹切削方向的夹角,长度定义为该进刀段的长度。

②垂直:指刀具直接进刀到每一切削行的起始点。

③矢量：指在每一切削行前加入一段与系统 X 轴（机床 Z 轴）正方向成一定夹角的进刀段，刀具进到该进刀段的起点，再沿该进刀段进刀至切削行。角度定义为矢量（进刀段）与系统 X 轴正方向的夹角，长度定义为矢量（进刀段）的长度。

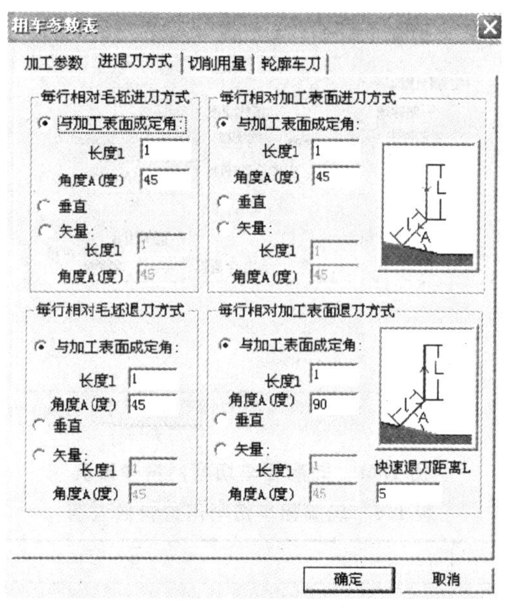

图 1.67 轮廓粗车进退刀方式参数表

◆ 退刀方式：每行相对毛坯退刀方式用于指定对毛坯部分进行切削时的退刀方式，每行相对加工表面退刀方式用于指定对加工表面部分进行切削时的退刀方式。

①与加工表面成定角：指在每一切削行后加入一段与轨迹切削方向成一定角度的退刀段，刀具先沿该退刀段退刀，再从该退刀段的末点开始垂直退刀。角度定义为该退刀段与轨迹切削方向的夹角，长度定义为该退刀段的长度。

②垂直：指刀具直接从每一切削行的末点退刀。

③矢量：指在每一切削行后加入一段与系统 X 轴（机床 Z 轴）正方向成一定夹角的退刀段，刀具先沿该退刀段退刀，再从该退刀段的末点开始垂直退刀。角度定义为矢量（退刀段）与系统 X 轴正方向的夹角，长度定义为矢量（退刀段）的长度。

④快速退刀距离：以给定的退刀速度回退的距离（相对值），在此距离上以机床允许的最大进给速度退刀。

(3)切削用量。在每种刀具轨迹生成时，都需要设置一些与切削用量及机床加工相关的参数。点击“切削用量”标签可进入切削用量参数设置窗口，如图 1.68 所示。具体说明见表 1.5。

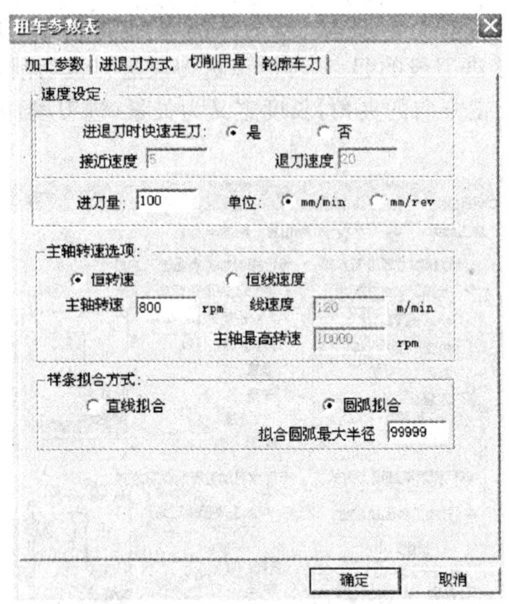

图 1.68 轮廓粗车切削用量参数表

表 1.5 轮廓粗车切削用量参数说明

内容	选项	说　明
速度设定	主轴转速	机床主轴旋转的速度,计量单位是机床缺省的单位
	切削速度	刀具切削工件时的进给速度
	接近速度	刀具接近工件时的进给速度
	退刀速度	刀具离开工件的速度
主轴转速选项	恒转速	切削过程中按指定的主轴转速保持主轴转速恒定,直到下一指令改变该转速
	恒线速度	切削过程中按指定的线速度值保持线速度恒定
样条拟合方式	直线拟合	对加工轮廓中的样条线根据给定的加工精度用直线段进行拟合
	圆弧拟合	对加工轮廓中的样条线根据给定的加工精度用圆弧段进行拟合

(4)轮廓车刀。点击“轮廓车刀”标签可进入轮廓车刀参数设置窗口,设置加工中所用刀具的参数,前面已介绍,这里不再重复。

2. 轮廓精车

对工件外轮廓表面、内轮廓表面和端面的精车加工。轮廓精车时要确定被加工轮廓,被加工轮廓就是加工结束后的工件表面轮廓,被加工轮廓不能闭合或自相交。

1)操作步骤

在“加工”菜单中选取“轮廓精车”菜单项,系统弹出精车参数表,如图 1.69 所示。

(1)在参数表中首先要确定被加工的是外轮廓表面,还是内轮廓表面或端面,接着按加工要求确定其他各加工参数。

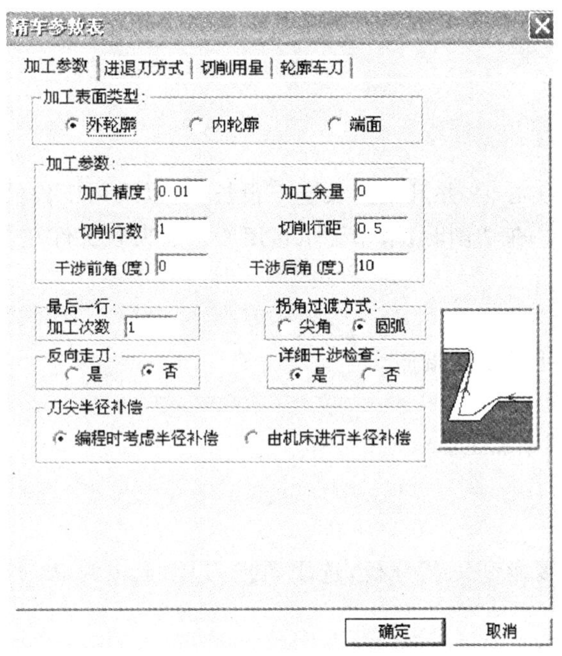

图 1.69　轮廓精车参数表

(2)拾取被加工轮廓。此时可使用系统提供的轮廓拾取工具。

(3)确定进退刀点。指定一点为刀具加工前和加工后所在的位置,按鼠标右键可忽略该点的输入。完成上述步骤后可生成精车加工轨迹。在"加工"菜单区中选取"代码生成"功能项,拾取刚生成的刀具轨迹,即可生成加工指令。

2)参数说明

(1)加工参数。加工参数主要用于对精车加工中的各种工艺条件和加工方式进行限定,各加工参数含义说明如下,与轮廓粗车含义相同的省略。

①切削行距:行与行之间的距离,沿加工轮廓走刀一次称为一行。

②切削行数:刀位轨迹的加工行数,不包括最后一行的重复次数。

③最后一行加工次数:精车时,为提高切削的表面质量,最后一行常在相同进给量的情况下进行多次切削,该处定义多次切削的次数。

(2)进退刀方式。点击对话框中的"进退刀方式"标签即进入进退刀方式参数表。该参数表用于对加工中的进退刀方式进行设定,各参数的含义见轮廓粗车部分。

(3)切削用量。切削用量参数表的说明请参考轮廓粗车中的说明。

(4)轮廓车刀。点击"轮廓车刀"标签可进入轮廓车刀参数设置页,设置加工中所用刀具的参数。

[解决方案]

1. 制订加工工艺

1)装夹与定位

该零件是一个实心轴,并且轴的长度不很长,所以采用工件的左端面和 ϕ55 mm 外圆作为定位基准。在切削时,采用三爪自定心卡盘夹紧工件左端,一次装夹完成粗精加工。

2)工步顺序

(1)装夹工件,手动切削端面。

(2)自右向左粗车加工。

(3)自右向左精车加工。

(4)切断加工。

3)选择刀具

根据零件加工要求和工艺分析,选用两把刀具:T01 为 93°外圆粗车刀;T02 为 93°外圆精车刀。

4)确定切削用量

切削用量的具体数值应根据机床性能、加工工艺、相关手册并结合实际经验确定。

(1)机床转速:粗加工为 400 r/min;精加工为 600 r/min。

(2)进给速度:粗车外轮廓为 0.2 mm/r,精车外轮廓为 0.08 mm/r。

5)选择机床和数控系统

(1)机床型号:威海天诺数控机械有限公司生产的 CK6132－Ⅱ型数控车床。

(2)数控系统:采用华中世纪星 HNC－21T 数控系统。

2. 编制加工程序

(1)用 CAXA 数控车软件绘制切削加工零件轮廓图形,将坐标系原点选在零件的右端面中心,如图 1.70 所示。

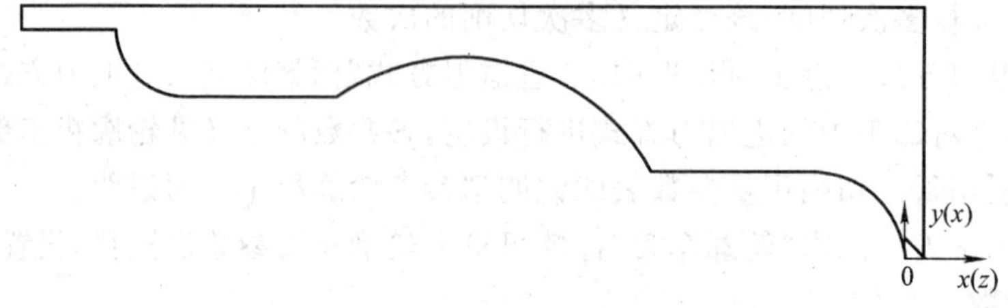

图 1.70 零件的外轮廓图

(2)粗车外轮廓。点击“加工”菜单中的“轮廓粗车”功能项,具体粗加工参数设置如表 1.6～表 1.9 所示。

表 1.6　粗车加工参数表

内容	参数	对话框
加工表面类型	外轮廓	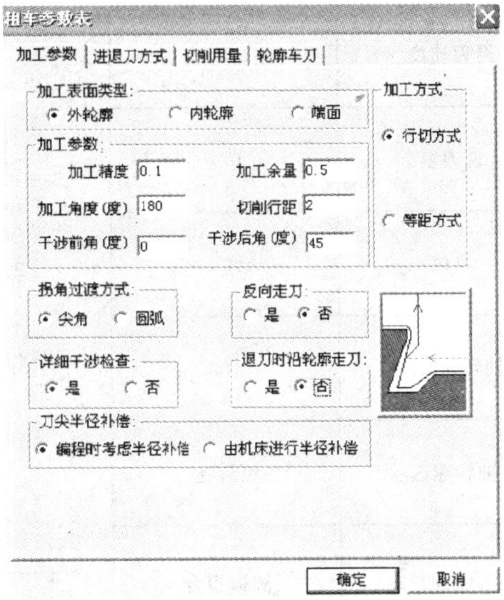
加工精度	0.1	
加工余量	0.5	
加工角度(度)	180	
切削行距	2	
干涉前角(度)	0	
干涉后角(度)	45	
拐角过渡方式	尖角	
反向走刀	否	
详细干涉检查	是	
退刀时沿轮廓走刀	否	
刀尖半径补偿	编程时考虑半径补偿	

表 1.7　粗车进退刀方式参数表

内容	参数	对话框
每行相对毛坯进刀方式	与加工表面成定角，长度 $L=1$ mm，角度 $A=45°$	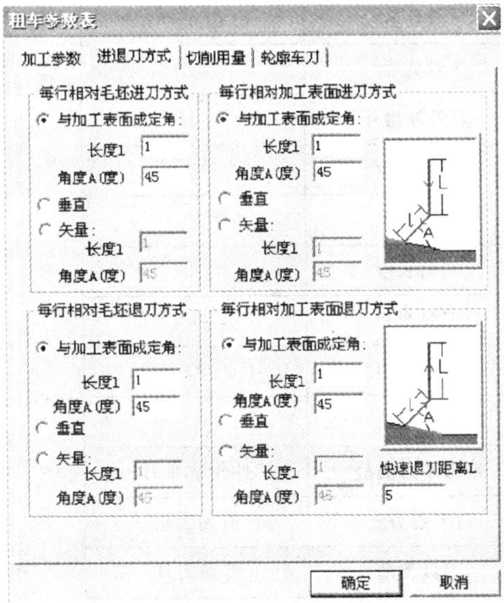
每行相对加工表面进刀方式	与加工表面成定角，长度 $L=1$ mm，角度 $A=45°$	
每行相对毛坯退刀方式	与加工表面成定角，长度 $L=1$ mm，角度 $A=45°$	
每行相对加工表面退刀方式	与加工表面成定角，长度 $L=1$ mm，角度 $A=45°$	
快速退刀距离	$L=5$ mm	

表 1.8　粗车切削用量参数表

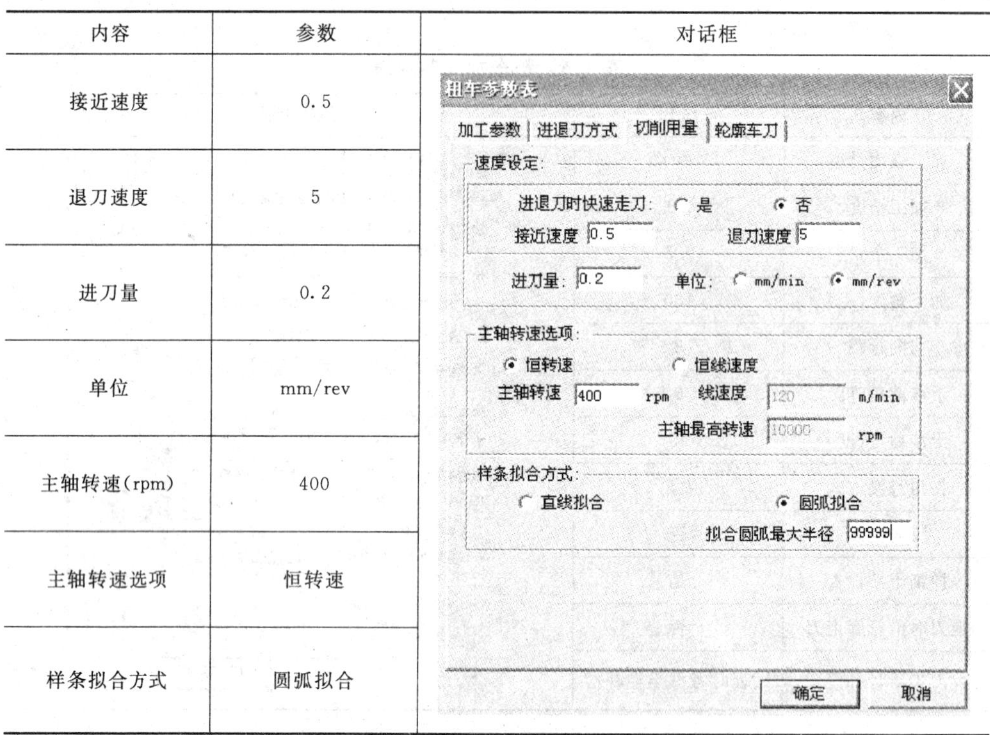

内容	参数	对话框
接近速度	0.5	
退刀速度	5	
进刀量	0.2	
单位	mm/rev	
主轴转速(rpm)	400	
主轴转速选项	恒转速	
样条拟合方式	圆弧拟合	

表 1.9　粗车轮廓车刀参数表

内容	参数	对话框
刀具名	粗车刀	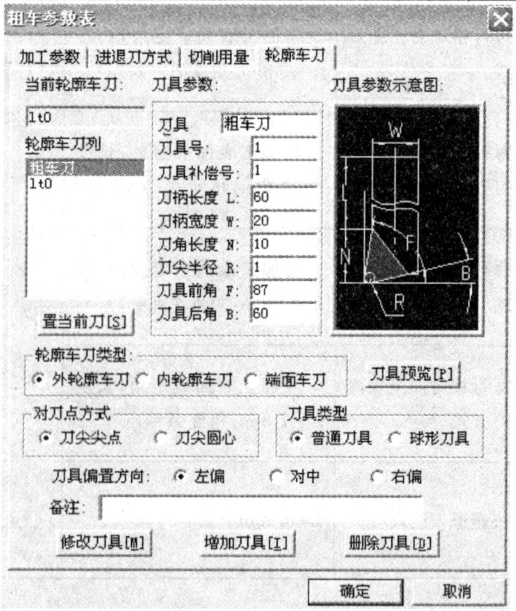
刀具号	1	
刀具补偿号	1	
刀柄长度	60	
刀柄宽度	20	
刀角长度	10	
刀尖半径	1	
刀具前角	87	
刀具后角	60	
轮廓车刀类型	外轮廓车刀	
对刀点方式	刀尖尖点	
刀具类型	普通刀具	
刀具偏置方向	左偏	

选择完各参数后，单击[确定]按钮，按提示拾取加工表面轮廓、零件毛坯轮廓，输入进退刀点，生成刀具轨迹，如图 1.71 所示。

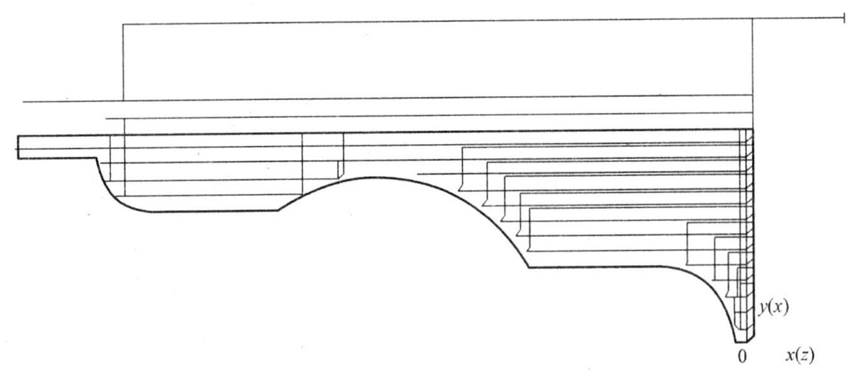

图 1.71　零件的粗车刀具轨迹

(3)精车外轮廓。点击“加工”菜单中的“轮廓精车”功能项，具体精加工参数设置如表 1.10～表 1.13 所示。

表 1.10　精车加工参数表

内容	参数	对话框
加工表面类型	外轮廓	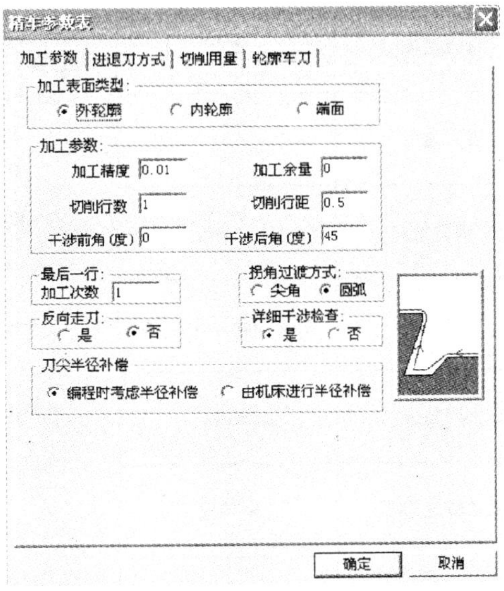
加工精度	0.01	
加工余量	0	
切削行数	1	
切削行距	0.5	
干涉前角(度)	0	
干涉后角(度)	45	
最后一行加工次数	1	
拐角过渡方式	圆弧	
反向走刀	否	
详细干涉检查	是	
刀尖半径补偿	编程时考虑半径补偿	

表 1.11　精车进退刀方式参数表

内容	参数	对话框
每行相对加工表面进刀方式	与加工表面成定角，长度 $L=1$ mm，角度 $A=45°$	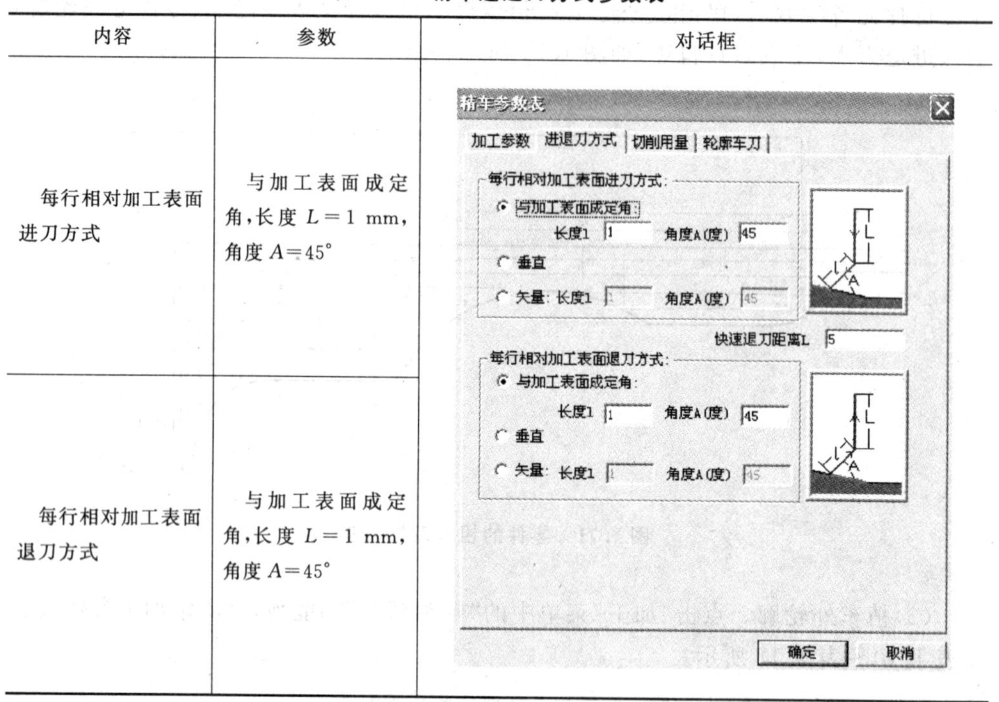
每行相对加工表面退刀方式	与加工表面成定角，长度 $L=1$ mm，角度 $A=45°$	

表 1.12　精车切削用量参数表

内容	参数	对话框
接近速度	1.5	
退刀速度	5	
进刀量	0.08	
单位	mm/rev	
主轴转速	400	
主轴转速选项	恒转速	
样条拟合方式	圆弧拟合	

表 1.13　精车轮廓车刀参数表

内容	参数	对话框
刀具名	精车刀	精车参数表 加工参数　进退刀方式　切削用量　轮廓车刀 当前轮廓车刀：1t0 轮廓车刀列：精车刀　1t0　粗车刀 置当前刀[S] 刀具参数：刀具 精车刀；刀具号：2；刀具补偿号：2；刀柄长度 L：60；刀柄宽度 W：25；刀角长度 N：10；刀尖半径 R：0.5；刀具前角 F：87；刀具后角 B：52 刀具参数示意图：W　N　F　B　R 轮廓车刀类型：外轮廓车刀　内轮廓车刀　端面车刀　刀具预览[P] 对刀点方式：刀尖尖点　刀尖圆心 刀具类型：普通刀具　球形刀具 刀具偏置方向：左偏　对中　右偏 备注： 修改刀具[M]　增加刀具[I]　删除刀具[D] 确定　取消
刀具号	2	
刀具补偿号	2	
刀柄长度	60	
刀柄宽度	25	
刀角长度	10	
刀尖半径	0.5	
刀具前角	87	
刀具后角	52	
轮廓车刀类型	外轮廓车刀	
对刀点方式	刀尖尖点	
刀具类型	普通刀具	
刀具偏置方向	左偏	

选择完各参数后，单击[确定]按钮，按系统提示拾取加工表面轮廓，输入进退刀点，生成刀具轨迹，如图 1.72 所示。

(4)在“加工”菜单下选择“轨迹仿真”功能项，依次选取粗加工、精加工的刀具轨迹进行仿真加工，如图 1.73 所示。

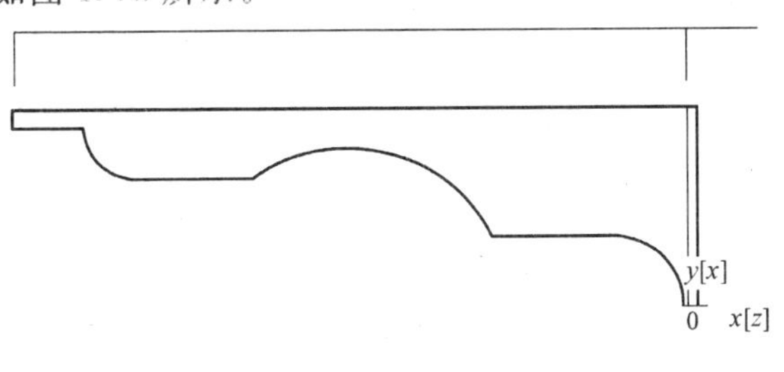

图 1.72　零件的精车刀具轨迹

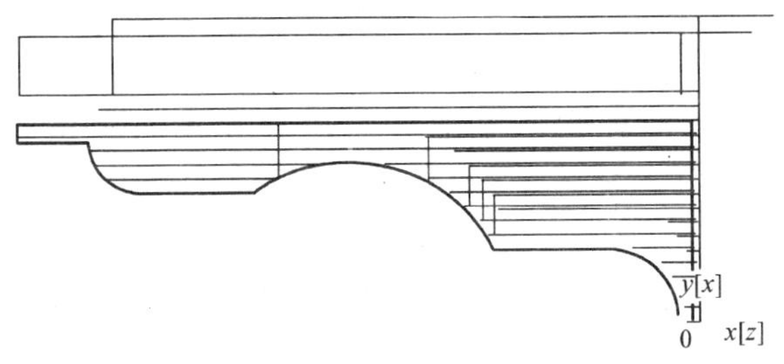

图 1.73　零件的仿真加工轨迹

(5)生成加工程序。在生成加工程序前,要先进行华中 HNC—21T 数控系统的机床设置和后置处理设置,如图 1.74 所示。单击“加工”菜单下的“代码生成”功能项,弹出“选择后置文件”对话框,确定文件位置,如图 1.75 所示。

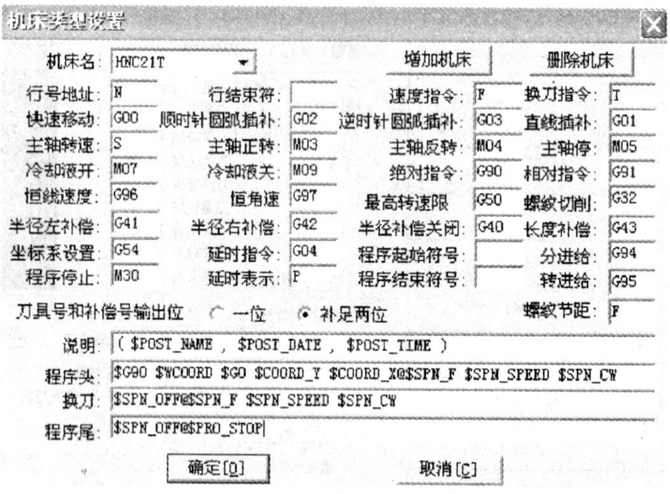

图 1.74 HNC—21T 数控系统的机床设置

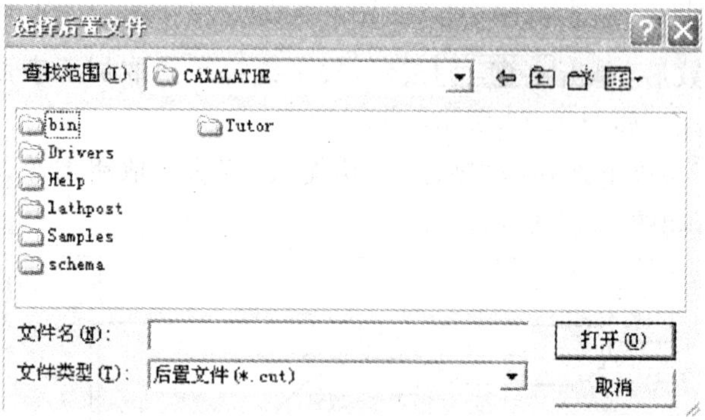

图 1.75 选择后置文件

按粗加工、精加工过程依次拾取刀具轨迹,产生加工程序(略)。

[任务扩展]

1. 学习应用

加工如图 1.76 所示的轴零件,零件毛坯为 $\phi75$ mm×100 mm 的棒料,材料为 45 号钢,使用 CAXA 数控车软件完成零件的自动编程,生成加工程序。

◆ 要求:

(1)对零件进行简单加工工艺分析。

(2)使用 CAXA 数控车轮廓粗车和轮廓精车功能,生成零件的加工程序。

(3)使用 CAXA 数控车进行零件的轨迹仿真。

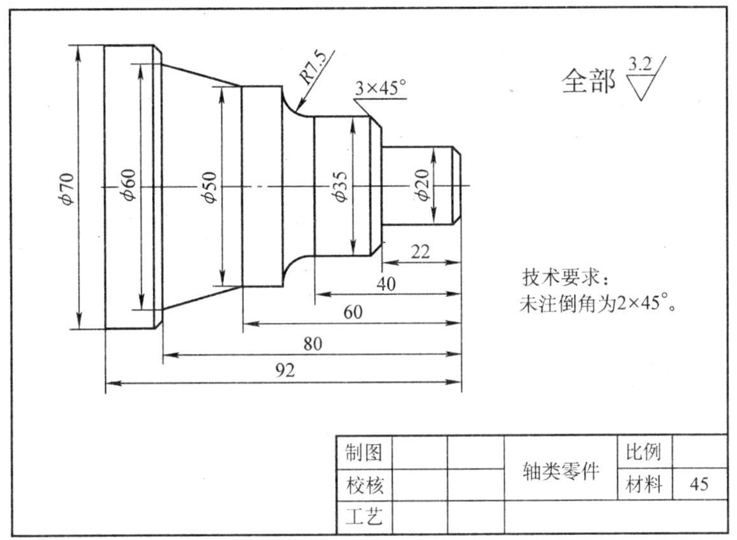

图 1.76　轴类零件

2. 创新设计

设计一个零件，能够用本学习任务的轮廓粗车和轮廓精车功能进行零件加工程序的生成。

◆ 设计要求：

(1)介绍零件的功用。

(2)画出标准图纸，表达清晰，画法规范。

(3)给出材料，说明选材意图。

(4)设计加工工艺，给出工艺卡。

(5)给出 CAXA 数控车自动编程步骤及加工程序。

任务十　轴套的加工——孔的造型与加工

知识要点

- CAXA 数控车内轮廓加工方法。
- 钻孔加工参数设置方法。
- 掌握轴套零件的造型与加工方法。

[任务描述]

◆ 技术要求：如图 1.77 所示的零件毛坯为 ϕ105 mm×100 mm 的棒料，材料为 45 号钢，预钻 ϕ4 mm 中心孔，T01 为 93°外圆车刀，T02 为 ϕ39 mm 钻头，T03 为镗刀。

◆ 分析：该轴套零件内表面较为简单，仅包括圆柱内表面和圆弧内表面，尺寸要求不高，没有形位公差要求。采用 CAXA 数控车软件的外表面切削、钻孔和镗孔等功能即可完成轮廓的加工。

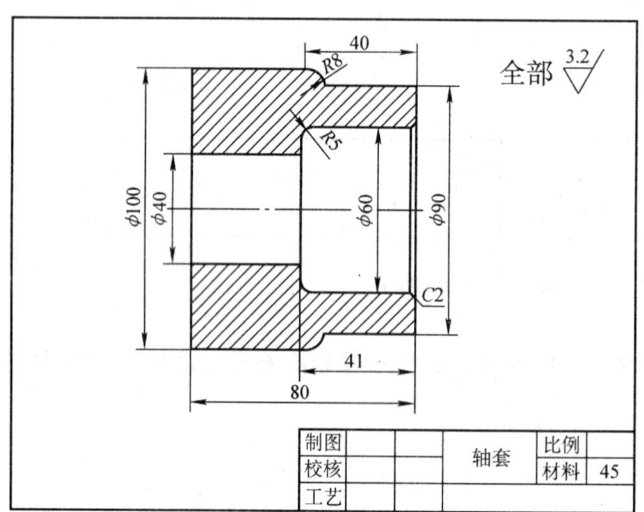

图 1.77 轴套

[理论阐述]

CAXA 数控车提供了多种钻孔方式，包括高速啄式深孔钻、左攻丝、精镗孔、钻孔、镗孔、反镗孔等。

在工件的旋转中心钻中心孔，切削加工中的钻孔位置只能是工件的旋转中心，最终所有的加工轨迹都在工件的旋转轴上，也就是系统的 X 轴(机床的 Z 轴)上。

1. 操作步骤

在“加工”菜单区中选取“钻中心孔”功能项，弹出钻孔参数表，如图 1.78 所示。用户可在该参数表对话框中确定各参数。

确定各加工参数后，拾取钻孔的起始点，因为轨迹只能在系统的 X 轴上(机床的 Z 轴)，所以把输入的点向系统的 X 轴投影，得到的投影点作为钻孔的起始点，拾取完钻孔点之后即生成加工轨迹。

2. 参数说明

(1)加工参数。加工参数主要对加工中的各种工艺条件和加工方式进行限定，各加工参数含义说明见表 1.14。

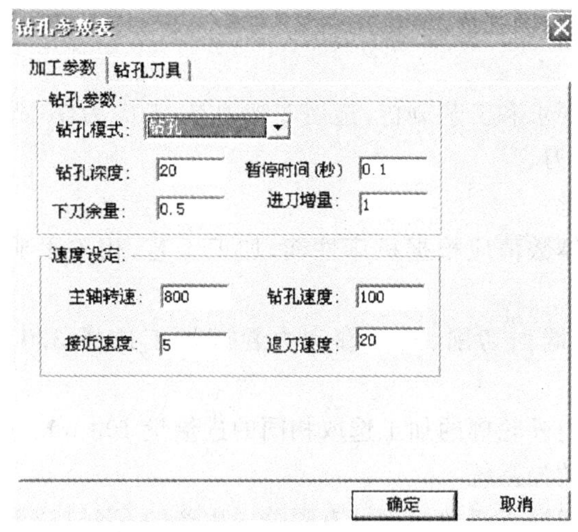

图 1.78　钻孔加工参数表

表 1.14　钻孔加工参数说明

内容	选项	说　　明
加工参数	钻孔深度	要钻孔的深度
	暂停时间	攻丝时刀在工件底部的停留时间
	钻孔模式	钻孔的方式。钻孔模式不同,后置处理中用到机床的固定循环指令也不同
	进刀增量	钻深孔时每次进刀量或镗孔时每次侧进量
	下刀余量	当钻下一个孔时,刀具从前一个孔顶端的抬起量
速度设定	接近速度	刀具接近工件时的进给速度
	钻孔速度	钻孔时的进给速度
	主轴转速	机床主轴旋转的速度。计量单位是机床缺省的单位
	退刀速度	刀具离开工件的速度

(2)钻孔刀具。点击“钻孔刀具”标签可进入钻孔刀具参数设置窗口,设置加工中所用刀具的参数。

[解决方案]

1. 制订加工工艺

1)装夹与定位

采用工件的左端面和 ϕ105 mm 外圆作为定位基准。在切削时,采用三爪自定心卡盘夹紧工件左端,一次装夹完成粗精加工。

2)工步顺序

(1)装夹工件,手动切削端面。

(2)自右向左粗车外轮廓。

(3)自右向左精车外轮廓。

(4)钻孔。

(5)镗内表面及内圆弧面。

3)选择刀具

根据零件加工要求和工艺分析，选用3把刀具：T01为93°外圆车刀；T02为ϕ39钻头；T03为内孔镗刀。

4)确定切削用量

切削用量的具体数值应根据机床性能、加工工艺、相关手册并结合实际经验确定。

(1)机床转速：端面切削、外轮廓和内轮廓加工选择320 r/min，钻孔时选择200 r/min。

(2)进给速度：内外轮廓的加工选取相同的进给量100 mm/min。

5)选择机床和数控系统

(1)机床型号：威海天诺数控机械有限公司生产的CK6132－Ⅱ型数控车床。

(2)数控系统：采用华中世纪星HNC－21T数控系统。

2. 编制加工程序

1)外轮廓加工

(1) 外轮廓建模。用CAXA数控车绘制零件外轮廓和毛坯轮廓图形，如图1.79所示，以工件右端面中心点为坐标原点。

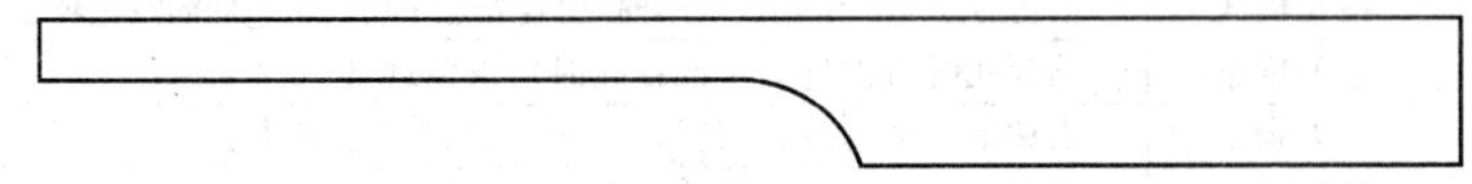

图1.79 零件的外轮廓图

(2)粗车外轮廓。点击“加工”菜单中的“轮廓粗车”功能项，具体粗加工参数设置如表1.15～表1.18所示。

表1.15 粗车加工参数表

内容	参数	对话框
加工表面类型	外轮廓	
加工精度	0.1	
加工余量	0.5	
加工角度(度)	180	
切削行距	2	
干涉前角(度)	0	
干涉后角(度)	45	
加工方式	行切方式	
拐角过渡方式	尖角	
反向走刀	否	
详细干涉检查	是	
退刀时沿轮廓走刀	否	
刀尖半径补偿	编程时考虑半径补偿	

表 1.16　粗车进退刀方式参数表

内容	参数	对话框
每行相对毛坯进刀方式	与加工表面成定角，长度 $L=1$ mm，角度 $A=45°$	粗车参数表 加工参数　进退刀方式　切削用量　轮廓车刀 每行相对毛坯进刀方式：与加工表面成定角：长度l 1　角度A(度) 45　垂直　矢量：长度l 1　角度A(度) 45 每行相对加工表面进刀方式：与加工表面成定角：长度l 1　角度A(度) 45　垂直　矢量：长度l 1　角度A(度) 45 每行相对毛坯退刀方式：与加工表面成定角：长度l 1　角度A(度) 45　垂直　矢量：长度l 1　角度A(度) 45 每行相对加工表面退刀方式：与加工表面成定角：长度l 1　角度A(度) 45　垂直　矢量：长度l 1　角度A(度) 45 快速退刀距离L 5 确定　取消
每行相对加工表面进刀方式	与加工表面成定角，长度 $L=1$ mm，角度 $A=45°$	
每行相对毛坯退刀方式	与加工表面成定角，长度 $L=1$ mm，角度 $A=45°$	
每行相对加工表面退刀方式	与加工表面成定角，长度 $L=1$ mm，角度 $A=45°$	
快速退刀距离	$L=5$ mm	

表 1.17　粗车切削用量参数表

内容	参数	对话框
进退刀时快速走刀	是	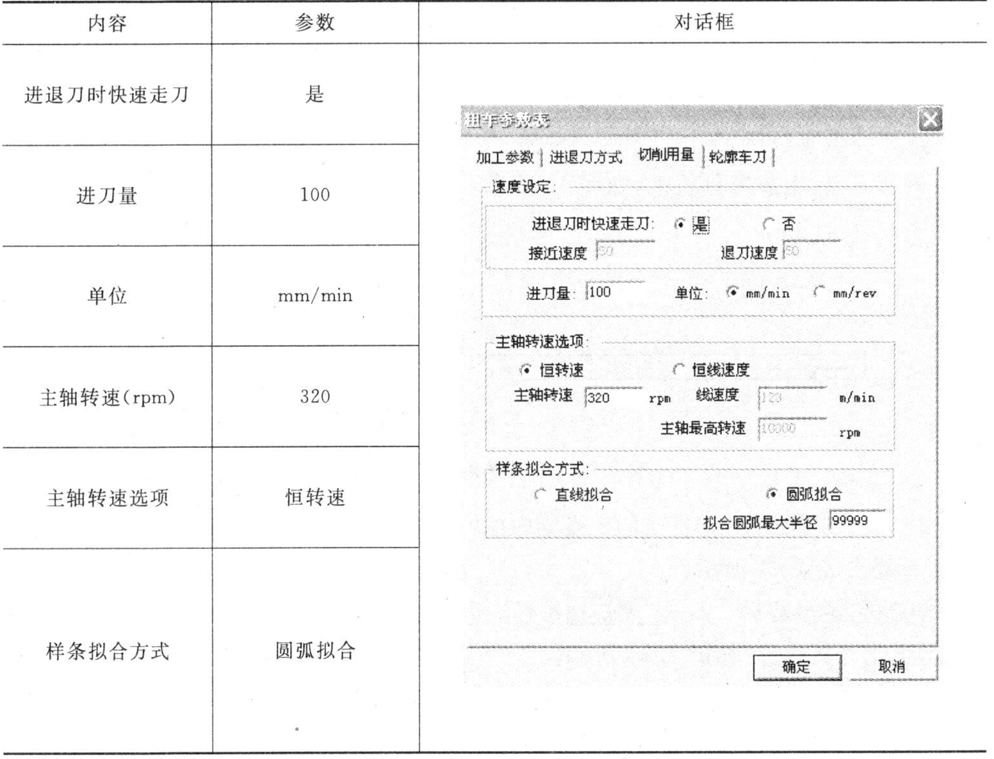
进刀量	100	
单位	mm/min	
主轴转速(rpm)	320	
主轴转速选项	恒转速	
样条拟合方式	圆弧拟合	

表 1.18　粗车轮廓车刀参数表

内容	参数	对话框
刀具名	外圆车刀	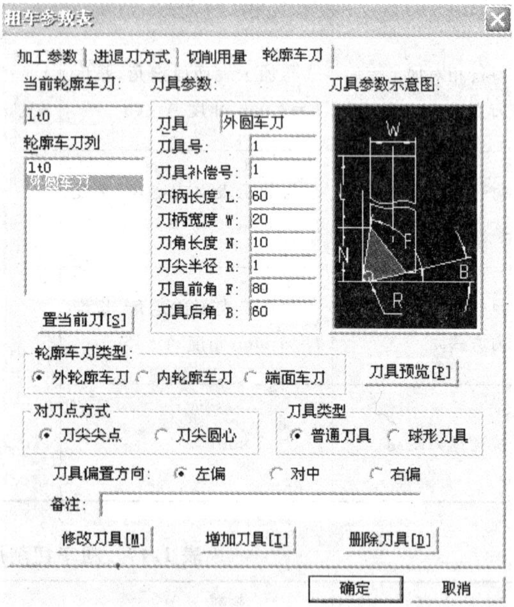
刀具号	1	
刀具补偿号	1	
刀柄长度	60	
刀柄宽度	20	
刀角长度	10	
刀尖半径	1	
刀具前角	80	
刀具后角	60	
轮廓车刀类型	外轮廓车刀	
对刀点方式	刀尖尖点	
刀具类型	普通刀具	
刀具偏置方向	左偏	

选择完各参数后，单击 确定 按钮，按提示拾取加工表面轮廓、零件毛坯轮廓，输入进退刀点，生成刀具轨迹，如图 1.80 所示。

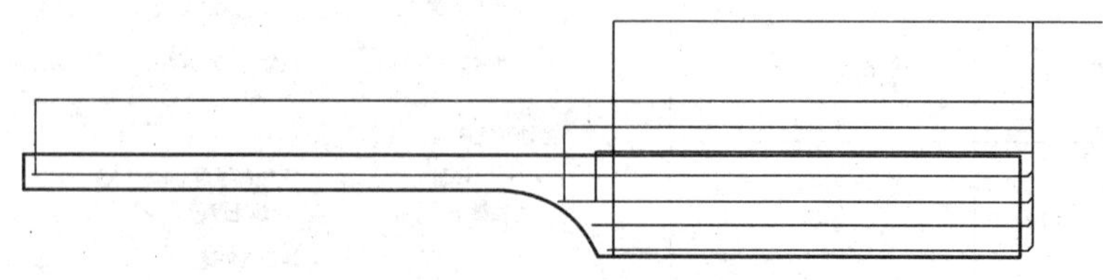

图 1.80　零件的粗车刀具轨迹

(3)精车外轮廓。点击“加工”菜单中的“轮廓精车”功能项，具体精加工参数设置如表 1.19～表 1.22 所示。

选择完各参数后，单击 确定 按钮，按系统提示拾取加工表面轮廓，输入进退刀点，生成刀具轨迹，如图 1.81 所示。

(4)在“加工”菜单下选择“轨迹仿真”功能项，依次选取零件外轮廓粗加工、精加工的刀具轨迹进行仿真加工，以验证刀具路径是否正确，如图 1.82 所示。

表 1.19　精车加工参数表

内容	参数	对话框
加工表面类型	外轮廓	
加工精度	0.01	
加工余量	0	
切削行数	1	
切削行距	0.5	
干涉前角(度)	0	
干涉后角(度)	45	
最后一行加工次数	1	
拐角过渡方式	圆弧	
反向走刀	否	
详细干涉检查	是	
刀尖半径补偿	编程时考虑半径补偿	

表 1.20　精车进退刀方式参数表

内容	参数	对话框
每行相对加工表面进刀方式	与加工表面成定角，长度 $L=1$ mm，角度 $A=45°$	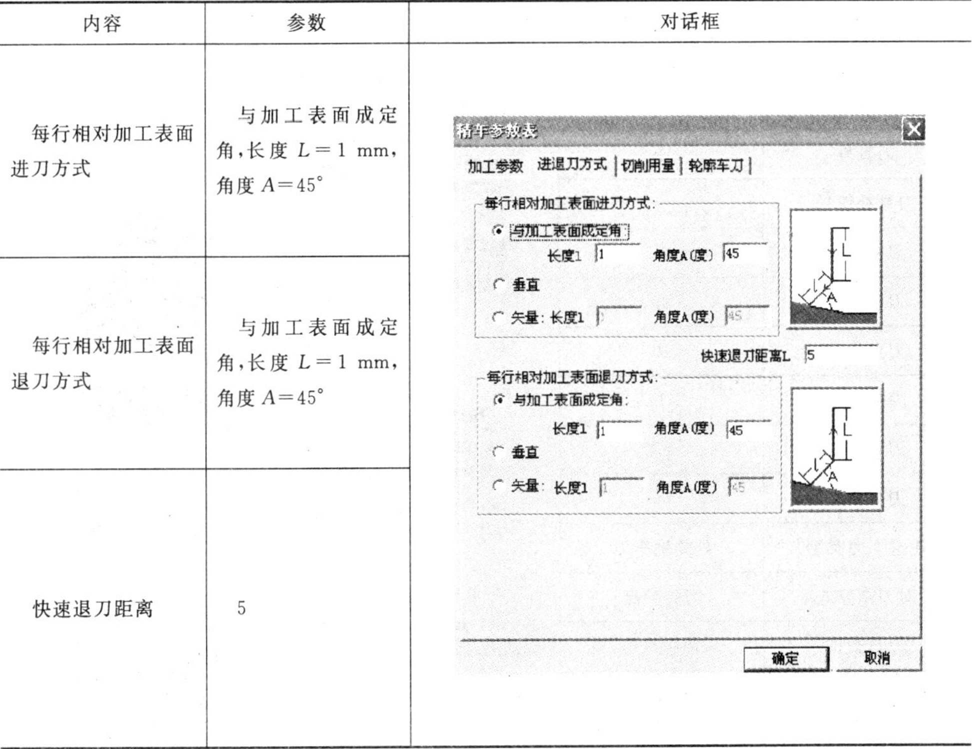
每行相对加工表面退刀方式	与加工表面成定角，长度 $L=1$ mm，角度 $A=45°$	
快速退刀距离	5	

表 1.21　精车切削用量参数表

内容	参数	对话框
接近速度	50	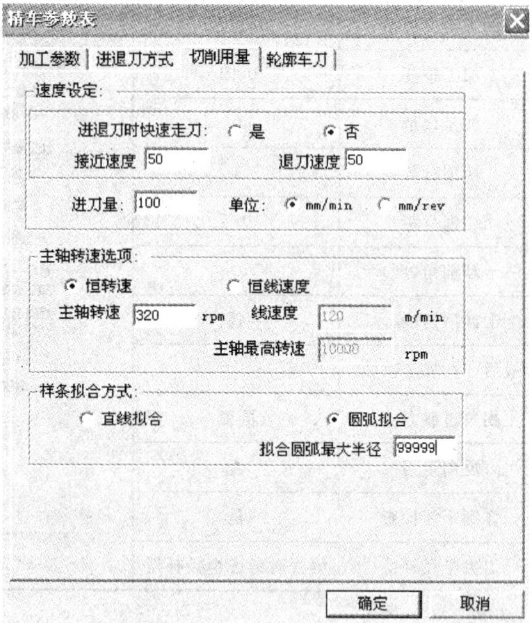
退刀速度	50	
进刀量	100	
单位	mm/min	
主轴转速(rpm)	320	
主轴转速选项	恒转速	
样条拟合方式	圆弧拟合	

表 1.22　精车轮廓车刀参数表

内容	参数	对话框
刀具名	外圆车刀	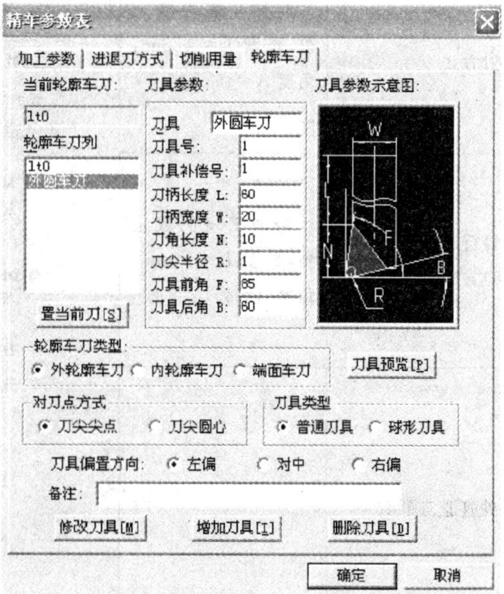
刀具号	1	
刀具补偿号	1	
刀柄长度	60	
刀柄宽度	20	
刀角长度	10	
刀尖半径	1	
刀具前角	85	
刀具后角	60	
轮廓车刀类型	外轮廓车刀	
对刀点方式	刀尖尖点	
刀具类型	普通刀具	
刀具偏置方向	左偏	

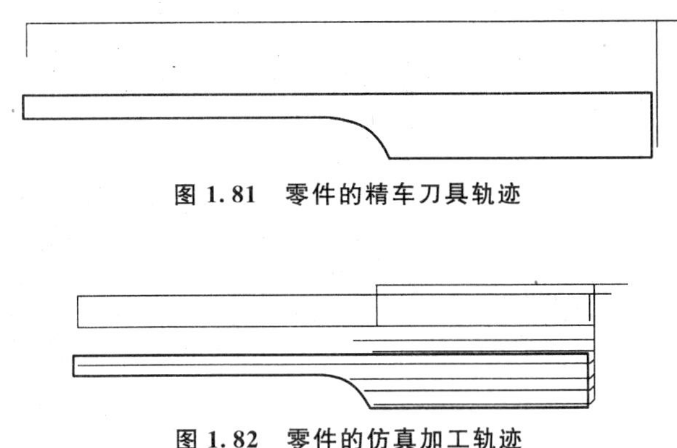

图 1.81　零件的精车刀具轨迹

图 1.82　零件的仿真加工轨迹

(5)生成加工程序。在生成加工程序前,要先进行华中 HNC21T 数控系统的机床设置和后置处理设置,然后单击“加工”菜单下的“代码生成”功能项,弹出“选择后置文件”对话框,确定文件位置,按粗加工、精加工过程依次拾取刀具轨迹,产生加工程序。

2)钻孔

(1)点击“加工”菜单中的“钻中心孔”功能项,具体钻孔加工参数和刀具设置如表 1.23 和表 1.24 所示。

表 1.23　钻孔加工参数表

内容	参数	对话框
钻孔模式	钻孔	钻孔参数表 加工参数 钻孔刀具 钻孔参数: 钻孔模式: 钻孔 钻孔深度: 85　暂停时间(秒): 0.1 下刀余量: 0.5　进刀增量: 1 速度设定: 主轴转速: 200　钻孔速度: 10 接近速度: 5　退刀速度: 20 确定　取消
钻孔深度	85	
暂停时间(秒)	0.1	
下刀余量	0.5	
进刀增量	1	
主轴转速	200	
钻孔速度	10	
接近速度	5	
退刀速度	20	

表 1.24　钻孔刀具参数表

内容	参数	对话框
刀具名	ϕ39 钻头	
刀具号	2	
刀具补偿号	2	
刀具半径	10	
刀尖角度	120	
刀刃长度	30	
刀杆长度	100	

(2)确定各加工参数后，拾取钻孔的起始点(坐标系原点)，即生成加工轨迹，如图 1.83 所示。

图 1.83　钻孔轨迹

(3)在“加工”菜单下选择“轨迹仿真”功能项，选取钻孔加工轨迹进行仿真加工，以验证刀具路径是否正确。

(4)在“加工”菜单下选取“代码生成”功能项，拾取刚生成钻孔加工轨迹，即可生成加工代码。

3)内轮廓加工

(1)内轮廓建模。用 CAXA 数控车绘制零件内轮廓和毛坯轮廓图形(钻孔后的内轮廓)，如图 1.84 所示。

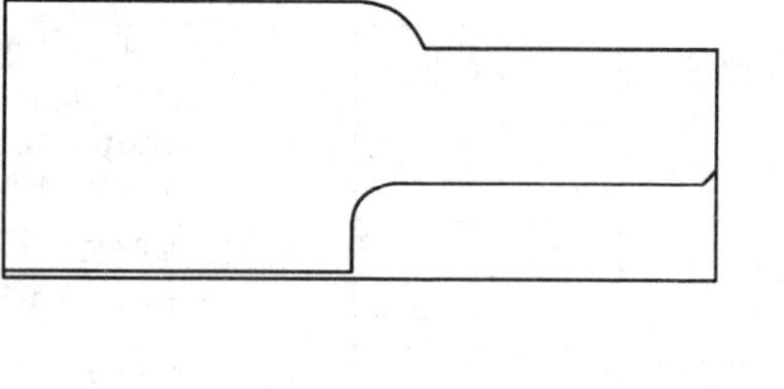

图 1.84　零件的内轮廓图

(2)粗车内轮廓。点击“加工”菜单中的“轮廓粗车”功能项，具体粗加工参数设置如表 1.25～表 1.28 所示。

选择完各参数后，单击 确定 按钮，按提示拾取加工表面轮廓、零件毛坯轮廓，输入进退刀点，生成刀具轨迹，如图 1.85 所示。

(3)精车内轮廓。点击“加工”菜单中的“轮廓精车”功能项，具体精加工参数设置如表 1.29～表 1.32 所示。

选择完各参数后，单击 确定 按钮，按系统提示拾取加工表面轮廓，输入进退刀点，生成刀具轨迹，如图 1.86 所示。

(4)在“加工”菜单下选择“轨迹仿真”功能项，依次选取零件内轮廓粗加工、精加工的刀具轨迹进行仿真加工，以验证刀具路径是否正确，如图 1.87 所示。

(5)生成加工程序。在生成加工程序前，要先进行华中 HNC—21T 数控系统的机床设置和后置处理设置，然后单击“加工”菜单下的“代码生成”功能项，弹出“选择后置文件”对话框，确定文件位置，按粗加工、精加工过程依次拾取刀具轨迹，产生加工程序。

表 1.25　粗车加工参数表

内容	参数	对话框
加工表面类型	内轮廓	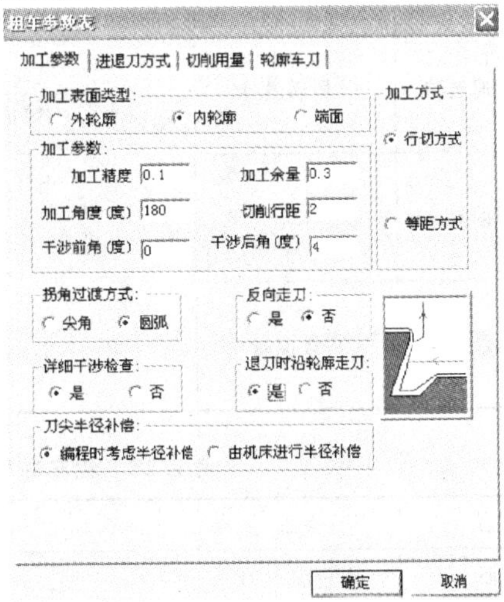
加工精度	0.1	
加工余量	0.3	
加工角度(度)	180	
切削行距	2	
干涉前角(度)	0	
干涉后角(度)	4	
拐角过渡方式	圆弧	
反向走刀	否	
详细干涉检查	是	
退刀时沿轮廓走刀	是	
刀尖半径补偿	编程时考虑半径补偿	

表 1.26　粗车进退刀方式参数表

内容	参数	对话框
每行相对毛坯进刀方式	与加工表面成定角，长度 $L=2$ mm，角度 $A=45°$	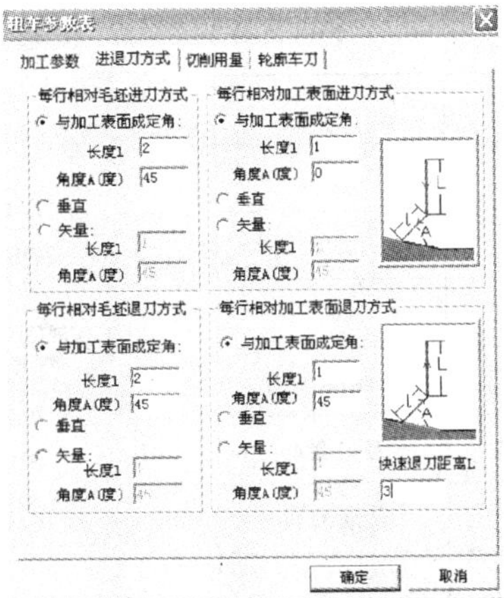
每行相对加工表面进刀方式	与加工表面成定角，长度 $L=1$ mm，角度 $A=0°$	
每行相对毛坯退刀方式	与加工表面成定角，长度 $L=2$ mm，角度 $A=45°$	
每行相对加工表面退刀方式	与加工表面成定角，长度 $L=1$ mm，角度 $A=45°$	
快速退刀距离	$L=3$ mm	

表 1.27 粗车切削用量参数表

内容	参数	对话框
进退刀时快速走刀	是	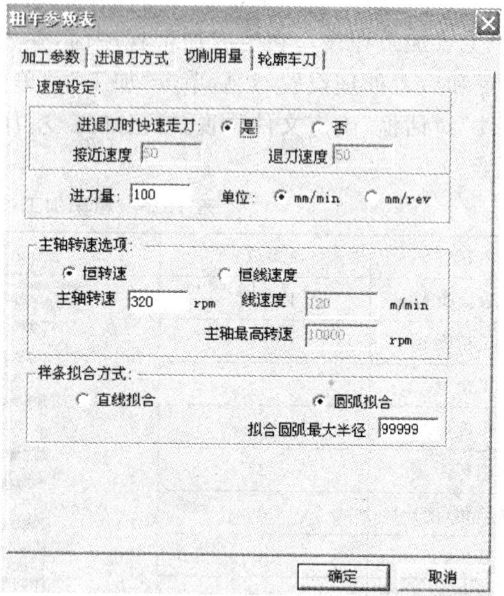
进刀量	100	
单位	mm/min	
主轴转速选项	恒转速	
主轴转速(rpm)	320	
样条拟合方式	圆弧拟合	

表 1.28 粗车轮廓车刀刀具参数表

内容	参数	对话框
刀具	内轮廓车刀	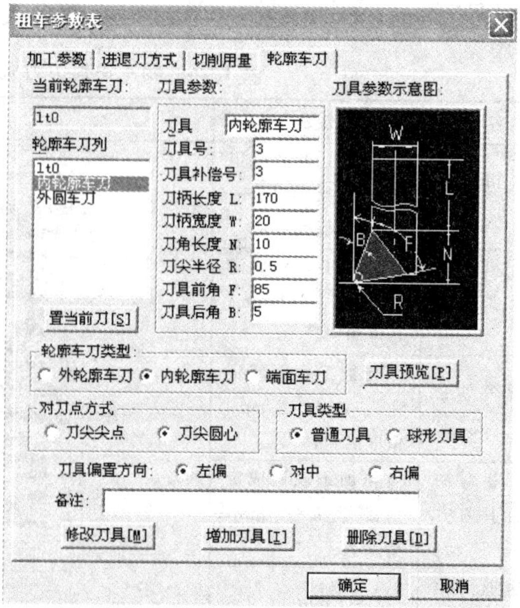
刀具号	3	
刀具补偿号	3	
刀柄长度	170	
刀柄宽度	20	
刀角长度	10	
刀尖半径	0.5	
刀具前角	85	
刀具后角	5	
轮廓车刀类型	内轮廓车刀	
对刀点方式	刀尖圆心	
刀具类型	普通刀具	
刀具偏置方向	左偏	

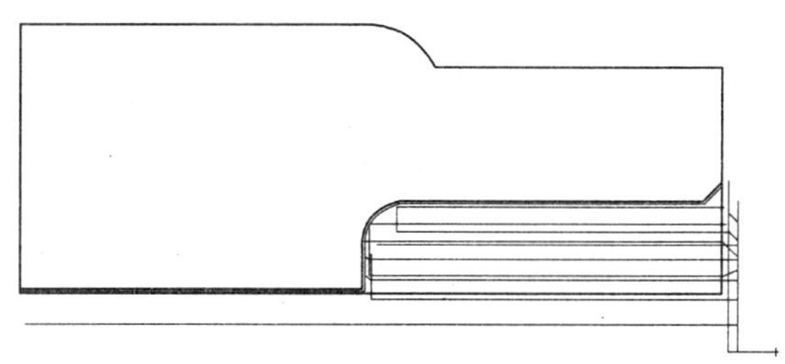

图 1.85　零件的粗车刀具轨迹

表 1.29　精车加工参数表

内容	参数	对话框
加工表面类型	内轮廓	
加工精度	0.01	
加工余量	0	
切削行数	1	
切削行距	0.5	
干涉前角(度)	0	
干涉后角(度)	4	
最后一行加工次数	1	
拐角过渡方式	圆弧	
反向走刀	否	
详细干涉检查	是	
刀尖半径补偿	编程时考虑半径补偿	

精车参数表

加工参数 | 进退刀方式 | 切削用量 | 轮廓车刀

加工表面类型：○ 外轮廓　◉ 内轮廓　○ 端面

加工参数：加工精度 0.01　加工余量 0　切削行数 1　切削行距 0.5　干涉前角(度) 0　干涉后角(度) 4

最后一行：加工次数 1

拐角过渡方式：○ 尖角　◉ 圆弧

反向走刀：○ 是　◉ 否

详细干涉检查：◉ 是　○ 否

刀尖半径补偿：◉ 编程时考虑半径补偿　○ 由机床进行半径补偿

确定　取消

表 1.30　精车进退刀方式参数表

内容	参数	对话框
每行相对加工表面进刀方式	与加工表面成定角，长度 $L=1$ mm，角度 $A=0°$	
每行相对加工表面退刀方式	与加工表面成定角，长度 $L=1$ mm，角度 $A=135°$	
快速退刀距离	3	

精车参数表
加工参数　进退刀方式　切削用量　轮廓车刀
每行相对加工表面进刀方式：
与加工表面成定角：
长度l　1　角度A(度)　0
垂直
矢量：长度l　1　角度A(度)　45
快速退刀距离L　3
每行相对加工表面退刀方式：
与加工表面成定角：
长度l　1　角度A(度)　135
垂直
矢量：长度l　1　角度A(度)　45
确定　取消

表 1.31　精车切削用量参数表

内容	参数	对话框
接近速度	50	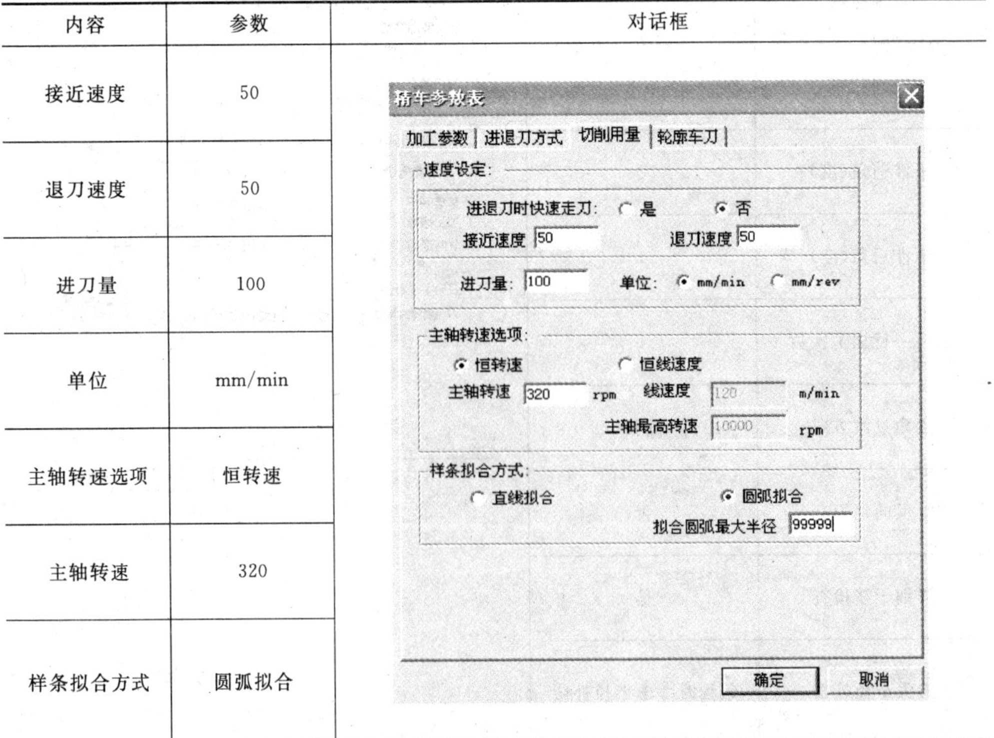
退刀速度	50	
进刀量	100	
单位	mm/min	
主轴转速选项	恒转速	
主轴转速	320	
样条拟合方式	圆弧拟合	

表 1.32　精车轮廓车刀刀具参数表

内容	参数	对话框
刀具名	内轮廓车刀	
刀具号	3	
刀具补偿号	3	
刀柄长度	170	
刀柄宽度	20	
刀角长度	12	
刀尖半径	0.5	
刀具前角	85	
刀具后角	5	
轮廓车刀类型	内轮廓车刀	
对刀点方式	刀尖圆心	
刀具类型	普通刀具	
刀具偏置方向	左偏	

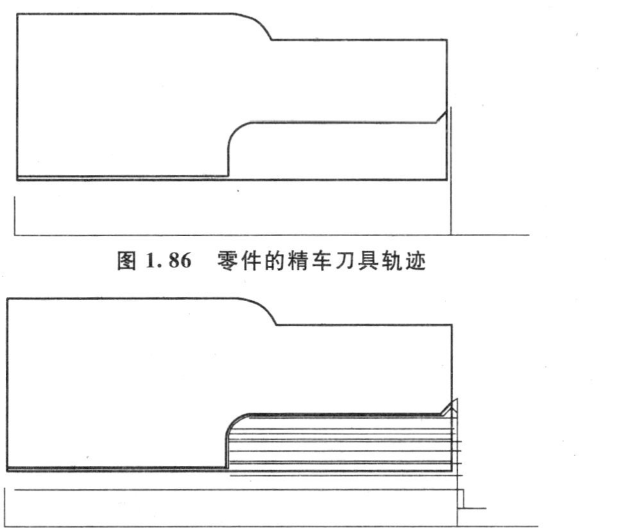

图 1.86　零件的精车刀具轨迹

图 1.87　零件的仿真加工轨迹

[任务扩展]

1. 学习应用

加工如图 1.88 所示的盘类零件，零件毛坯为 $\phi65$ mm×50 mm 的棒料，材料为

45 号钢，使用 CAXA 数控车软件完成零件的自动编程，生成加工程序。

◆ 要求：

(1)对零件进行简单加工工艺分析。

(2)使用 CAXA 数控车轮廓粗车和轮廓精车功能，生成零件内外轮廓的加工程序。

(3)使用 CAXA 数控车进行零件的轨迹仿真。

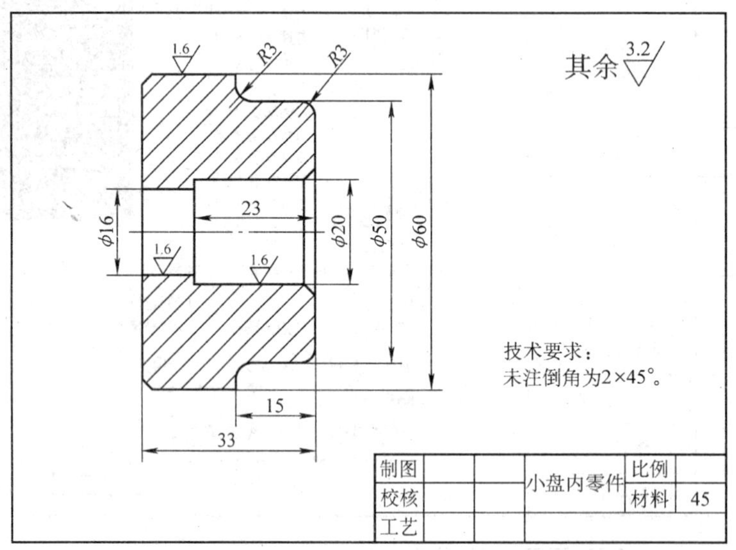

图 1.88 小盘内零件

2. 创新设计

设计一个零件，能够用本学习任务的内、外轮廓粗车和轮廓精车功能，进行零件加工程序的生成。

◆ 设计要求：

(1)介绍零件的功用。

(2)画出标准图纸，表达清晰，画法规范。

(3)给出材料，说明选材意图。

(4)设计加工工艺，给出工艺卡。

(5)给出 CAXA 数控车自动编程步骤及加工程序。

任务十一 把手的加工——槽的造型与加工

知识要点

- 切槽加工参数设置方法。
- 掌握把手的造型与加工方法。

[任务描述]

◆ 技术要求：零件毛坯为 $\phi25$ mm×130 mm 的棒料，材料为 45 号钢，$\phi12$ mm×20 mm 外圆和 $\phi2.5$ mm×10 mm 退刀槽已加工好。选取刀具 T01 为 90°偏刀，T02 为切槽车刀。

◆ 分析：如图 1.89 所示的把手零件全部表面的粗糙度为 3.2，尺寸 $\phi12$ 的公差为 −0.05，没有形位公差要求。采用 CAXA 数控车软件的轮廓粗车对零件左部分圆弧进行加工，采用切槽功能粗加工零件右边部分圆弧，最后使用切槽功能对零件轮廓进行精加工。

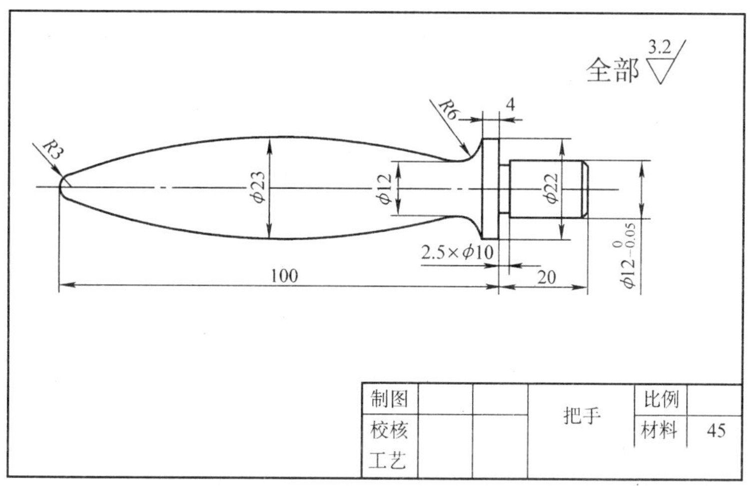

图 1.89　把手

[理论阐述]

切槽功能可以在工件外轮廓表面、内轮廓表面或端面切槽。切槽时要确定被加工轮廓，被加工轮廓就是加工结束后的工件表面轮廓，被加工轮廓不能闭合或自相交。

1. 操作步骤

(1)在“加工”菜单区中选取“切槽”功能项，弹出切槽参数表，如图 1.90 所示。在参数表中首先要确定被加工的是外轮廓表面，还是内轮廓表面或端面，接着按加工要求确定其他各加工参数。

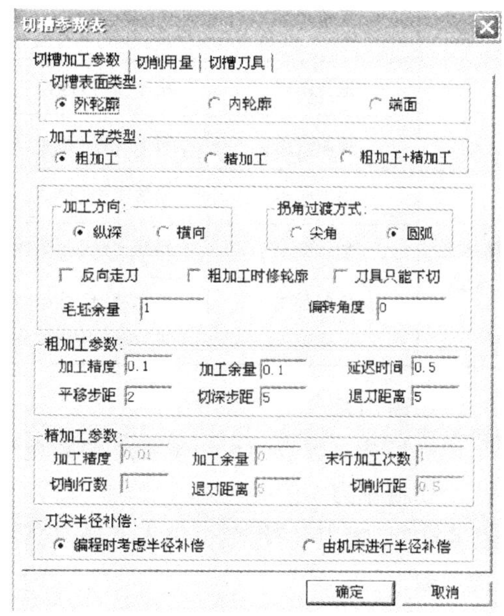

图 1.90　切槽加工参数表

(2)拾取被加工轮廓，此时可使用

系统提供的轮廓拾取工具。选择完轮廓后确定进退刀点，指定一点为刀具加工前和加工后所在的位置。按鼠标右键可忽略该点的输入。

完成上述步骤后即可生成切槽加工轨迹。在“加工”菜单区中选取“代码生成”功能项，拾取刚生成的刀具轨迹，即可生成加工指令。

2. 参数说明

1)加工参数

加工参数主要对切槽加工中的各种工艺条件和加工方式进行限定，各加工参数含义说明见表1.33(与轮廓粗车、轮廓精车含义相同的省略)。

表1.33　切槽加工参数说明

内容	选项	说　明
加工轮廓类型	外轮廓	外轮廓切槽或用切槽刀加工外轮廓
	内轮廓	内轮廓切槽或用切槽刀加工内轮廓
	端面	端面切槽或用切槽刀加工端面
加工工艺类型	粗加工	对槽只进行粗加工
	精加工	对槽只进行精加工
	粗加工＋精加工	对槽进行粗加工后接着精加工
粗加工参数	延迟时间	粗车槽时，刀具在槽的底部停留的时间
	切深步距	粗车槽时，刀具每一次纵向切槽的切入量(机床 X 向)
	平移步距	粗车槽时，刀具切到指定的切深平移量后进行下一次切削前的水平平移量(机床 Z 向)
	退刀距离	粗车槽时，进行下一行切削前退刀到槽外的距离
	加工余量	粗加工时，被加工表面未加工部分的预留量
精加工参数	退刀距离	精加工中切削完一行后，进行下一行切削前退刀的距离
	加工余量	精加工时，被加工表面未加工部分的预留量
	末行加工次数	精车槽时，为提高加工的表面质量，最后一行常常在相同进给量的情况下进行多次切削，该处定义多次切削的次数

2)切削用量

切削用量参数表的说明请参考轮廓粗车中的说明。

3)切槽车刀

点击“切槽刀具”标签可进入切槽刀具参数设置窗口，设置加工中所用的切槽刀具的参数。

[解决方案]

1. 制订加工工艺

1)装夹与定位

加工一个套，单边沿轴线开一窄槽，夹持 ϕ12 圆柱，再进行圆弧的加工。

2)工步顺序

(1)粗车零件右半部分。

(2)粗车零件左半部分。

(3)精车零件外形。

3)选择刀具

根据零件加工要求和工艺分析，选用 3 把刀具：T01 为 90°偏刀；T02 为切槽车刀；T03 为 60°硬质合金螺纹刀。

4)确定切削用量

切削用量的具体数值应根据机床性能、加工工艺、相关手册并结合实际经验确定。

(1)机床转速选择为 300 r/min。

(2)进给速度选择为 0.08 mm/r。

5)选择机床和数控系统

(1)机床型号：威海天诺数控机械有限公司生产的 CK6132－Ⅱ型数控车床。

(2)数控系统：采用华中世纪星 HNC－21T 数控系统。

2. 编制加工程序

1)轮廓建模

将零件切削加工图形绘制在 CAXA 数控车工作区中，将坐标系原点选择零件的端头位置，如图 1.91 所示。

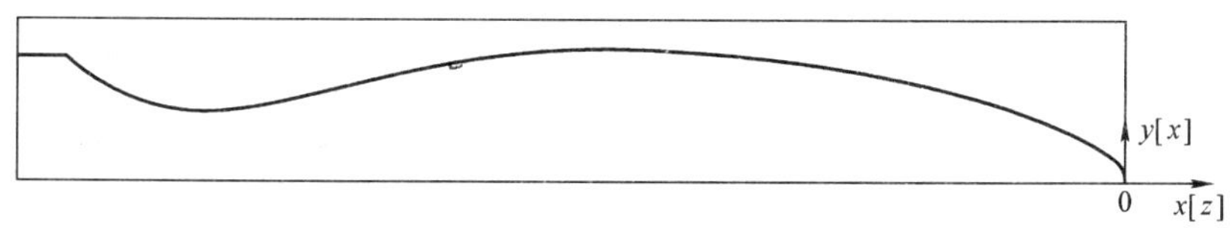

图 1.91　手把轮廓图

2)粗车轮廓右半边

点击“加工”菜单中的“轮廓粗车”功能项，具体粗加工参数设置如表 1.34～表 1.37 所示。

选择完各参数后，单击[确定]按钮，按提示拾取加工表面轮廓、零件毛坯轮廓，输入进退刀点，生成刀具轨迹，如图 1.92 所示。

表 1.34 粗车加工参数表

内容	参数	对话框
加工表面类型	外轮廓	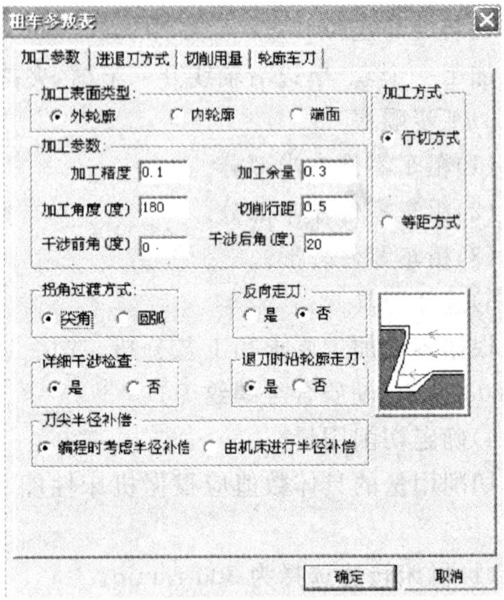
加工精度	0.1	
加工余量	0.3	
加工角度(度)	180	
切削行距	0.5	
干涉前角(度)	0	
干涉后角(度)	20	
拐角过渡方式	尖角	
反向走刀	否	
详细干涉检查	是	
退刀时沿轮廓走刀	是	
刀尖半径补偿	编程时考虑半径补偿	

表 1.35 粗车进退刀方式参数表

内容	参数	对话框
每行相对毛坯进刀方式	与加工表面成定角，$L=1$ mm，角度$A=45°$	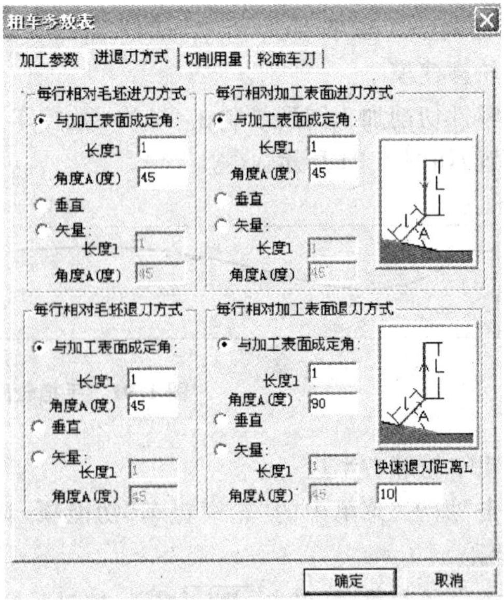
每行相对加工表面进刀方式	与加工表面成定角，长度$L=1$ mm，角度$A=45°$	
每行相对毛坯退刀方式	与加工表面成定角，长度$L=1$ mm，角度$A=45°$	
每行相对加工表面退刀方式	与加工表面成定角，长度$L=1$ mm，角度$A=90°$	
快速退刀距离	$L=10$	

表 1.36　粗车切削用量参数表

内容	参数	对话框
进退刀时快速走刀	否	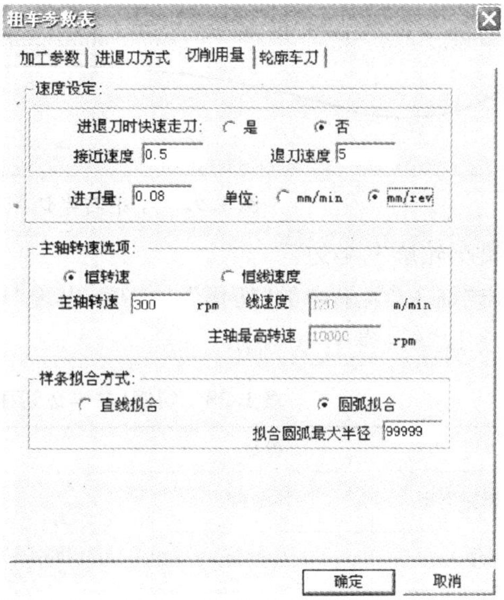
接近速度	0.5	
退刀速度	5	
进刀量	0.08	
单位	mm/rev	
主轴转速选项	恒转速	
主轴转速	300	
样条拟合方式	圆弧拟合	

表 1.37　粗车轮廓车刀参数表

内容	参数	对话框
刀具名	粗车刀	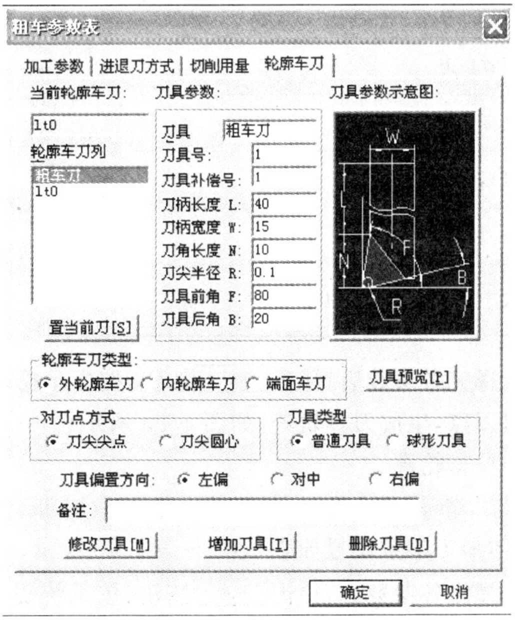
刀具号	1	
刀具补偿号	1	
刀柄长度	40	
刀柄宽度	15	
刀角长度	10	
刀尖半径	0.1	
刀具前角	80	
刀具后角	20	
轮廓车刀类型	外轮廓车刀	
对刀点方式	刀尖尖点	
刀具类型	普通刀具	
刀具偏置方向	左偏	

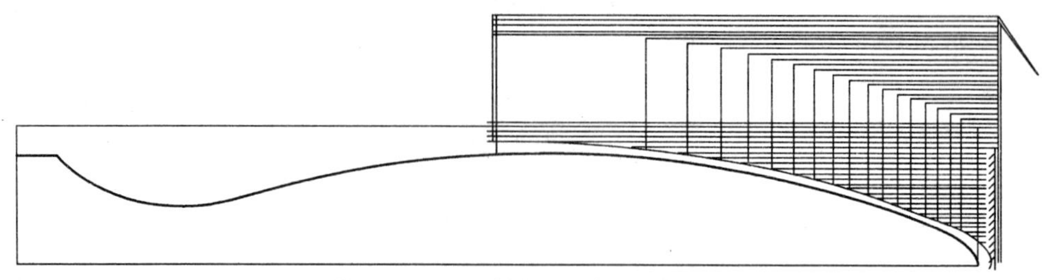

图 1.92 手把右半边粗车刀具轨迹

3)粗车轮廓左半边

点击“加工”菜单中的“切槽”功能项，出现“切槽加工参数”对话框，具体加工参数设置如表 1.38～表 1.40 所示。

表 1.38 切槽(左半边切槽)加工参数表

内容	参数	对话框
切槽表面类型	外轮廓	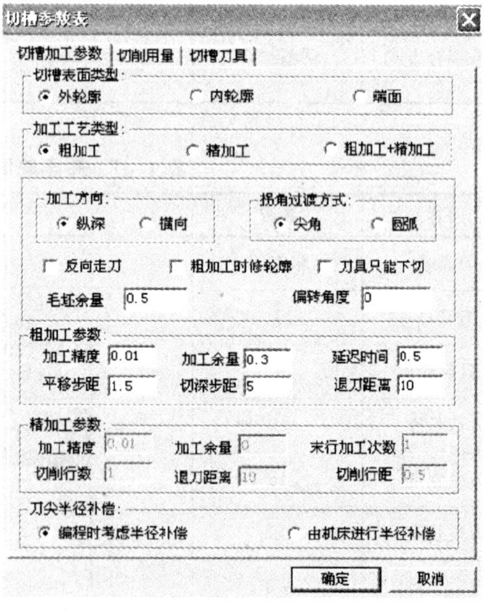
毛坯余量	0.5	
加工工艺类型	粗加工	
拐角过渡方式	尖角	
加工精度	0.01	
加工余量	0.3	
平移步距	1.5	
切深步距	5	
延迟时间	0.5	
退刀距离	10	
刀尖半径补偿	编程时考虑半径补偿	

选择完各参数后，单击确定按钮，按提示拾取加工表面轮廓、零件毛坯轮廓，输入进退刀点，生成刀具轨迹，如图 1.93 所示。

4)精车轮廓

采用 60°硬质合金螺纹刀完成轮廓精加工。点击“加工”菜单中的“切槽”功能项，具体加工参数设置如表 1.41～表 1.43 所示。

选择完各参数后，单击确定按钮，按系统提示拾取加工表面轮廓，输入进退刀点，生成刀具轨迹，如图 1.94 所示。

表 1.39　切槽(左半边切槽)切削用量参数表

内容	参数	对话框
进退刀时快速走刀	否	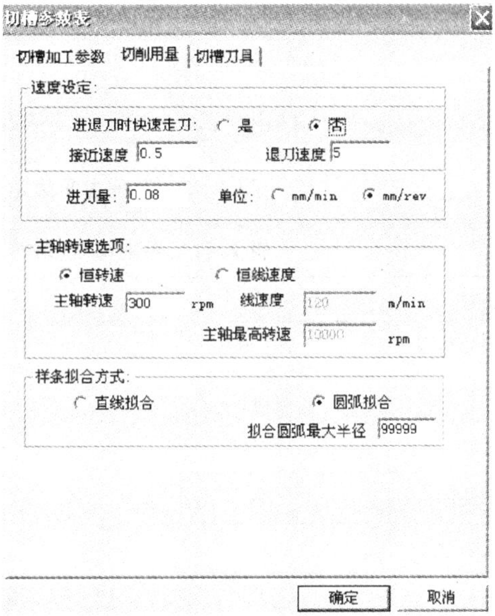
接近速度	0.5	
退刀速度	5	
进刀量	0.08	
单位	mm/rev	
主轴转速选项	恒转速	
主轴转速	300	
样条拟合方式	圆弧拟合	

表 1.40　粗车(左半边切槽)切槽刀具参数表

内容	参数	对话框
刀具名	切断刀	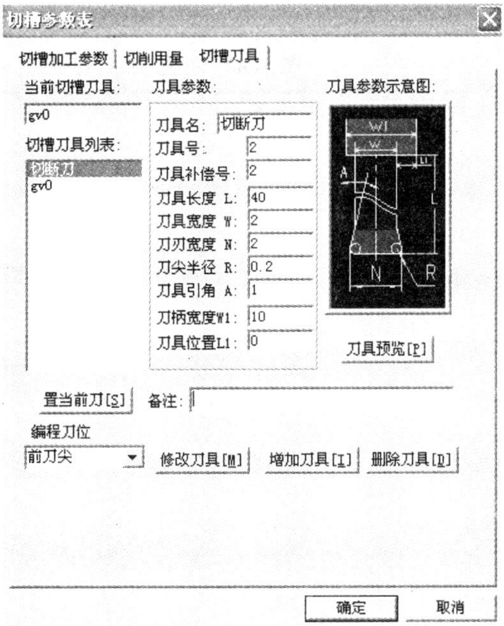
刀具号	2	
刀具补偿号	2	
刀具长度	40	
刀具宽度	2	
刀刃宽度	2	
刀尖半径	0.2	
刀具引角	1	
刀柄宽度	10	
刀柄位置	0	
编程刀位	前刀尖	

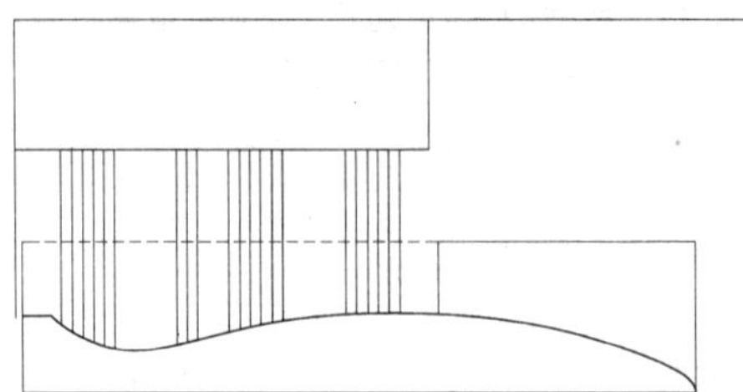

图 1.93 手把左半边粗车刀具轨迹

表 1.41 手把精车(切槽)加工参数表

内容	参数	对话框
切槽表面类型	外轮廓	
加工工艺类型	精加工	
拐角过渡方式	尖角	
加工精度	0.01	
加工余量	0	
切削行数	1	
切削行距	0.5	
退刀距离	5	
末行加工次数	1	
刀尖半径补偿	编程时考虑半径补偿	

表 1.42 手把精车(切槽)切削用量参数表

内容	参数	对话框
进退刀时快速走刀	否	
接近速度	0.5	
退刀速度	5	
进刀量	0.08	
单位	mm/rev	
主轴转速选项	恒转速	
主轴转速(rpm)	300	
样条拟合方式	圆弧拟合	

表 1.43　手把精车(切槽)刀具参数表

内容	参数	对话框
刀具名	切断刀 2	切槽参数表 切槽加工参数 | 切削用量 | 切槽刀具 当前切槽刀具: gv0 切槽刀具列表: gv0 切断刀2 切断刀 刀具参数: 刀具名: 切断刀2 刀具号: 3 刀具补偿号: 3 刀具长度 L: 10 刀具宽度 W: 0.2 刀刃宽度 N: 0.2 刀尖半径 R: 0.1 刀具引角 A: 0.1 刀柄宽度W1: 0 刀具位置L1: 0 刀具参数示意图: 刀具预览[P] 置当前刀[S]　备注: 编程刀位 前刀尖 修改刀具[M]　增加刀具[I]　删除刀具[D] 确定　取消
刀具号	3	
刀具补偿号	3	
刀具长度	10	
刀具宽度	0.2	
刀刃宽度	0.2	
刀尖半径	0.1	
刀具引角	0.1	
编程刀位	前刀尖	

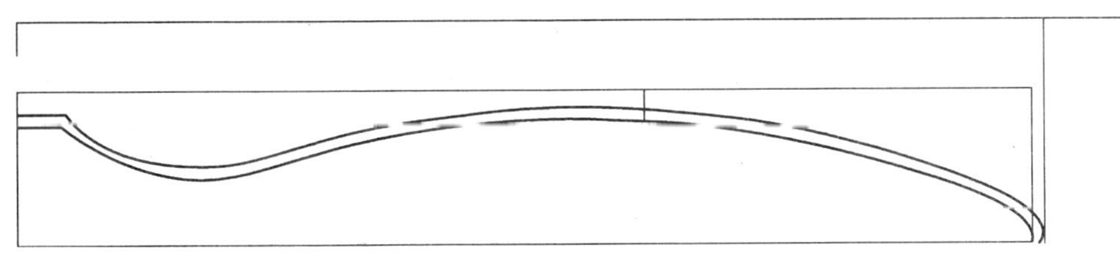

图 1.94　手把精车刀具轨迹

5)轨迹仿真

在“加工”菜单下选择“轨迹仿真”功能项,依次选取零件外轮廓粗加工、精加工的刀具轨迹进行仿真加工,以验证刀具路径是否正确,如图 1.95 所示。

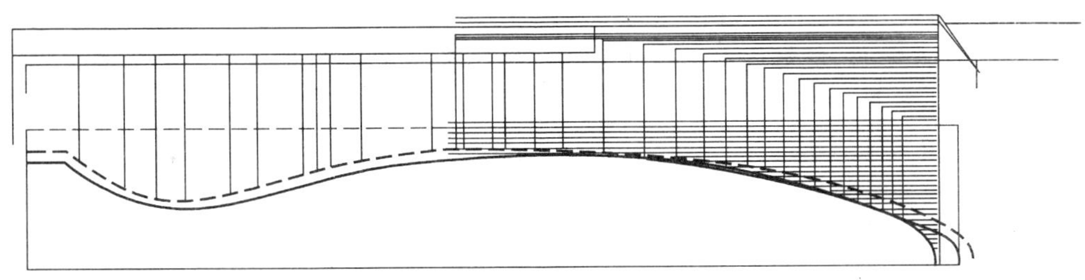

图 1.95　零件的仿真加工轨迹

6)生成加工程序

在生成加工程序前,要先进行华中 HNC—21T 数控系统的机床设置和后置处理设置，然后单击“加工”菜单下的“代码生成”功能项，弹出“选择后置文件”对话框，确定文件位置，按粗加工、精加工过程依次拾取刀具轨迹，产生加工程序。

[任务扩展]

1. 学习应用

加工如图 1.96 所示的轴套零件，零件毛坯为 $\phi50$ mm×60 mm 的棒料，材料为 45 号钢，使用 CAXA 数控车软件完成零件的自动编程，生成加工程序。

◆ 要求：

(1)对零件进行简单加工工艺分析。

(2)使用 CAXA 数控车轮廓粗车、轮廓精车和切槽功能，生成零件内外轮廓的加工程序。

(3)使用 CAXA 数控车进行零件的轨迹仿真。

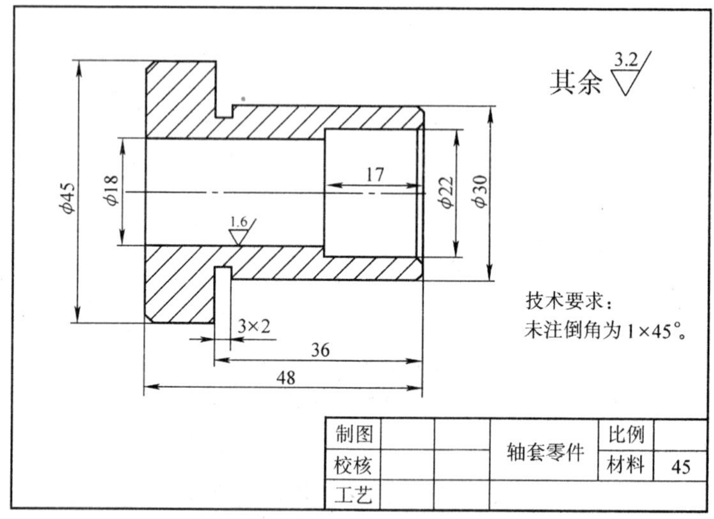

图 1.96 轴套零件

2. 创新设计

设计一个零件，能够用本学习任务的切槽功能，进行零件加工程序的生成。

◆ 设计要求：

(1)介绍零件的功用。

(2)画出标准图纸，表达清晰，画法规范。

(3)给出材料，说明选材意图。

(4)设计加工工艺，给出工艺卡。

(5)给出 CAXA 数控车自动编程步骤及加工程序。

任务十二　螺纹轴的加工——螺纹的造型与加工

知识要点

- 螺纹纹加工参数设置方法。
- 掌握螺纹轴的造型与加工方法。

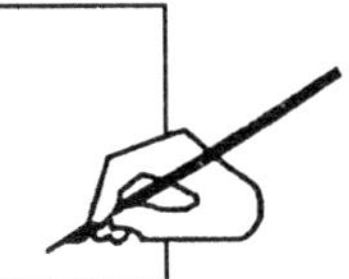

[任务描述]

◆ 技术要求：零件毛坯为 ϕ55 mm×100 mm 的棒料，材料为 45 号钢，T01 为 90°偏刀，T02 为切槽车刀，T03 为 60°硬质合金螺纹刀。

◆ 分析：如图 1.97 所示螺纹轴零件的加工，可采用 CAXA 数控车的轮廓粗车、轮廓精车对零件外轮廓进行加工，采用切槽加工 3 mm×ϕ26 mm 的退刀槽，最后使用车螺纹加工M30×1.5 mm 的螺纹。

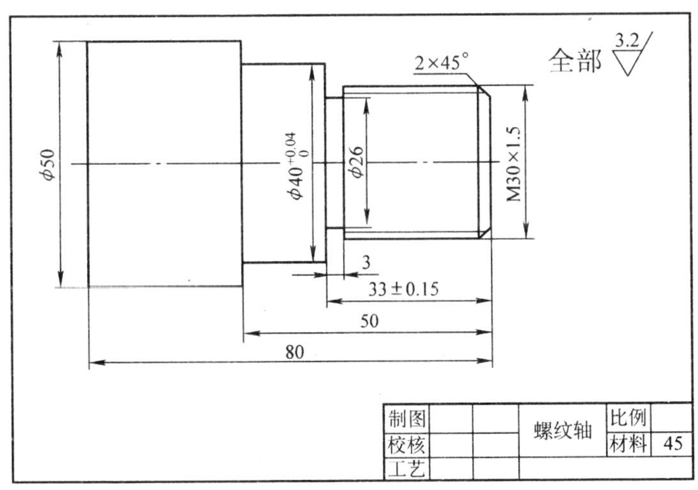

图 1.97　螺纹轴

[理论阐述]

1. 螺纹固定循环

CAXA 数控车的该功能采用固定循环方式加工螺纹，输出的代码适用于西门子 840C/840 控制器。

1)操作步骤

(1)在“加工”菜单区中选取“螺纹固定循环”功能项，然后依次拾取螺纹起点、终点、第一个中间点、第二个中间点。该固定循环功能可以进行 2 段或 3 段螺纹连接加工。若只有一段螺纹，则在拾取完终点后右键回车；若只有 2 段螺纹，则在拾取完第一个中间点后右键回车。

(2)拾取完毕,弹出螺纹加工参数表,如图 1.98 所示。前面拾取的点的坐标也将显示在参数表中,用户可在该参数表对话框中确定各加工参数。参数填写完毕,选择 确定 按钮,生成刀具轨迹。该刀具轨迹仅为一个示意性的轨迹,但可用于输出固定循环指令。

在“加工”菜单区中选取“代码生成”功能项,拾取刚生成的刀具轨迹,即可生成螺纹加工固定循环指令。

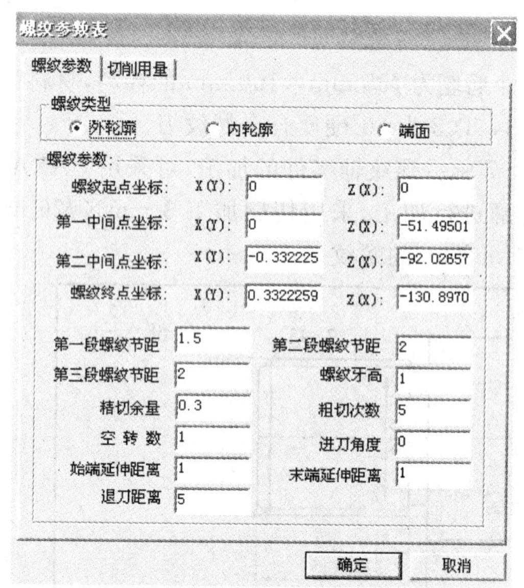

图 1.98 螺纹固定循环参数表

2)参数说明

该螺纹切削固定循环功能仅对西门子 840C/840 控制器适用,详细的参数说明和代码格式说明请参考西门子 840C/840 控制器的固定循环编程说明书。

螺纹参数表中的螺纹起点、终点、第一中间点、第二中间点坐标及螺纹长度来自前面的拾取结果,用户可以进一步修改。

(1)粗切次数:螺纹粗切的次数。

控制系统自动计算保持固定的切削截面时各次进刀的深度。

(2)进刀角度:刀具可以垂直于切削的方向进刀也可以沿着侧面进刀。角度无符号输入并且不能超过螺纹角的一半。

(3)空转数:指末行走刀次数,为提高加工质量,最后一个切削行有时需要重复走刀多次,此时需要指定重复走刀次数。粗切完成后进行一次精切后运行指定的空转数。

(4)精切余量:螺纹深度减去精切余量为粗切深度。

(5)始端延伸距离：刀具切入点与螺纹始端的距离。

(6)末端延伸距离：刀具退刀点与螺纹末端的距离。

2. 车螺纹

CAXA数控车的该功能为非固定循环方式加工螺纹，可对螺纹加工中的各种工艺条件、加工方式进行更为灵活的控制。

1)操作步骤

在“加工”菜单区中选取“车螺纹”功能项，然后依次拾取螺纹起点、终点。

拾取完毕，弹出加工参数表，如图1.99所示。前面拾取的点的坐标也将显示在参数表中，用户可在该参数表对话框中确定各加工参数。参数填写完毕，选择确定按钮，即生成螺纹切削刀具轨迹。

在“加工”菜单区中选取“代码生成”功能项，拾取刚生成的刀具轨迹，即可生成螺纹加工指令。

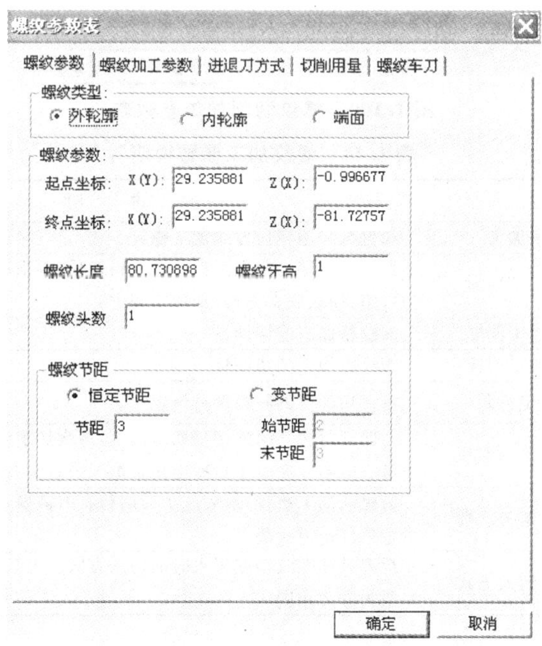

图1.99　螺纹切削参数表

2)参数说明

“螺纹参数”选项如图1.99所示，主要包含与螺纹性质相关的参数，如螺纹深度、节距、头数等。螺纹起点与终点坐标来自前一步的拾取结果，用户也可以进行修改。

“螺纹加工参数”选项如图1.100所示，用于对螺纹加工中的工艺条件和加工方式进行设置，各参数说明见表1.44。

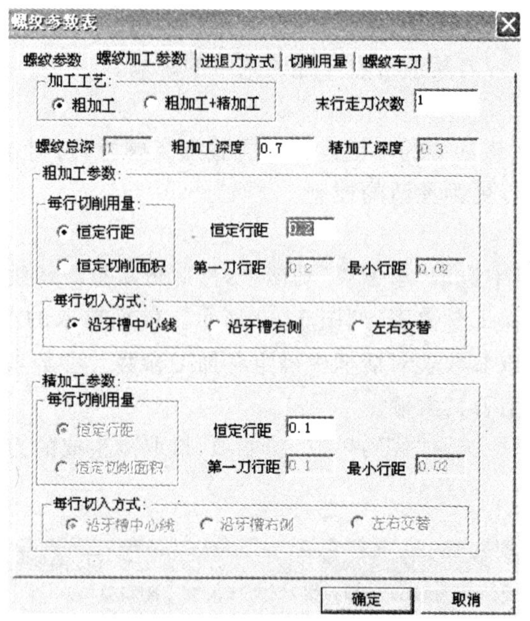

图 1.100 螺纹切削加工参数表

表 1.44 螺纹加工参数说明

内容	选项	说明
加工工艺	粗加工	指直接采用粗切方式加工螺纹
	粗加工＋精加工	指根据指定的粗加工深度进行粗切后，再采用精切方式(如采用更小的行距)切除剩余余量(精加工深度)
	精加工深度	螺纹精加工的切深量
	粗加工深度	螺纹粗加工的切深量
每行切削用量	恒定行距	每一切削行的间距保持恒定
	恒定切削面积	为保证每次切削的切削面积恒定，各次切削深度将逐步减小，直至等于最小行距。此时用户需要指定第一刀行距及最小行距
	末行走刀次数	为提高加工质量，最后一个切削行有时需要重复走刀多次，此时需要指定重复走刀次数
	每行切入方式	指刀具在螺纹始端切入时的切入方式。刀具在螺纹末端的推出方式与切入方式相同

[解决方案]

1. 制订加工工艺

1)装夹与定位

该零件是一个实心轴，采用工件的左端面和 $\phi55$ mm 外圆作为定位基准。在切削时，采用三爪自定心卡盘夹紧工件左端，一次装夹完成粗精加工。

2)工步顺序

(1)粗车零件外轮廓。

(2)精车零件外轮廓。

(3)车 3 mm×ϕ26 mm 的退刀槽。

(4)切削 M30×1.5 mm 的螺纹。

3)选择刀具

根据零件加工要求和工艺分析,选用 3 把刀具:T01 为 90°外圆车刀;T02 为切槽车刀;T03 为 60°硬质合金螺纹刀。

4)确定切削用量

切削用量的具体数值应根据机床性能、加工工艺、相关手册并结合实际经验确定。

(1)机床转速:粗车轮廓为 400 r/min,精车轮廓为 600 r/min,切槽和切削螺纹为 320 r/min。

(2)进给速度:粗车轮廓和切削螺纹为 0.2 mm/r,精车轮廓和切槽为 0.08 mm/r。

5)选择机床和数控系统

(1)机床型号:威海天诺数控机械有限公司生产的 CK6132－Ⅱ型数控车床。

(2)数控系统:采用华中世纪星 HNC－21T 数控系统。

2. 编制加工程序

1)轮廓建模

用 CAXA 数控车绘制切削加工零件轮廓图形,将工件坐标系原点选在零件的右端面中心,如图 1.101 所示。

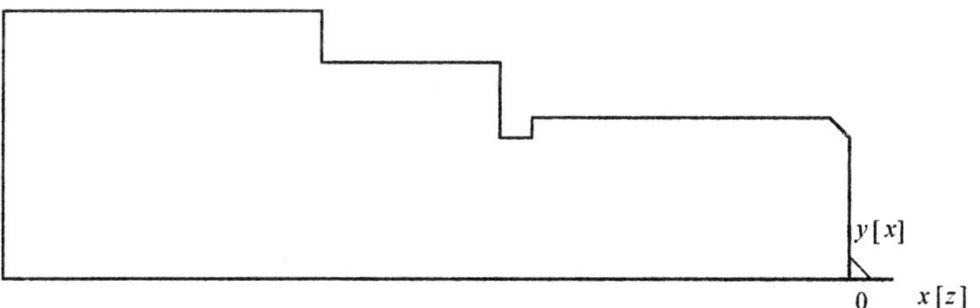

图 1.101　螺纹轴轮廓图

2)粗、精车轮廓

本工序中的粗车和精车轮廓的加工操作步骤与前例相同,故省略。

3)车退刀槽

点击“加工”菜单中的“切槽”功能项,出现“切槽加工参数”对话框,具体加工参数设置如表 1.45～表 1.47 所示。

选择完各参数后,单击 确定 按钮,按提示拾取加工表面轮廓,输入进退刀点,生成刀具轨迹,如图 1.102 所示。

4)车螺纹

点击“加工”菜单中的“车螺纹”功能项,在图上拾取螺纹起点和终点,系统弹出“螺纹参数表”对话框,设定螺纹参数如表 1.48～表 1.52 所示。

选择完各参数后,单击 确定 按钮,输入进退刀点,生成刀具轨迹,如图 1.103 所示。

表 1.45 切槽加工参数表

内容	参数	对话框
加工表面类型	外轮廓	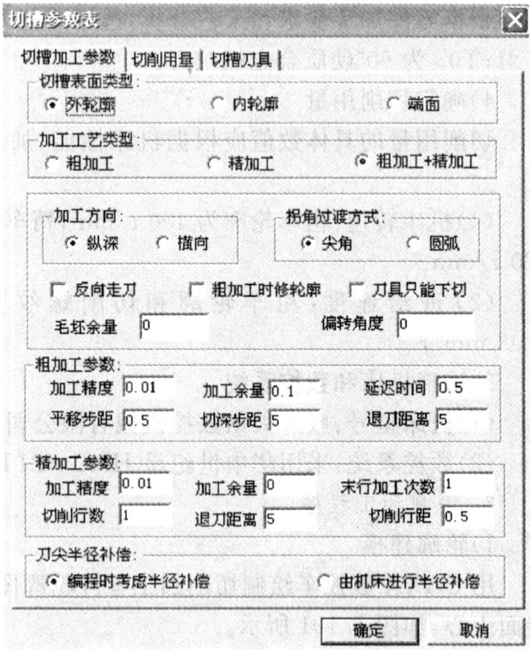
加工工艺类型	粗加工＋精加工	
拐角过渡方式	尖角	
粗加工参数		
加工精度	0.01	
加工余量	0.1	
延迟时间	0.5	
切深步距	5	
平移步距	0.5	
退刀距离	5	
精加工参数		
加工精度	0.01	
加工余量	0	
末行加工次数	1	
切削行数	1	
退刀距离	5	
切削行距	0.5	
刀尖半径补偿	编程时考虑半径补偿	

表 1.46 切槽切削用量参数表

内容	参数	对话框
进退刀时快速走刀	否	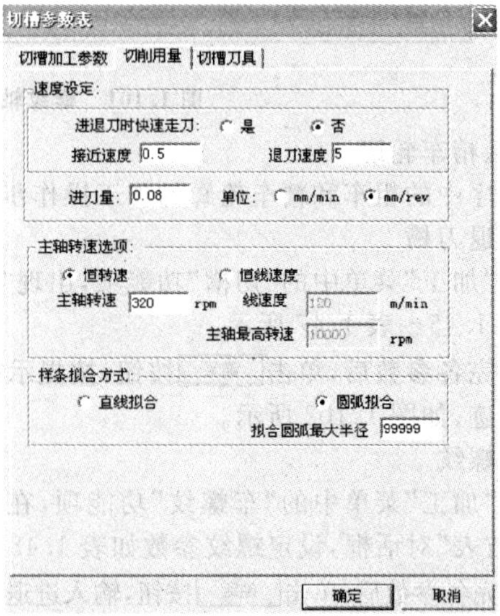
接近速度	0.5	
退刀速度	5	
进刀量	0.08	
单位	mm/rev	
主轴转速选项	恒转速	
主轴转速(rpm)	320	
样条拟合方式	圆弧拟合	

表 1.47　切槽刀具参数表

内容	参数	对话框
刀具名	切槽刀	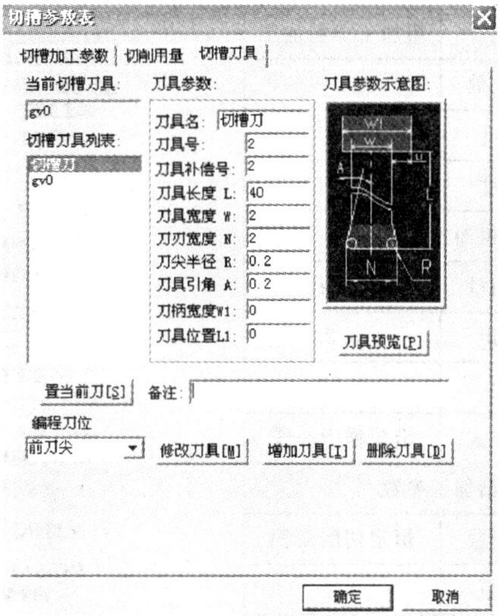
刀具号	2	
刀具补偿号	2	
刀柄长度	40	
刀柄宽度	2	
刀刃宽度	2	
刀尖半径	0.2	
刀具引角	0.2	
编程刀位	前刀尖	

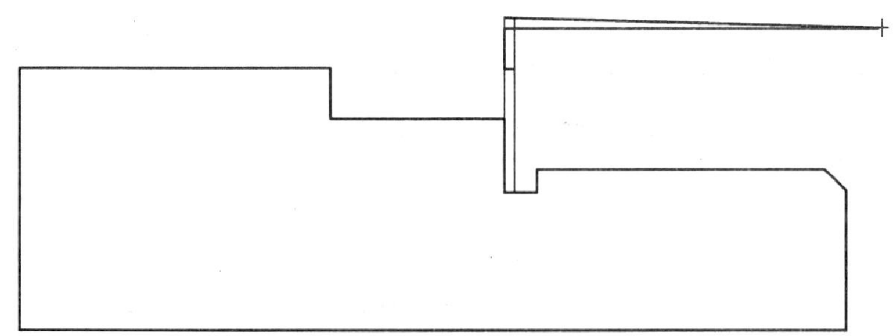

图 1.102　切槽加工刀具轨迹

表 1.48　螺纹加工(螺纹参数)设定

内容	参数	对话框
螺纹类型	外轮廓	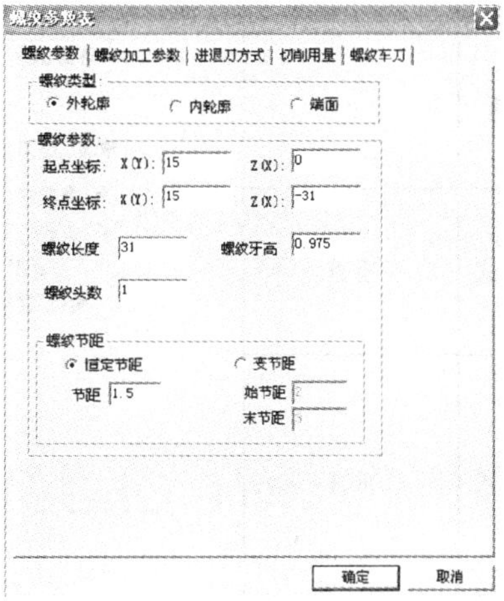
起点坐标	(15,0)	
终点坐标	(15,−31)	
螺纹长度	31	
螺纹牙高	0.975	
螺纹头数	1	
螺纹节距	恒定节距	
节距	1.5	

表 1.49 螺纹加工(螺纹加工参数)设定

内容	参数	对话框
加工工艺	粗加工＋精加工	
末行走刀次数	1	
粗加工深度	0.7	
精加工深度	0.275	
粗加工参数		
每行切削用量	恒定切削面积	
第一刀行距	0.2	
最小行距	0.02	
每行切入方式	沿牙槽中心线	
精加工参数		
每行切削用量	恒定切削面积	
第一刀行距	0.1	
最小行距	0.02	
每行切入方式	沿牙槽中心线	

表 1.50 螺纹加工(进退刀方式)参数设定

内容	参数	对话框
粗加工进刀方式	垂直	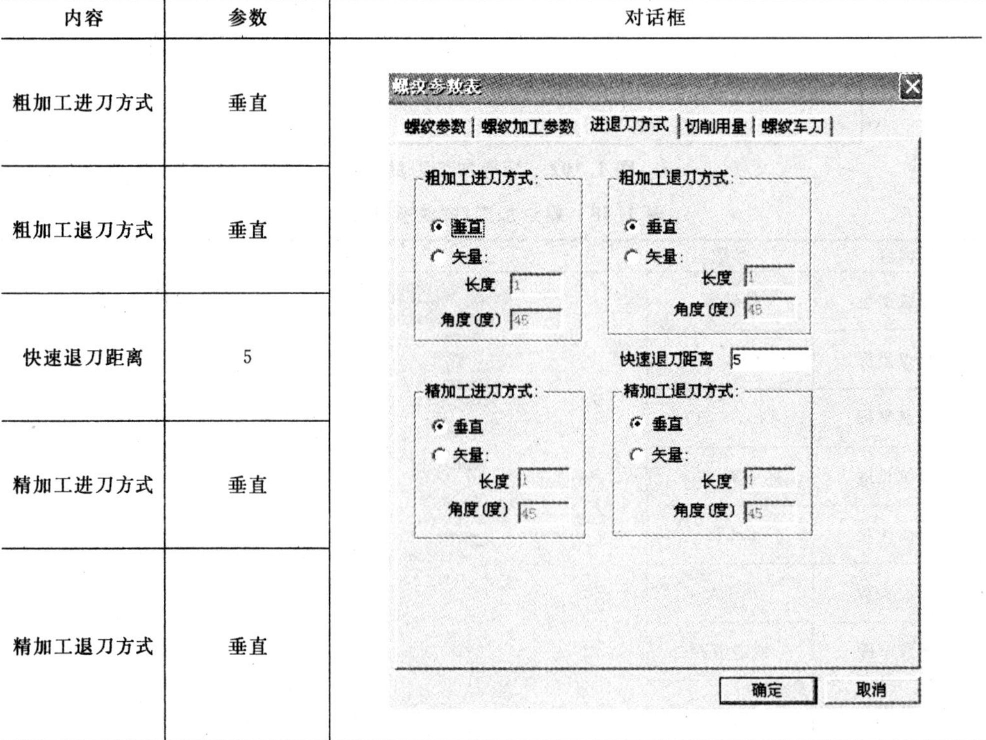
粗加工退刀方式	垂直	
快速退刀距离	5	
精加工进刀方式	垂直	
精加工退刀方式	垂直	

表 1.51　螺纹加工(切削用量)参数设定

内容	参数	对话框
进退刀时快速走刀	否	
接近速度	0.5	
退刀速度	5	
进刀量	0.08	
单位	mm/rev	
主轴转速选项	恒转速	
主轴转速(rpm)	320	

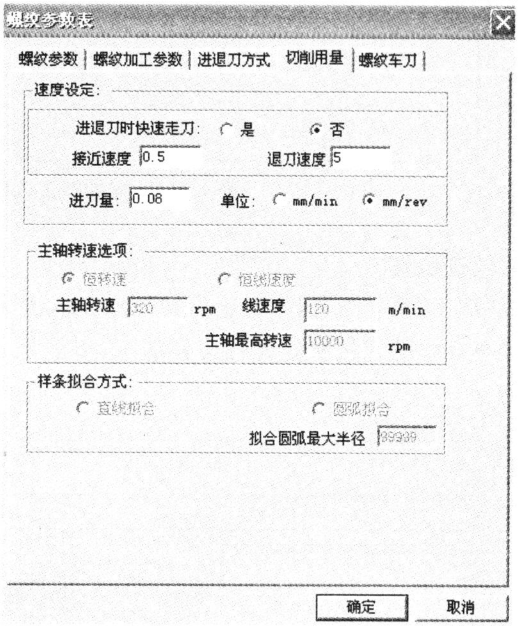

表 1.52　螺纹加工(螺纹车刀)设定

内容	参数	对话框
刀具名	螺纹车刀	
刀具号	3	
刀具补偿号	3	
刀柄长度	60	
刀柄宽度	20	
刀刃长度	15	
刀尖宽度	0.5	
刀具角度	60	

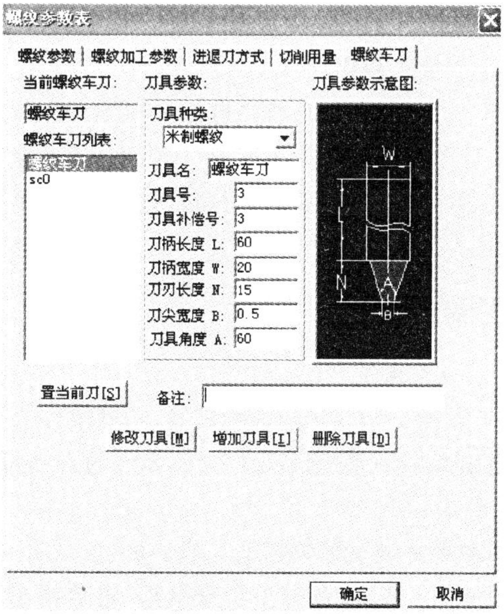

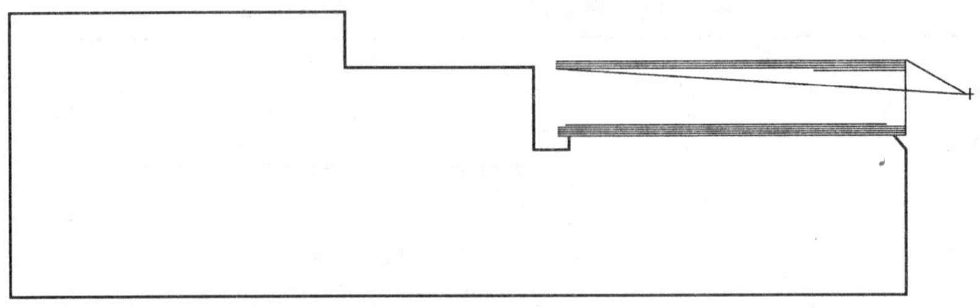

图 1.103 螺纹加工刀具轨迹

5)轨迹仿真

在“加工”菜单下选择“轨迹仿真”功能项，依次选取零件外轮廓粗加工、精加工、切槽和车螺纹的刀具轨迹进行仿真加工，以验证刀具路径是否正确，如图 1.104 所示。

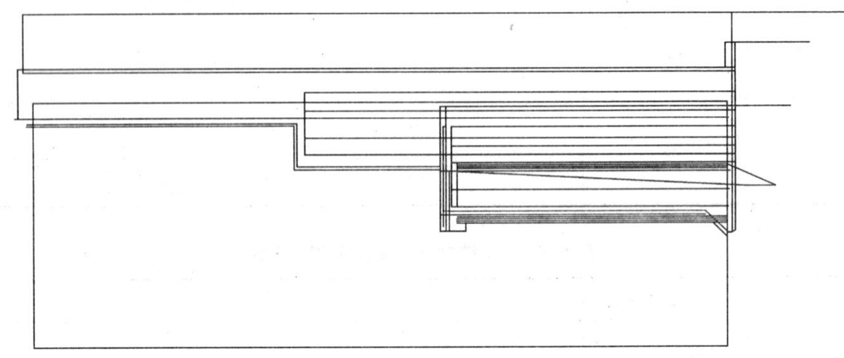

图 1.104 零件的仿真加工轨迹

6)生成加工程序

在生成加工程序前，要先进行华中 HNC—21T 数控系统的机床设置和后置处理设置，然后单击“加工”菜单下的“代码生成”功能项，弹出“选择后置文件”对话框，确定文件位置，按轮廓粗加工、精加工、切槽和车螺纹过程依次拾取刀具轨迹，产生加工程序。

[任务扩展]

1. 学习应用

加工如图 1.105 所示的轴零件，零件毛坯为 $\phi40$ mm×90 mm 的棒料，材料为 45 号钢，使用 CAXA 数控车软件完成零件的自动编程，生成加工程序。

◆ 要求

(1)对零件进行简单加工工艺分析。

(2)使用 CAXA 数控车轮廓粗车、轮廓精车、切槽和车螺纹功能，生成零件的加工程序。

(3)使用 CAXA 数控车进行零件的轨迹仿真。

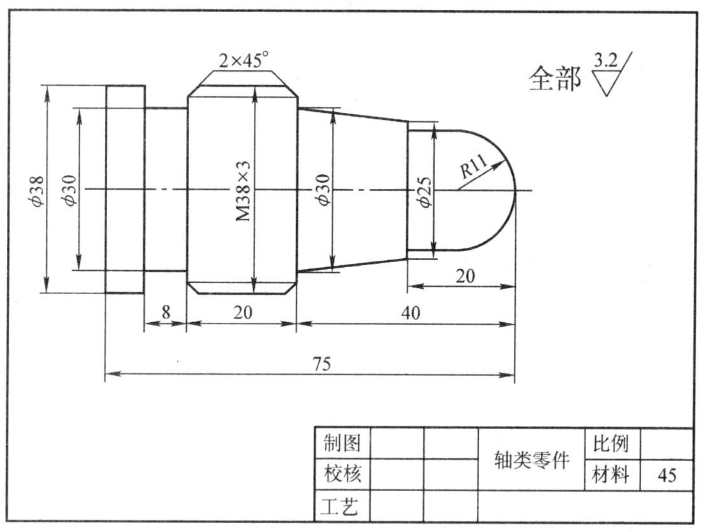

图 1.105　轴类零件

2. 创新设计

设计一个零件，能够用本学习任务的螺纹加工功能，进行零件加工程序的生成。

◆ 设计要求

(1)介绍零件的功用。

(2)画出标准图纸，表达清晰，画法规范。

(3)给出材料，说明选材意图。

(4)设计加工工艺，给出工艺卡。

(5)给出 CAXA 数控车自动编程步骤及加工程序。

三、宏　程　序

知识要点

- 宏程序的基础知识。
- 宏程序的编程方法。
- A 类、B 类宏程序的应用。

在编程工作中，通常把能完成某一功能的一系列指令像子程序一样存入存储器，然后用一个总指令代表它们，使用时只需给出这个总指令就能执行其功能。所存入的一系列指令称为用户宏功能主体，这个总指令称为用户宏功能指令即宏程序，如复合指令 G71、G72、G73 等。

用户宏程序包括 A、B 两类。

(一)A 类宏程序

1. 宏变量

在常规的主程序和子程序内，总是将一个具体的数值赋给一个地址。为了使程序更具通用性、更加灵活，在宏程序中设置变量，即将变量赋给一个地址。

1) 变量的表示

变量可以用“＃”号和跟随其后的变量序号来表示：＃ i (i=1,2,3…)。

例：＃5，＃109，＃501。

2) 变量的引用

将跟随在一个地址后的数值用一个变量来代替，即引入了变量。

例：对于 F＃103，若＃103=50 时，则为 F50；

对于 Z－＃110，若＃110=100 时，则为 Z－100；

对于 G＃130，若＃130=3 时，则为 G03。

3)变量的类型

华中数控系统的变量分为公共变量和系统变量两类。

(1)公共变量。公共变量又分为全局变量和局部变量。全局变量是在主程序和主程序调用的各用户宏程序内都有效的变量，即在一个宏指令中的＃ i与在另一个宏指令中的＃ i是相同的；局部变量仅在主程序和当前用户宏程序内有效，也就是说，在一个宏指令中的＃ i与在另一个宏指令中的＃ i是不一定相同的。

全局变量：＃50～＃199；

当前局部变量：＃0～＃49；

＃200～＃249:0 层局部变量；

＃250～＃299:1 层局部变量；

＃300～＃349:2 层局部变量；

＃350～＃399:3 层局部变量；

＃400～＃449:4 层局部变量；

＃450～＃499:5 层局部变量；

＃500～＃549:6 层局部变量；

＃550～＃599:7 层局部变量。

华中数控系统可以子程序嵌套调用，调用的深度最多可以有 9 层。每一层子程序都有自己独立的局部变量，变量个数为 50。如当前局部变量为＃0～＃49；第 0 层局部变量为＃200～＃249；第 1 层局部变量为＃250～＃299；第 2 层局部变量为＃300～＃349；依此类推。

(2)系统变量。系统变量定义为有固定用途的变量,它的值决定系统的状态。系统变量包括刀具偏置变量、接口的输入/输出信号变量、位置信号变量等。

系统变量的序号与系统的某种状态有严格的对应关系。例如

#600～#699:刀具长度寄存器 H0～H99;

#700～#799:刀具半径寄存器 D0～D99;

#800～#899:刀具寿命寄存器;

#1000～#1008:机床当前位置;

#1010～#1018:程编机床位置。

2. 常量

类似高级编程语言中的常量,在用户宏程序中也具有常量。在华中数控系统中的常量主要有 3 个:PI(圆周率)、TRUE(条件成立(真))、FALSE(条件不成立(假))。

3. 宏指令 G65

宏指令 G65 可以实现丰富的宏功能,包括算术运算、逻辑运算等处理功能。

一般形式:G65 Hm P#i Q#j R#k

式中,m ——宏程序功能,数值范围为 01～99;

#i ——运算结果存放处的变量名;

#j ——被操作的第一个变量,也可以是一个常数;

#k ——被操作的第二个变量,也可以是一个常数。

例如,当程序功能为加法运算时:

程序 P#100 Q#101 R#102,其含义为#100=#101+#102;

程序 P#100 Q-#101 R#102,其含义为#100=-#101+#102;

程序 P#100 Q#101 R15,其含义为#100=#101+15。

4. 宏功能指令

在宏程序中的各运算符、函数将实现丰富的宏功能。在华中数控系统中的运算符有以下几种。

1)算术运算指令

算术运算符如表 1.53 所示。

表 1.53 算术运算符

G码	H码	功能	定义
G65	H01	定义和替换	#i=#j
G65	H02	加	#i=#j+#k
G65	H03	减	#i=#j-#k
G65	H04	乘	#i=#j×#k
G65	H05	除	#i=#j/#k
G65	H21	平方根	#i=$\sqrt{\#j}$

续表

G 码	H 码	功能	定义
G65	H22	绝对值	$\#i=\|\#j\|$
G65	H23	求余	$\#i=\#j-\text{trunc}(\#j/\#k)\cdot\#k$
			trunc;丢弃小于 1 的分数部分
G65	H24	BCD 码→二进制码	#i=BIN(#j)
G65	H25	二进制码→BCD 码	#i=BCD(#j)
G65	H26	复合乘/除	#i=(#i×#j)/#k
G65	H27	复合平方根 1	$\#i=\sqrt{\#j^2+\#k^2}$
G65	H28	复合平方根 2	$\#i=\sqrt{\#j^2-\#k^2}$

(1)变量的定义和替换:#i=#j

编程格式:G65 H01 P# i Q# j

例:G65 H01 P#101 Q1005;(#101=1005)

G65 H01 P#101 Q-#112;(#101=-#112)

(2)加法:#i=#j+#k

编程格式:G65 H02 P# i Q# j R# k

例:G65 H02 P#101 Q#102 R#103;(#101=#102+#103)

(3)减法:#i=#j-#k

编程格式:G65 H03 P# i Q# j R# k

例:G65 H03 P#101 Q#102 R#103;(#101=#102-#103)

(4)乘法:# i=#j×#k

编程格式:G65 H04 P# i Q# j R# k

例:G65 H04 P#101 Q#102 R#103;(#101=#102×#103)

(5)除法:# i=#j/#k

编程格式:G65 H05 P# i Q# j R# k

例:G65 H05 P#101 Q#102 R#103;(#101=#102/#103)

(6)平方根:$\#i=\sqrt{\#j}$

编程格式:G65 H21 P# i Q# j

例:G65 H21 P#101 Q#102;($\#101=\sqrt{\#102}$)

(7)绝对值:#i=|#j|

编程格式:G65 H22 P# i Q# j

例:G65 H22 P#101 Q#102;(#101=|#102|)

(8)复合平方根 1:$\#i=\sqrt{\#j^2+\#k^2}$

编程格式:G65 H27 P# i Q# j R# k

例:G65 H27 P#101 Q#102 R#103;($\#101=\sqrt{\#102^2+\#103^2}$)

(9)复合平方根 2:$\#i=\sqrt{\#j^2-\#k^2}$

编程格式:G65 H28 P# i Q# j R# k

例:G65 H28 P#101 Q#102 R#103;($\#101=\sqrt{\#102^2-\#103^2}$)

2)逻辑运算指令

逻辑运算符如表 1.54 所示。

表 1.54　逻辑运算符

G 码	H 码	功能	定义
G65	H11	逻辑“或”	#i=#j·OR·#k
G65	H12	逻辑“与”	#i=#j·AND·#k
G65	H13	异或	#i=#j·XOR·#k

(1)逻辑或:#i=#j OR #k

编程格式:G65 H11 P# i Q# j R# k

例:G65 H11 P#101 Q#102 R#103;(#101=#102 OR #103)

(2)逻辑与:# i=# j AND # k

编程格式:G65 H12 P# i Q# j R# k

例:G65 H12 P#101 Q#102 R#103;(#101=#102 AND #103)

3)三角函数指令

表 1.55　三角函数运算符

G 码	H 码	功能	定义
G65	H31	正弦	#i=#j·SIN(#k)
G65	H32	余弦	#i=#j·COS(#k)
G65	H33	正切	#i=#j·TAN(#k)
G65	H34	反正切	#i=ATAN(#j/#k)

(1)正弦函数:#i=#j×SIN(#k)

编程格式:G65 H31 P# i Q# j R# k (单位:度)

例:G65 H31 P#101 Q#102 R#103;(#101=#102×SIN (#103))

(2)余弦函数:#i=#j×COS(#k)

编程格式:G65 H32 P# i Q#j R# k (单位:度)

例:G65 H32 P#101 Q#102 R#103;(#101=#102×COS(#103))

(3)正切函数:#i=#j×TAN#k

编程格式:G65 H33 P# i Q# j R#k (单位:度)

例:G65 H33 P#101 Q#102 R#103;(#101=#102×TAN(#103))

(4)反正切函数:# i=ATAN(#j/#k)

编程格式:G65 H34 P# i Q# j R# k (单位:度)

例:G65 H34 P#101 Q#102 R#103;(#101=ATAN(#102/#103))

4)控制类指令

控制类运算符如表1.56所示。

表1.56 控制类运算符

G码	H码	功　能	定　义
G65	H80	无条件转移	GOTOn
G65	H81	条件转移1	IF #j=#k,GOTOn
G65	H82	条件转移2	IF #j≠#k,GOTOn
G65	H83	条件转移3	IF #j＞#k,GOTOn
G65	H84	条件转移4	IF #j＜#k,GOTOn
G65	H85	条件转移5	IF #j≥#k,GOTOn
G65	H86	条件转移6	IF #j≤#k,GOTOn
G65	H99	产生PS报警	PS报警号500+n出现

(1)无条件转移

编程格式:G65 H80 Pn (n为程序段号)

例:G65 H80 P120;(转移到N120)

(2)条件转移1:#j EQ#k(=)

编程格式:G65 H81 Pn Q# j R# k (n为程序段号)

例:G65 H81 P1000 Q#101 R#102

当#101=#102,转移到N1000程序段;若#101≠#102,执行下一程序段。

(3)条件转移2:# j NE # k(≠)

编程格式:G65 H82 Pn Q# j R# k (n为程序段号)

例:G65 H82 P1000 Q#101 R#102

当#101≠ #102,转移到N1000程序段;若#101= #102,执行下一程序段。

(4)条件转移3:# j GT # k (＞)

编程格式:G65 H83 Pn Q# j R# k (n为程序段号)

例:G65 H83 P1000 Q#101 R#102

当#101 ＞#102,转移到N1000程序段;若#101 ≤#102,执行下一程序段。

(5)条件转移4:# j LT # k(＜)

编程格式:G65 H84 Pn Q# j R# k (n为程序段号)

例:G65 H84 P1000 Q#101 R#102

当#101＜#102,转移到N1000;若#101≥#102,执行下一程序段。

(6)条件转移5:# j GE # k (≥)

编程格式:G65 H85 Pn Q# j R# k (n为程序段号)

例:G65 H85 P1000 Q#101 R#102

当#101≥ #102,转移到N1000;若#101＜#102,执行下一程序段。

(7)条件转移6: # j LE # k(≤)

编程格式:G65 H86 Pn Q# j Q# k (n为程序段号)

例:G65 H86 P1000 Q#101 R#102

当#101≤#102,转移到N1000;若#101＞#102,执行下一程序段。

(二)B类宏程序

1. 调用指令

1)单纯调用

通常宏主体是由下列形式进行一次性调用,也称为单纯调用。格式为G65 P(程序号,引数赋值),G65是宏调用代码,P之后为宏程序主体的程序号码。引数赋值是由地址符及数值构成,由它给宏主体中所使用的变量赋予实际数值。引数赋值有以下2种形式。

(1)引数赋值Ⅰ:除去G、L、N、O、P地址符以外都可以作为引数赋值的地址符,大部分无顺序要求,但对I、J、K则必须按字母顺序排列,对没有使用的地址可省略。

引数赋值Ⅰ所指定的地址和用户宏主体所使用变量号码的对应关系见表1.57。

表1.57　引数赋值Ⅰ的地址和变量号码的对应关系

引数赋值Ⅰ	宏主体中的变量	引数赋值Ⅰ	宏主体中的变量
A	#1	Q	#17
B	#2	R	#18
C	#3	S	#19
D	#7	T	#20
E	#8	U	#21
F	#9	V	#22
H	#11	W	#23
I	#4	X	#24
J	#5	Y	#25
K	#6	Z	#26
M	#13		

(2)引数赋值Ⅱ:除去表1.57所示的引数之外,I、J、K作为一组引数,最多可指定10组。引数赋值Ⅱ的地址和宏主体中使用的变量号码的对应关系见表1.58。

表 1.58 引数赋值Ⅱ的地址和变量号码的对应关系

引数赋值Ⅱ	宏主体中的变量	引数赋值Ⅱ	宏主体中的变量
A	#1	…	…
B	#2	…	…
C	#3	…	…
I1	#4	…	…
J1	#5	…	…
K1	#6	…	…
I2	#7	I10	#31
J2	#8	J10	#32
K2	#9	K10	#33

2)模态调用

其调用形式为 G66 P(程序号)L(循环次数,引数赋值)。在这一调用状态下,当程序段中有移动指令时,则先执行这一移动指令后再调用用户宏,所以又称为移动调用指令。取消用户宏用 G67。

2. 控制指令

(1)IF[＜条件式＞] GOTOn(n=顺序号):＜条件式＞成立时,从顺序号为 n 的程序段以下执行;＜条件式＞不成立时,执行下一个程序段。＜条件式＞种类如表 1.59 所示。

表 1.59 控制类运算符

变量	符号	变量	意义
#j	EQ	#k	等于
#j	NE	#k	不等
#j	GT	#k	大于
#j	LT	#k	小于
#j	GE	#k	大于等于
#j	LE	#k	小于等于

(2)WHILE[＜条件式＞] DOm(m=顺序号);

…

ENDm

<条件式>成立时，从 DOm 的程序段到 ENDm 的程序段重复执行；<条件式>不成立时，则从 ENDm 下一个程序段执行。

(3)无条件转移(GOTOn)。

3. 运算指令

在变量之间和变量与常量之间可以进行各种算术运算，常用的算术运算符如表 1.60 所示。

表 1.60　算术运算符

运算符	定义	举例	运算符	定义	举例
=	定义	#i=#j	TAN	正切	#i=TAN[#j]
+	加法	#i=#j+#k	ATAN	反正切	#i=ATAN[#j]
−	减法	#i=#j−#k	SQRT	平方根	#i=SQRT[#j]
*	乘法	#i=#j*#k	ABS	绝对值	#i=ABS[#j]
/	除法	#i=#j/#k	ROUND	舍入	#i=ROUND|#j|
SIN	正弦	#i=SIN[#j]	FLX	上取整	#i=FLX|#j|
ASIN	反正弦	#i=ASIN[#j]	FUP	下取整	#i=FUP|#j|
COS	余弦	#i=COS[#j]	LN	自然对数	#i=LN|#j|
ACOS	反余弦	#i=ACOS[#j]	EXP	指数函数	#i=EXP[#j]
OR	或	#i=#jOR#k	BIN	十至二进制转换	#i=BIN[#j]
XOR	异或	#i=#jXOR#k	BCD	二至十进制转换	#i=BCD[#j]
AND	与	#i=#jAND#k			

4. 使用注意

为保证宏程序的正常运行，在使用用户宏程序的过程中，应注意以下 4 点。

(1)由 G65 规定的 H 码不影响偏移量的任何选择。

(2)如果用于各算术运算的 Q 或 R 未被指定，则作为 0 处理。

(3)在分支转移目标地址中，如果序号为正值，则检索过程是先向大程序号查找；如果序号为负值，则检索过程是先向小程序号查找。

(4)转移目标序号可以是变量。

任务十三　椭圆手柄的加工

知识要点

- 循环指令的宏程序。
- 掌握运用宏程序加工椭圆手柄的方法。

[任务描述]

◆ 技术要求：零件毛坯为 $\phi 25$ mm×120 mm 的棒料，材料为 45 号钢，T01 为 90°外圆粗车刀，T02 为 90°外圆精车刀，T03 为刀宽 4 mm 的切断刀。

◆ 分析：如图 1.106 所示，由于手柄右半部分是 1/2 的椭圆，左半部分是由 $R120$ 和 $R16$ 的 2 个圆弧连接，圆弧部分可用圆弧插补指令编程，椭圆部分是采用宏程序编程方式进行编程加工。

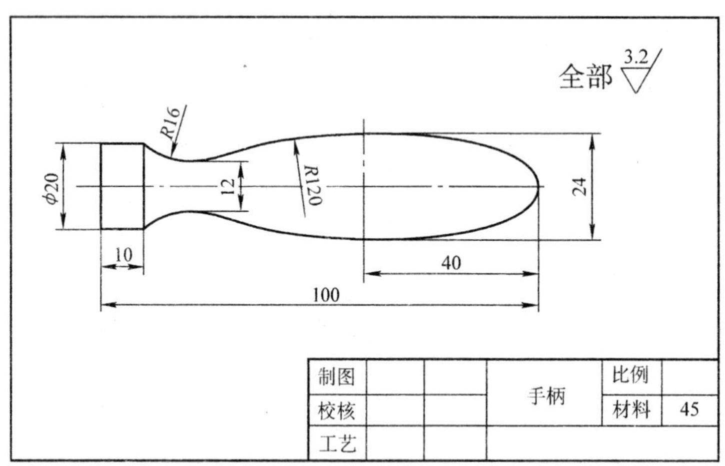

图 1.106　手柄

[理论阐述]

在编程时，不必记住用户宏功能主体所含的具体指令，只要记住用户宏功能指令即可。用户宏功能的最大特点是在用户宏功能主体中能够使用变量；变量之间还能够进行运算；用户宏功能指令可以把实际值设定为变量，使用户宏功能更具通用性。可见，用户宏功能是提高数控机床性能的一种特殊功能。宏功能主体既可由机床生产厂提供，也可由机床用户厂自己编制。

华中数控系统中的用户宏程序功能可以使用变量进行算术运算、逻辑运算和函数的混合运算，此外还可以使用循环语句、分支语句和子程序调用语句等功能，以利于编制各种复杂的零件加工程序，减少或免除手工编程时进行繁琐的数值计算，让程序变得更简单。

切削循环指令的宏程序实现如下。

1. 单循环指令 G80(G81、G82)宏程序

```
%0080
                                ;内(外)径切削循环 G80 宏程序实现源代码
                                ;调用本程序前,必须转动主轴 M03 或 M04
 #40=#1152
 IF [AR[#25] EQ 0] OR [AR[#23] EQ 0]
                                ;如果没有定义 Z 值和 X 值
 M99;                           ;则返回
 ENDIF
N10 G90                         ; 用绝对方式编写宏程序
 IF AR[#23] EQ 91               ; 如果 X 值是增量方式 G91
   #23=#23+#30                  ; 则将 X 值转换为绝对方式
                                ; #30 为调用本程序时 X 的绝对坐标
 ENDIF
 IF AR[#25] EQ 91               ;如果 Z 值是增量方式 G91
   #25=#25+#32                  ; 则将 Z 值转换为绝对方式
                                ;#32 为调用本程序时 Z 的绝对坐标
 ENDIF
 IF AR[#8] EQ 0                 ; 如果 I 值没有定义
   #8=0;                        ; I=0
 ENDIF
 IF #1009 EQ 0
   #41 = 2                      ;半径编程
 ELSE
   #41 = 1                      ;直径编程
 ENDIF
   g01 X[#30*2/#41] Z[#32]
   #42=[#23+#8]*2/[#41]
   N20 g00 X[#42]Z[#32]         ;移到加工点
   #42=[#23]*2/[#41]
   N30 G01 Z[#25]X[#42]
   #42=[#30]*2/[#41]
   N40 G01 X[#42]               ;加工
   N50 G00 Z[#32]               ;返回初始点
```

```
  G[#40] M99
```

?**思考题**:*根据G80宏程序的编写,请自行编写出G81、G82的宏程序。*

2. 复合循环指令G71(G72、G73)宏程序

```
%0071
                                     ;内(外)径粗切削复合循环G71宏程序实现源代码
                                     ;调用本程序前,必须转动主轴 M03 或 M04
IF [AR[#20] EQ 0] OR [AR[#17] EQ 0]
                                     ;若没有定义切削深度U和退刀量R
  M99                                ;则返回
ENDIF
IF [AR[#23] EQ 0] OR [AR[#25] EQ 0]
                                     ;如果没有定义X值和Z值
  M99                                ;则返回
ENDIF
IF [#20 LE 0] OR [#17 LE 0]          ;如果U、R小于零
  M99                                ;则返回
ENDIF
#49 = #1152                          ;保存G值
IF #1009 EQ 0 ;
  #41 = 2                            ;半径编程
ELSE
  #41 = 1                            ;直径编程
ENDIF
  G90g01 X[#30*2/#41] Z[#32]
  #0=0
  #1=#2000                           ;点数
IF #1 LE 1                           ;点数小于等于1,直接返回
  M99;
ENDIF
#2=[#20+#17]*2/[#41]                 ;每次的进刀量      U+R
IF [#30*2/#41] GT #2101              ;进刀方向判断      X>
  #2=-#2
ENDIF
#3=[#17]*2/[#41]                     ;X方向每次的退刀量R
IF[#23 LT 0]                         ;退刀方向判断: 退刀方向为负
```

```
  ＃3＝－＃17
ENDIF
＃4＝＃17                                    ;Z方向每次的退刀量
IF [＃25] LT0                                ;退刀方向判断：Z<0时
  ＃4＝－＃17                                ;退刀方向为负
ENDIF
＃5=[＃30＋＃23]*2/[＃41]                     ;当前X的绝对坐标
＃12＝＃32＋＃25                              ;当前Z的绝对坐标
N20 G00 G90 X[＃5]Z[＃12];                    ;移到C点
＃5 ＝ ＃5 ＋ ＃2                              ;下一步要移到的X位置
＃40 ＝ 1;
IF [＃[2100＋＃1] GE ＃[2101]] ;
  ＃40 ＝ －1                                 ;X递减
ELSE
  ＃40 ＝ 1                                   ;X递增
ENDIF
IF [＃5 GT [＃[2100＋＃1]＋[＃23]*2/＃41]] AND [＃40 EQ [－1]]
                                             ; 第一点X和当前X相差较远
  ＃5 ＝ ＃[2100＋＃1]＋[＃23]*2/＃41
ELSE
  IF [＃5 LT [＃[2100＋＃1]＋[＃23]*2/＃41]] AND [＃40 EQ 1]
    ＃5 ＝ ＃[2100＋＃1]＋[＃23]*2/＃41
  ENDIF
ENDIF
WHILE [[＃1] GT 1]
  ＃6＝＃[2100＋＃1]＋[＃23]*2/＃41            ;前一点X的绝对坐标
  ＃7＝＃[2200＋＃1]＋＃25                     ;前一点Z的绝对坐标
  ＃8＝＃[2100＋＃1－1]＋[＃23]*2/＃41         ;下一点X的绝对坐标
  ＃9＝＃[2200＋＃1－1]＋＃25                  ;下一点Z的绝对坐标
  WHILE [[[＃5 GE ＃8] AND [＃5 LE ＃6]] OR [[＃5 LE ＃8] AND [＃
5 GE ＃6]] ]
                                             ;X在两点之间，有交点
    ＃10＝＃[2000＋＃1]
    IF ＃10 LT 2 ;                            ;直线
      IF ＃6 EQ ＃8
        ＃11＝＃7
```

```
        ELSE
          #11 = #7+[#9-#7]*[#5-#6]/[#8-#6]     ;交点 Z
      ENDIF
    ELSE                                        ;圆弧
      #43=#8*#41/2+[#[2400+#1]]
      #44=#9+#[2500+#1]
      #45=[#[2300+#1]]                          ;R 值
      #47=[#5*#41/2]-#43
      #46=[#45*#45]-[#47*#47]
      IF [#46 LT 0]
        #46 = 0
      ENDIF
          x0=x2+i;
          ;      z0=z2+k;
          ;      *result=z0-sqrt(r*r-(y-x0)*(y-x0));
        IF #10 EQ 2                             ;顺时针
          #11 = #44+[#40*SQRT[#46]]             ;交点 Z
        ELSE
;          *result=z0+sqrt(r*r-(y-x0)*(y-x0));
            #11 = #44-[#40*SQRT[#46]]
        ENDIF
      ENDIF
      G00 X[#5]                         ;移到加工点
      G01 Z[#11]                        ;加工到交点
      #5=#5+#3                          ;下一步要移到的 X 位置
      #11=#11+#4                        ;下一步要移到的 Z 位置
      G00 X[#5] Z[#11]                  ;退刀
      G00 Z[#12]                        ;返回
      #5=#5+#2                          ;下移 X 值
    ENDW
    #1 = #1 -1;
  ENDW
                                        ;采用绝对方式沿轨迹(留有
                                         精加工余量)加工最后一次
  #0=1
  WHILE #0 LE #2000
```

```
    #10=#[2000+#0]
    #11=#[2100+#0]+[#23]*2/[#41]      ;加X方向的精加工余量必须考虑
                                      ;直径编程问题
    #12=#[2200+#0]+[#25]              ;加Z方向的精加工余量
    #13=#[2300+#0]
    IF #10 LT 2                       ;直线 G[#10] X[#11]
                                      Z[#12]
    ELSE                              ;圆弧 G[#10] X[#11]
                                      Z[#12] R[#13]
    ENDIF
    #0=[#0]+1
  ENDW
  #5 = [#30]*2/[#41]                  ; 初始点X值必须考虑直径
                                      编程问题
  G00 X[#5] Z[#32]                    ; 回到初始点
  G[#49]                              ; G90 和 G91 模态恢复
  M99
```

思考题：*根据 G71 宏程序的编写，请自行编写出 G72、G73 的宏程序。*

[解决方案]

1. 制订加工工艺

1)装夹与定位

该零件为轴类零件，采用轴的左端面和 ϕ25 mm 外圆作为定位基准，采用三爪自定心卡盘夹紧工件左端，一次装夹完成粗精加工。

2)工步顺序

(1)装夹工件，手动切削端面。

(2)自右向左粗车外轮廓。

(3)自右向左精车外轮廓。

(4)切断。

3)选择刀具

根据零件加工要求和工艺分析，选用 3 把刀具：T01 为 90°外圆粗车刀；T02 为 90°外圆精车刀；T03 为切断刀，刀宽为 4 mm。

4)确定切削用量

切削用量的具体数值应根据机床性能、加工工艺、相关手册并结合实际经验确定。

(1)机床转速:粗车外轮廓为 800 r/min,精车外轮廓为 1 000 r/min;切断为 400 r/min。

(2)进给速度:粗车外轮廓为 100 mm/min,精车外轮廓为 60 mm/min;切断为 30 mm/min。

5)选择机床和数控系统

(1)机床型号:威海天诺数控机械有限公司生产的 CK6132－Ⅱ型数控车床。

(2)数控系统:采用华中世纪星 HNC－21T 数控系统。

2. 编程分析

该零件结构要素有圆柱面、圆弧面、椭圆面,对于轮廓切削可采用复合粗车循环切削指令 G73 加工,其中椭圆面的加工使用宏程序编制,零件有一定粗糙度要求,分为粗加工和精加工进行。

采用直径编程方式,直径尺寸编程与零件图纸中的尺寸标注一致,编程较为方便。

3. 数值计算

轮廓上节点坐标的计算一般采用手工计算和计算机辅助计算。如图 1.107 所示零件中对于 $R120$ 和 $R16$ 圆弧的交点处坐标,如果允许,也可利用 AutoCAD、CAXA 等绘图软件按 1∶1 比例绘制零件图形后获得该点的准确坐标为(13.4,－72.8)。

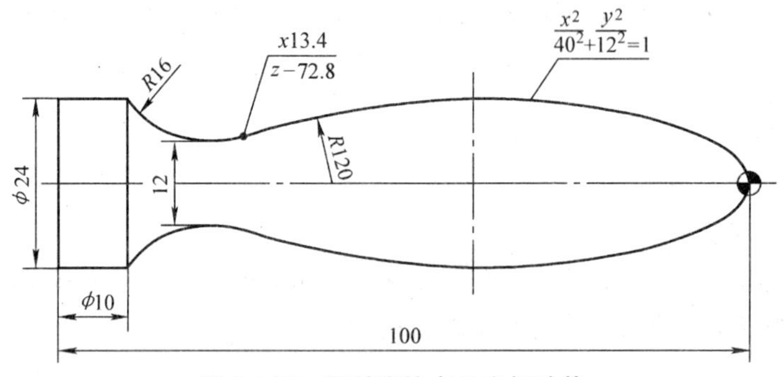

图 1.107 圆弧连接点处坐标计算

4. 数控加工程序

该零件的数控加工程序如下。

```
%1234                                          ;程序号
N10 T0101                                      ;外圆粗车刀
N20 M03 S800                                   ;主轴正转
N30 G00 X35 Z5                                 ;快速靠近工件
N40 G73 U12 W10 R6 P100 Q240 X0.4 Z0.2 F100    ;粗车循环
N50 G00 X100 Z100                              ;快速返回换刀点
N60 M05 M00                                    ;主轴停,暂停
```

```
N70 M03 S1000                              ;主轴正转,调整转速
N80 T0202                                  ;换外圆精车刀
N90 G00 X35 Z5                             ;快速靠近工件
N100 G01 X0 Z0 F60                         ;轮廓精车起始行
N110 #23=12                                ;椭圆短轴半径
N120 #24=40                                ;椭圆长轴半径
N130 #25=90                                ;椭圆终止角度
N140 #26=0                                 ;椭圆起始角度
N150 #27=2                                 ;角度增量
N160 WHILE [#26LE#25]                      ;循环语句
N170 #28=#23*SIN[#26*PI/180]               ;椭圆坐标系下,椭圆
                                            X轴坐标值
N180 #29=#24*COS[#26*PI/180]               ;椭圆坐标系下,椭圆
                                            Z轴坐标值
N190 G01 X[2*#28] Z[#29-#24]               ;直线插补,工件坐标
                                            系下椭圆坐标值
N200 #26=#26+#27                           ;角度增加一个增量
N210 ENDW                                  ;结束循环
N220 G03 X13.4 Z-72.8 R120                 ;切削R120圆弧
N230 G02 X20 Z-90 R16                      ;切削R16圆弧
N240 G01 Z-100                             ;切削φ20外圆
N250 G00 X100 Z100                         ;快速返回换刀点
N260 T0303 S400                            ;换切断刀
N270 G00 X28 Z-104                         ;快速至切断起点
N280 G01 X0 F30                            ;切断
N290 G00 X100 Z100                         ;快速返回至换刀点
N300 M05                                   ;主轴停止
N310 M30                                   ;程序结束
```

[任务扩展]

1. 学习应用

加工如图1.108所示的椭圆零件,零件毛坯为$\phi 72$ mm×120 mm的棒料,端面已平,材料为45号钢,完成零件的数控加工,切削加工至图纸尺寸。

◆ 要求:

(1)对零件进行加工工艺分析。

(2)要求使用宏程序进行椭圆部分的程序编制。

(3)进行数控加工仿真。

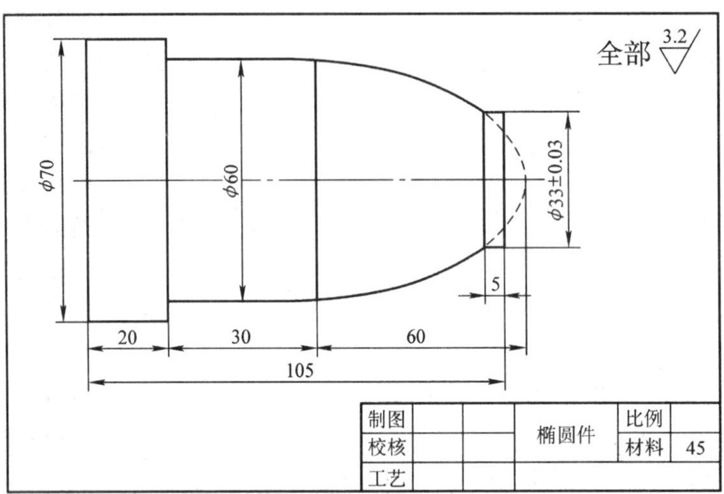

图 1.108 椭圆件

2. 创新设计

设计一个零件,能够用本学习任务的宏程序指令进行零件加工。

◆ 设计要求:

(1)介绍零件的功用。

(2)画出标准图纸,表达清晰,画法规范。

(3)给出材料,说明选材意图。

(4)设计加工工艺,给出工艺卡。

(5)给出加工程序。

(6)给出加工仿真结果图。

学习情境二　数控加工工艺

知识要点

- 了解数控加工工艺的内容与特点。
- 掌握数控加工工艺分析的方法与步骤。

数控加工工艺是将数控机床加工零件时所运用的各种方法和技术手段的总和，应用于整个数控加工的工艺过程。数控加工工艺是伴随着数控机床的产生、发展而逐步完善起来的一种应用技术，它是人们在大量数控加工的实践中的经验总结。

从数控机床加工程序的编制过程和内容可以看出，数控机床使用的工件加工程序中，应考虑机床的运动过程、工件的加工工艺过程、刀具的形状及切削用量、走刀路线等比较广泛的工艺问题。为了编制出一个合理的、实用的加工程序，要求编程人员不仅要了解数控机床的工作原理、性能特点及结构，掌握编程语言和标准程序格式，还应熟练掌握工件加工工艺，确定合理切削用量，正确选用刀具和夹紧方法，并熟悉检测方法。

(一)数控加工工艺的特点

数控机床的加工工艺与通用机床的加工工艺有许多相同之处，由于数控加工是采用计算机控制系统和数控机床，使得数控加工具有加工自动化程度高、精度高、质量稳定、生产效率高、周期短、设备使用费用高等特点，因此，在数控机床上加工零件比通用机床加工零件的工艺规程要复杂得多。在数控加工前，要将机床的运动过程、零件的工艺过程、刀具的形状、切削用量和走刀路线等都编入程序，这就要求程序设计人员具有多方面的知识基础。

1. 数控加工工艺内容的要求更加具体、详细

(1)普通加工工艺：许多具体工艺问题，如工步的划分与安排、刀具的几何形状与尺寸、走刀路线、加工余量、切削用量等，在很大程度上由操作人员根据实际经验和习惯自行考虑和决定，一般无需工艺人员在设计工艺规程时进行过多的规定，零件的尺寸精度也可由试切保证。

(2)数控加工工艺：所有工艺问题必须事先设计和安排好，并编入加工程序中。数控工艺不仅包括详细的切削加工步骤，还包括工夹具型号、规格、切削用量和其他特殊要求的内容，以及标有数控加工坐标位置的工序图等。在自动编程中更需要确定详细的各种工艺参数。

2. 数控加工工艺要求更严密、精确

(1)普通加工工艺:加工时可以根据加工过程中出现的问题比较自由地进行人为调整。

(2)数控加工工艺:自适应性较差,加工过程中可能遇到的所有问题必须事先精心考虑,否则导致严重的后果。如攻螺纹时,数控机床不知道孔中是否已挤满切屑,是否需要退刀清理一下切屑再继续加工;普通机床加工可以多次“试切”来满足零件的精度要求,数控加工过程严格按规定尺寸进给,要求准确无误。

3. 制定数控加工工艺要进行零件图形的数学处理和编程尺寸设定值的计算

编程尺寸并不是零件图上设计尺寸的简单再现,在对零件图进行数学处理和计算时,编程尺寸设定值要根据零件尺寸公差要求和零件形状的几何关系重新调整计算,才能确定合理的编程尺寸。

4. 考虑进给速度对零件形状精度的影响

制定数控加工工艺时,选择切削用量要考虑进给速度对加工零件形状精度的影响。在数控加工中,刀具的移动轨迹由插补运算完成。根据插补原理分析,在数控系统已定的条件下,进给速度越快,则插补精度越低,导致工件的轮廓形状精度越差。尤其在高精度加工时这种影响非常明显。

5. 强调刀具选择的重要性

复杂形面的加工编程通常采用自动编程方式,自动编程中必须先选定刀具,再生成刀具中心运动轨迹,因此对于不具有刀具补偿功能的数控机床来说,若刀具预先选择不当,所编程序将作废,需要重新编写。

6. 数控加工工艺的特殊要求

(1)由于数控机床比普通机床的刚度高,所配的刀具也较好,因此在同等情况下,数控机床切削用量比普通机床大,加工效率也较高。

(2)数控机床的功能复合化程度越来越高,因此现代数控加工工艺的明显特点是工序相对集中,表现为工序数目少,工序内容多,并且由于在数控机床上尽可能安排较复杂的工序,所以数控加工的工序内容比普通机床加工的工序内容复杂。

(3)由于数控机床加工的零件比较复杂,因此在确定装夹方式和夹具设计时,要特别注意刀具与夹具、工件的干涉问题。

7. 数控加工程序的编写、校验与修改是数控加工工艺的一项特殊内容

普通工艺中,划分工序、选择设备等重要内容对数控加工工艺来说属于已基本确定的内容,所以制定数控加工工艺的着重点在于整个数控加工过程的分析,关键在于确定进给路线及生成刀具运动轨迹。复杂表面的刀具运动轨迹生成需借助自动编程软件,既是编程问题,当然也是数控加工工艺问题。这也是数控加工工艺与普通加工工艺最大的不同之处。

(二)数控加工工艺的内容

对于一个零件来说,并非全部加工工艺过程都适合在数控机床上完成,而往往只

是其中的一部分工艺内容适合数控加工。这就需要对零件图样进行仔细的工艺分析，选择那些最适合、最需要进行数控加工的内容和工序。在考虑选择内容时，应结合本企业设备的实际情况，立足于解决难题、攻克关键问题和提高生产效率，充分发挥数控加工的优势。

1. 适于数控加工的内容

在选择时，一般可按下列顺序考虑。

(1)通用机床无法加工的内容应作为优先选择的内容。

(2)通用机床难加工、质量也难以保证的内容应作为重点选择的内容。

(3)通用机床加工效率低、工人手工操作劳动强度大的内容，可在数控机床尚存在富裕加工能力时选择。

2. 不适于数控加工的内容

一般来说，上述这些加工内容采用数控加工后，在产品质量、生产效率与综合效益等方面都会得到明显提高。相比之下，下列一些内容不宜选择采用数控加工。

(1)占机调整时间长。如以毛坯的粗基准定位加工第一个精基准，需用专用工装协调的内容。

(2)加工部位分散，需要多次安装、设置原点。这时，采用数控加工很麻烦，效果不明显，可安排通用机床补加工。

(3)按某些特定的制造依据(如样板等)加工的型面轮廓。主要原因是获取数据困难，易于与检验依据发生矛盾，增加了程序编制的难度。

此外，在选择和决定加工内容时，也要考虑生产批量、生产周期、工序间周转情况等等。总之，要尽量做到合理，达到多、快、好、省的目的。要防止把数控机床降格为通用机床使用。

(三)数控加工工艺分析

被加工零件的数控加工工艺问题涉及面很广，下面结合编程的可能性和方便性提出一些必须分析和审查的主要内容。

1. 尺寸标注应符合数控加工的特点

在数控编程中，所有点、线、面的尺寸和位置都以编程原点为基准。因此零件图样上最好直接给出坐标尺寸，或尽量以同一基准引注尺寸。

2. 几何要素的条件应完整、准确

在程序编制中，编程人员必须充分掌握构成零件轮廓的几何要素参数及各几何要素间的关系。因为在自动编程时要对零件轮廓的所有几何元素进行定义，手工编程时要计算出每个节点的坐标，无论哪一点不明确或不确定，编程都无法进行。但由于零件设计人员在设计过程中考虑不周或被忽略，常常出现参数不全或不清楚，如圆弧与直线、圆弧与圆弧是相切还是相交或相离。所以在审查与分析图纸时，一定要仔细核算，发现问题及时与设计人员联系。

3. 定位基准可靠

在数控加工中，加工工序往往较集中，以同一基准定位十分重要。因此往往需要设置一些辅助基准，或在毛坯上增加一些工艺凸台。如图 2.1(a)所示的零件，为增加定位的稳定性，可在底面增加一工艺凸台，如图 2.1(b)所示。在完成定位加工后再除去。

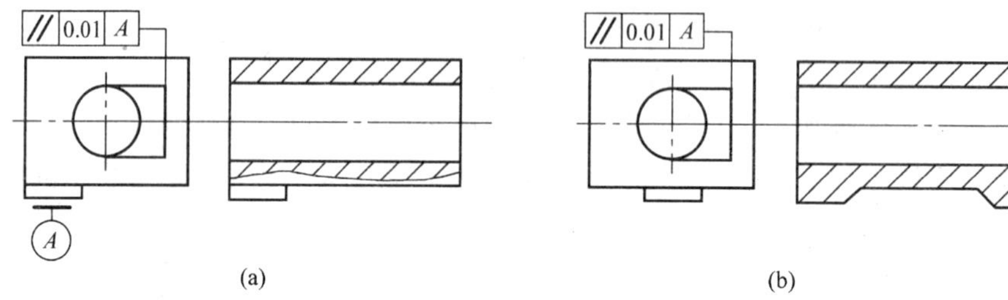

图 2.1 工艺凸台的应用

(a)改进前的结构 (b)改进后的结构

4. 统一几何类型及尺寸

零件的外形、内腔最好采用统一的几何类型及尺寸，这样可以减少换刀次数，还可能应用控制程序或专用程序以缩短程序长度。零件的形状尽可能对称，便于利用数控机床的镜像加工功能来编程，以节省编程时间。

任务十四 螺纹轴的加工——零件图分析及加工方法选择

知识要点

- 零件图的工艺分析方法。
- 加工方法的选择。
- 掌握螺纹轴加工工艺分析及加工方法。

[任务描述]

◆ 技术要求：如图 2.2 所示的零件毛坯为 ϕ26 mm×65 mm 的棒料，材料为 45 号钢，T01 为端面车刀，T02 为 93°的外圆车刀，T03 为刀宽 4 mm 的切槽刀，T04 为 60°硬质合金螺纹车刀。

◆ 分析：零件轮廓呈非单调性变化，包含尺寸精度及形位公差，表面精度要求要高，所以在编程中采用 G73 复合循环指令加工外轮廓，在加工上采取一切装夹保持同轴度要求，采取粗、精分开加工，保证表面粗糙度及尺寸精度要求，采用 G01 切槽指令加工 4 mm×ϕ9 mm 的退刀槽；采用 G82 螺纹加工指令切削 M12×1 mm 的螺纹。

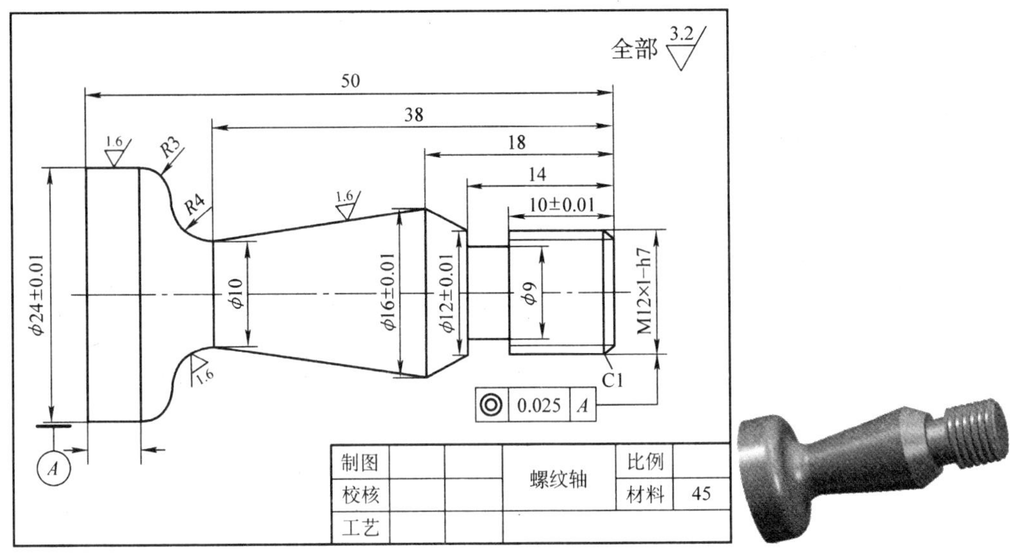

图 2.2　螺纹轴

[理论阐述]

1. 数控切削加工主要对象

数控切削的主运动是装卡在主轴上的工件的旋转运动，配合刀具在平面内的进给运动，可加工的工件为回转体零件。回转体零件分为轴套类、轮盘类及其他几种。针对数控车床的特点，下面几类零件最适合数控切削加工。

(1)精度要求高的回转体零件。

(2)表面质量要求高的回转体零件。

(3)表面形状复杂的回转体零件。

(4)带特殊螺纹的回转体零件。

2. 零件图的工艺分析

分析零件图是加工工艺制订中的首要工作，根据零件图的分析，可以获知工件的材料、尺寸精度、形位公差、粗糙度、技术要求等信息，以便正确地选择加工方法、加工顺序、刀具、夹具等，从而合理地制订加工工艺。因此在对零件制订加工工艺前，应认真、仔细地对零件图进行分析，它主要包括以下 4 个方面的内容。

1)分析零件图中的尺寸标注方法

工件用数控方法加工时，其零件图纸上的尺寸标注方法应与数控加工的特点相适应。

为保证设计基准、工艺基准、测量基准与编程原点设置的一致性，对数控加工来说，零件图上最好以同一基准标注尺寸或直接给出坐标尺寸。对于车床上回转体零件而言，其径向尺寸一般不需要调整标注，其轴向尺寸要根据有关的形状公差和位置公差的要求作适当调整，并完成尺寸链的换算，将公差值计算到节点坐标中，其基准的选择最好能与对刀的基准相关联。

2)分析零件轮廓的几何要素

构成零件轮廓的几何元素的形状与位置尺寸(如直线的位置、圆弧的半径、圆弧与直线是相切还是相交等)是数控编程的重要依据。手动编程时,需根据它们计算出每一个节点坐标;在自动编程时,要对构成零件轮廓的几何元素进行定义,因此在分析零件图时,要分析几何元素的给定条件是否充分。

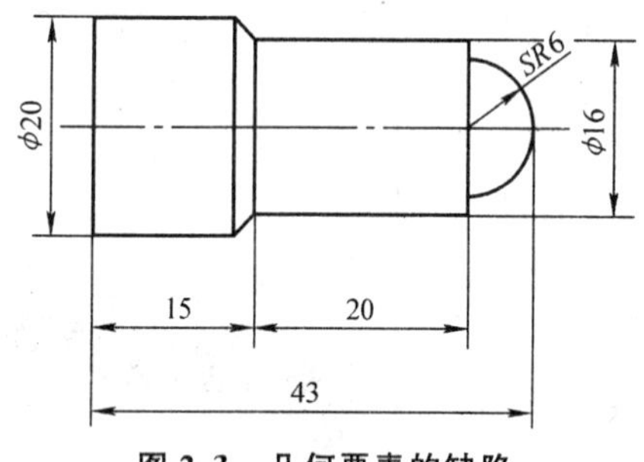

图 2.3 几何要素的缺陷

由于设计等多方面的原因,可能在图纸上出现构成加工零件轮廓的条件不充分、尺寸模糊不清且有缺陷等情况,增加编程工作的难度,有时甚至无法编程。如图 2.3 所示,图纸零件轮廓条件不充分,倒角的尺寸没有给出;另外,给定的几何条件自相矛盾,图纸上标出的各段长度之和不等于其总长。因此,图纸上给定的尺寸要完整,且不能自相矛盾,所描述的加工零件轮廓是唯一的,存在几何要素缺陷的零件是编不出正确程序的,若发现条件不明确等问题,应及时与设计人员协商解决。

3)分析零件的结构工艺性

零件的结构工艺性指零件对加工方法的适应性,即所设计的零件结构应便于加工成形。数控车床零件加工结构工艺性分析主要指回转体零件加工的方便性、经济性,应根据数控切削的特点,认真审视零件结构的合理性。如图 2.4 (a) 所示的零件,需用 3 把不同宽度的切槽刀切槽,如无特殊要求,显然是不合理的。若改成图 2.4(b)所示的结构,只需一把刀即可切出 3 个槽,这样既减少刀具数量,少占了刀架刀位,又节省了换刀时间。

在对零件结构工艺性分析的前提下,提出更好的加工方法是数控车床使用水平得以提高的重要手段。

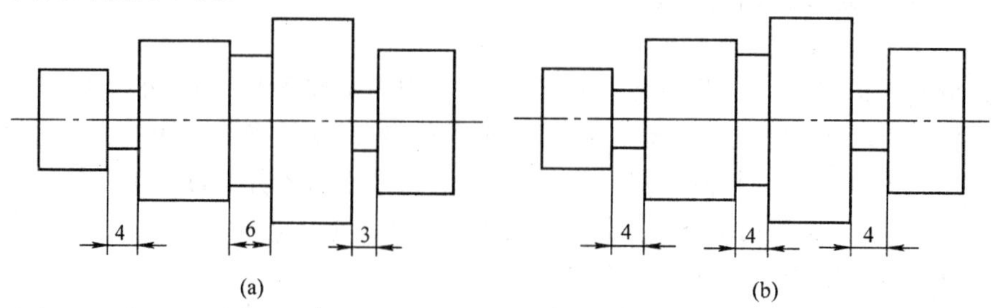

图 2.4 结构工艺性示例

4)分析零件的精度及技术要求

对零件的精度及技术要求进行分析,是零件工艺性分析的重要内容。零件的精度及技术要求主要指尺寸精度、形状精度、位置精度、表面粗糙度及热处理等,只有在分析零件的精度和技术要求的基础上,才能对加工方法、装夹方式、刀具及切削用量等进行正确而合理的选择。这些要求在保证零件使用性能的前提下,应经济合理。过高的精度和表面粗糙度要求会使工艺过程复杂、加工困难、成本提高。

零件的精度及技术要求的主要内容包括以下 4 方面。

(1)分析精度及各项技术要求是否齐全、合理。

(2)分析本工序的数控切削加工精度能否达到图纸要求,若达不到,需采取其他措施(如磨削)弥补的话,则应给后续工序留有加工余量。

(3)找出图纸上有位置精度要求的表面,这些表面应尽量在一次安装下完成。

(4)对表面粗糙度要求较高的表面,应采用圆周恒线速度切削。

3. 数控车床加工方法的选择

机械零件的结构形状是多种多样的,但它们都由平面、外圆柱面、内圆柱面或曲面等基本表面所组成。每一种表面都有多种加工方法,具体选择时应根据零件的加工精度、表面粗糙度,材料的结构、形状、尺寸及生产类型等选用相应的加工方法和加工方案。

1)外圆表面加工方法的选择

(1)外圆加工方法(图 2.5)。外圆表面加工方法主要是切削和磨削,当表面粗糙度较小时,还要经光整加工。

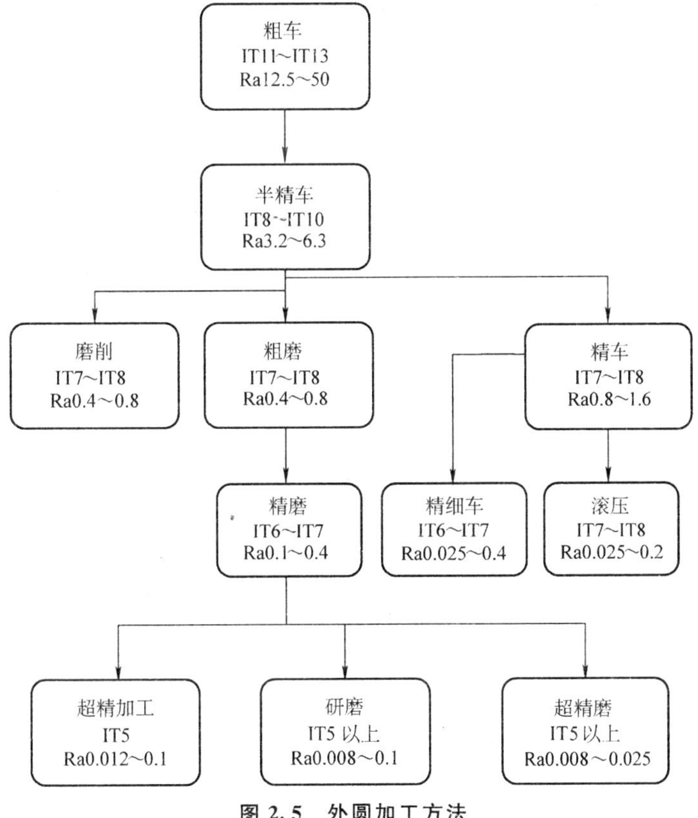

图 2.5　外圆加工方法

(2)外圆加工方法的适用范围包括以下 5 方面。

①最终工序为切削的加工方案，适用于除淬火钢以外的各种金属。

②最终工序为磨削的加工方案，适用于淬火钢、未淬火钢和铸铁，不适用于有色金属，因为有色金属韧性大，磨削时易堵塞砂轮。

③最终工序为精细切削或金刚车的加工方案，适用于要求较高的有色金属的精加工。

④最终工序为光整加工，如研磨、超精磨及超精加工等，为提高生产效率和加工质量一般在光整加工前进行精磨。

⑤对表面粗糙度要求高，而尺寸精度要求不高的外圆，可采用滚压或抛光。

2)内孔表面加工方法的选择

(1)内孔表面加工方法(如图 2.6)。内孔表面加工方法有钻孔、扩孔、铰孔、镗孔、拉孔、磨孔和光整加工。

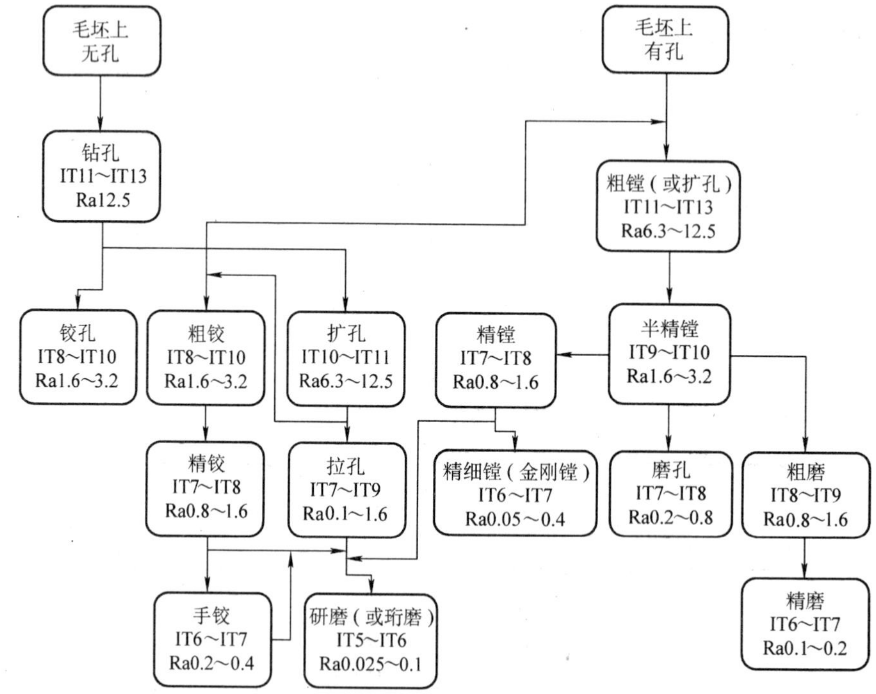

图 2.6　内孔加工方法

(2)内孔加工方法适用范围包括以下 4 方面。

①加工精度为 IT9 级的孔，当孔径小于 10 mm 时，可采用钻孔—铰孔方案；当孔径小于 30 mm 时，可采用钻孔—扩孔方案；当孔径大于 30 mm 时，可采用钻孔—镗孔方案。工件材料为淬火钢以外的各种金属。

②加工精度为 IT8 级的孔，当孔径小于 20 mm 时，可采用钻孔—铰孔方案；当孔径大于 20 mm 时，可采用钻孔—扩孔—铰孔方案，此方案适用于加工淬火钢以外的

各种金属，但孔径应在 20～80 mm 之间，此外也可采用最终工序为精镗或拉削的方案。淬火钢可采用磨削加工。

③加工精度为 IT7 级的孔，当孔径小于 12 mm 时，可采用钻孔—粗铰—精铰方案；当孔径在 12～60 mm 时，可采用钻孔—扩孔—粗铰—精铰方案或钻孔—扩孔—拉孔方案。若毛坯上已铸出或锻出孔，可采用粗镗—半精镗—精镗方案或粗镗—半精镗—磨孔方案。最终工序为铰孔的方案适用于未淬火钢或铸铁，对有色金属铰出的孔表面粗糙度较大，常用精细镗孔替代铰孔；最终工序为拉孔的方案适用于大批量生产，工件材料为未淬火钢、铸铁和有色金属；最终工序为磨孔的方案适用于加工除硬度低、韧性大的有色金属以外的淬火钢、未淬火钢及铸铁。

④加工精度为 IT6 级的孔，最终工序采用手铰、精细镗、研磨或珩磨等均能达到，视具体情况选择。韧性较大的有色金属不宜采用珩磨，可采用研磨或精细镗。研磨对大、小直径孔均适用，而珩磨只适用于大直径孔的加工。

[解决方案]

1. 制订加工工艺

1)零件图的工艺分析

(1)尺寸标注方法。该零件尺寸的标注，径向尺寸采用直径尺寸标注，轴向尺寸采用同一基准的标注方法，以工件右端面为基准进行标注，这种标注方法适应数控加工的特点，既方便数控编程，也便于保持设计、工艺、测量基准与编程原点设置的一致性。

(2)零件轮廓的几何要素。该零件不是很规范的轴类零件，其轮廓要素有外圆柱面、外圆锥面、圆弧面和螺纹组成，几何元素的给定条件充分，所描述的加工轮廓形状唯一。图纸给出的尺寸完整，每个节点坐标容易求出，利于手工编程。

(3)零件的结构工艺性。通过分析零件图纸，零件的结构合理，不存在不合理或有缺陷的结构，便于在数控车床上加工成形。

(4)精度及技术要求。该零件对尺寸精度的要求较高，有同轴度位置精度要求，表面粗糙度最高为 Ra1.6，使用数控切削加工精度和表面粗糙度能够达到图纸要求。

2)加工方法选择

该零件结构较为简单，尺寸精度要求较高，表面粗糙度为 Ra1.6，使用数控车床进行精车即可达到技术要求。

3)装夹与定位

该零件为一实心轴类工件，并且轴的长度不长，所以采用轴的左端面和 $\phi25$ mm 外圆作为定位基准，一次装夹完成加工。

4)工步顺序

(1)切削端面。

(2)自右向左粗车外轮廓。

(3)自右向左精车外轮廓。

(4)切 ϕ9 mm 的螺纹退刀槽。

(5)车螺纹 M12×1 mm 达到零件图纸尺寸。

5)选择刀具

根据工件的加工要求,需选用端面车刀、外圆车刀、切槽刀、螺纹车刀。由于工件的结构简单,对尺寸精度的要求不高,所以粗车和精车使用同一把外圆车刀。刀具编号依次为 T01、T02、T03 和 T04。

6)确定切削用量

切削用量的具体数值应根据机床性能、加工工艺、相关手册并结合实际经验确定。

(1)机床转速:车端面为 600 r/min;粗车外轮廓为 800 r/min,精车外轮廓为 1 000 r/min;车螺纹和切槽为 400 r/min。

(2)进给速度:车端面、粗车外轮廓为 100 mm/min,精车外轮廓为 60 mm/min;切槽为 30 mm/min。

7)选择机床和数控系统

(1)机床型号:威海天诺数控机械有限公司生产的 CK6132－Ⅱ型数控车床,该机床是两坐标数控车床,适用于加工几何形状复杂的轴类零件和盘类零件。

(2)数控系统:采用华中世纪星 HNC－21T 数控系统。

2. 数控加工程序

1)确定工件坐标系、对刀点和换刀点

(1)根据零件图纸的尺寸标注特点及基准统一的原则,选择零件右端面与轴心线的交点作为工件原点,建立工件坐标系。

(2)采用手动试切对刀方法把该点作为对刀点。

(3)换刀点设置在工件坐标系下 X100、Z100 处。

2)编制零件加工程序

(1)编程分析。该零件结构要素有外圆柱面、圆锥面、圆弧面、切槽、螺纹,分析工件的形状,不是很规范的阶梯轴,因此采用复合循环指令 G73 编程。另外,零件有一定粗糙度要求,分为粗加工和精加工进行。

采用直径编程方式,直径尺寸编程与零件图纸中的尺寸标注一致,编程较为方便。

(2)加工程序清单如下。

```
%2001                      程序号
N10 T0101                  换一号刀,建立坐标系
N20 G00 X30 Z0             快速至端面切削起点
N30 M03 S600               主轴正转
N40 G01 X－1 F100          切削端面
N50 G00 X30                X 向退刀
N60 X100 Z100              快速返回换刀点
N70 T0202 S800             换二号刀,调整转速
```

N80 G00 X30 Z5	快速至循环切削起点
N90 G73 U8 W0 R4 P100 Q170 X0.4 Z0.2	闭环复合粗车切削循环
N100 G01 X10 Z0 F60	精车轮廓起始行，进刀至倒角起点
N110 X12 Z－1	切削倒角
N120 Z－14	切削螺纹大径
N130 X16 Z－18	切削第一个锥面
N140 X10 Z－38	切削第二个锥面
N150 G02 X18 Z－42 R4	切削 $R4$ 圆弧面
N160 G03 X24 Z－45 R3	切削 $R3$ 圆弧面
N170 G01 Z－50	精车轮廓终止行，车 $\phi24$ 外圆
N180 G70 P1 Q2	精车循环
N190 G00 X30	X 向退刀
N200 X100 Z100	快速返回换刀点
N210 T0303 S400	换三号刀，调整转速
N220 G00 X15 Z－14	快速至切槽起点
N230 G01 X9 F30	切槽至 $\phi9$ mm 尺寸
N240 G04 P1	槽底暂停 1 s
N250 X16	X 向退刀
N260 G00 X100 Z100	快速返回换刀点
N270 T0404	换四号刀
N280 G00 X15 Z5	快速至螺纹切削循环起点
N290 G82 X11.3 Z－12 F1	螺纹切削循环，第一次切深 0.7 mm
N300 G82 X10.9 Z－12 F1	第二次切深 0.4 mm
N310 G82 X10.7 Z－12 F1	第三次切深 0.2 mm
N320 G00 X100 Z100	快速返回换刀点
N330 M05	主轴停止
N340 M30	程序结束

[任务扩展]

1. 学习应用

加工如图 2.7 所示的零件，零件毛坯为 $\phi85$ mm×120 mm 的棒料，端面已平，材料为 45 号钢，完成零件的数控加工，切削加工至图纸尺寸。

◆ 要求：

(1)对零件进行零件图的工艺分析及选择加工方法。

(2)制订工件的加工工艺。

(3)进行数控加工程序编制。

(4)进行数控加工仿真。

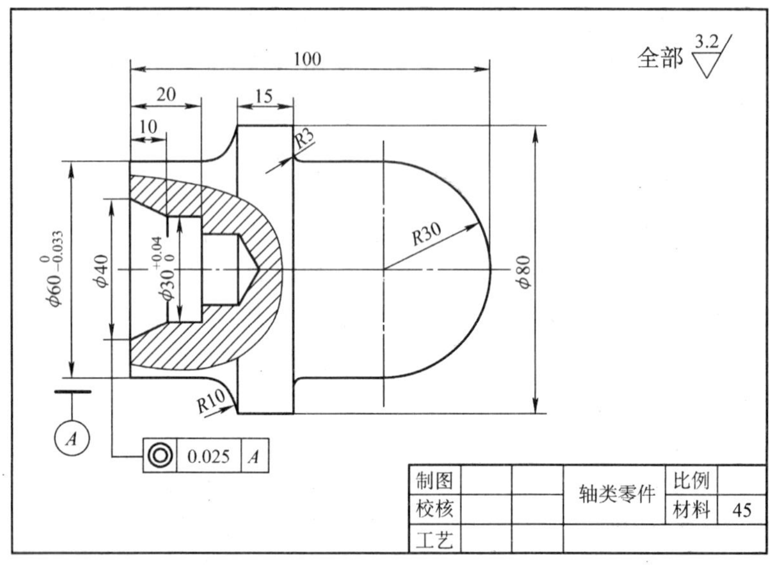

图 2.7 轴类零件 2

2. 创新设计

设计一个轴类零件,对其进行零件图工艺分析及确定合理的加工方法,并进行加工。

◆ 设计要求:

(1) 介绍零件的功用。

(2) 画出标准图纸,表达清晰,画法规范。

(3) 给出材料,说明选材意图。

(4) 给出加工要素的作用,选择加工方法。

(5) 设计加工工艺。

(6) 完成仿真加工。

任务十五 轴承套的加工——加工顺序及进给路线的确定

知识要点

- 加工工序的划分原则。
- 加工顺序的安排。
- 进退刀点及进给路线的确立。
- 掌握轴承套的加工工艺与加工方法。

[任务描述]

◆ 技术要求：如图 2.8 所示的零件毛坯为 ϕ45 mm×55 mm 的棒料（预留 ϕ18 mm 内孔），材料为 45 号钢，T01 为 90°外圆粗车刀、T02 为 90°外圆精车刀、T03 为刀宽 2 mm 的外圆切槽（切断）刀、T04 为内孔车刀、T05 为刀宽 4 mm 的内圆切槽刀。

◆ 分析：采用 G80 外圆简单循环切削指令加工 ϕ34 mm 外圆和 ϕ22 mm 内孔，采用 G81 端面简单循环切削指令加工 16 mm×ϕ22 mm 内槽。

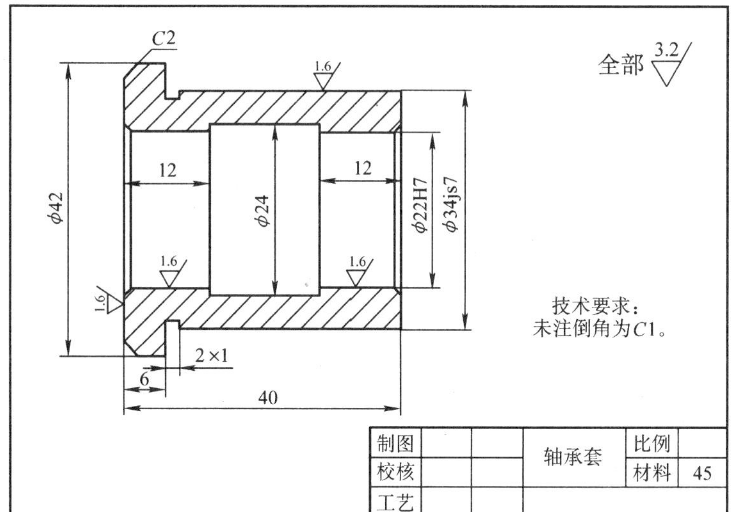

图 2.8　轴承套

[理论阐述]

1. 工序的划分

1）工序划分的原则

（1）工序集中原则。工序集中原则指每道工序包括尽可能多的加工内容，从而使工序的总量减少。

（2）工序分散原则。工序分散原则是将工件的加工分散在较多的工序内进行，每道工序的加工内容很少。

2）工序划分的方法

数控车床上加工工件，应按工序集中原则划分工序，一次装夹尽可能完成大部分甚至全部表面的加工。

（1）按零件加工表面划分。将位置精度要求较高的表面安排在一次装夹下完成，以免多次装夹所产生的安装误差影响位置精度。例如图 2.9 所示的轴承内圈，其内孔对小端面的垂直度、滚道和大挡边对内孔回转中心的角度差，以及滚道与内孔间的壁厚差均有严格要求，精加工时划分为两道工序，用两台数控车床完成。第一道工序采用如图 2.9(b)所示的以大端面和大外径装夹方案,将滚道、小端面及内孔等安排在一次装夹下切削加工,容易保证上述位置精度。第二道工序采用如图 2.9(c)所示的内孔和小端面装夹方案,切削大外圆和大端面。

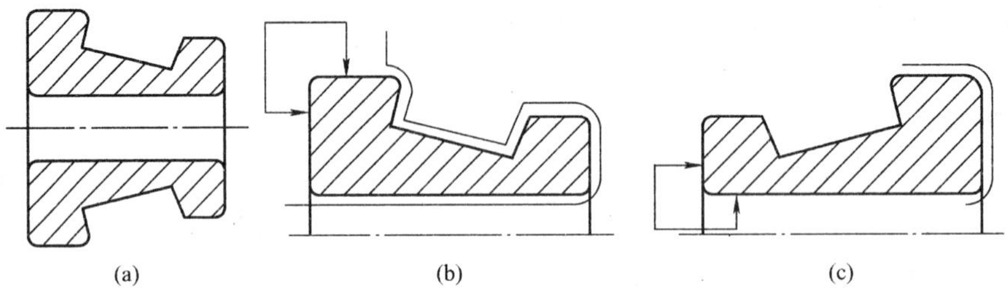

图 2.9 轴承内圈的加工方案

(2)按粗、精加工划分工序。对毛坯余量较大和加工精度要求较高的零件,应将粗车和精车分开,划分成两道或更多的工序。精粗车安排在精度较低、功率较大的数控机床上进行,将精车安排在精度较高的数控机床上进行。

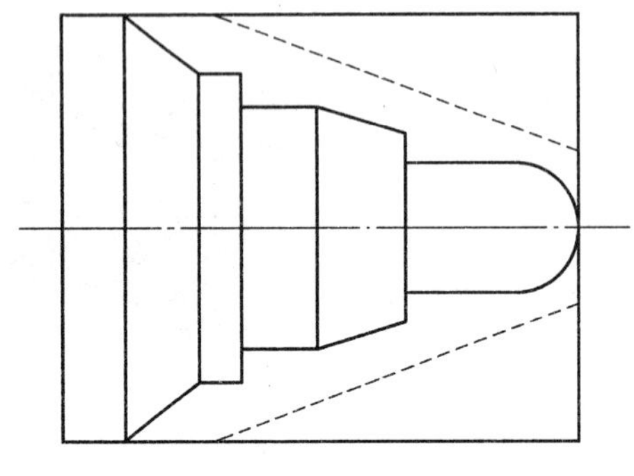

图 2.10 先粗后精加工

(3) 按所使用的刀具种类划分工序。如同一方向的外圆切削,应尽量在一次换刀后完成,避免频繁更换刀具。

2. 加工顺序的安排

1)先粗后精原则

切削加工按照粗车→半精车→精车→光整加工的顺序进行,逐步提高表面的加工精度和减小表面粗糙度。如图 2.10 所示,粗车将在较短的时间内把工件表面上的大部分余量去除;若粗车后所留余量的均匀性满足不了精车的要求,则要安排半精车;精车要保证加工精度,按图纸尺寸,一次进给切削零件轮廓。

2)基面先行原则

用作精基准的表面应优先加工出来,因为定位基准的表面越精确,装夹误差就越小。例如轴类零件加工时,总是先加工中心孔,再以中心孔为精基准加工外圆表面和端面。

3)先主后次原则

零件的主要工作表面、装配基面应先加工,从而能及早发现毛坯中主要表面可能出现的缺陷。次要表面可穿插进行,放在主要表面加工到一定程度后,最终精加工之前进行。

4)内外交叉原则

对既有内表面、又有外表面需加工的零件,例如轴套类或盘套类孔精度要求较高的零件,应先进行内、外表面粗加工,后进行内、外表面精加工。不可将零件的内表面或外表面一部分加工完后再加工其他表面。

5)先近后远原则

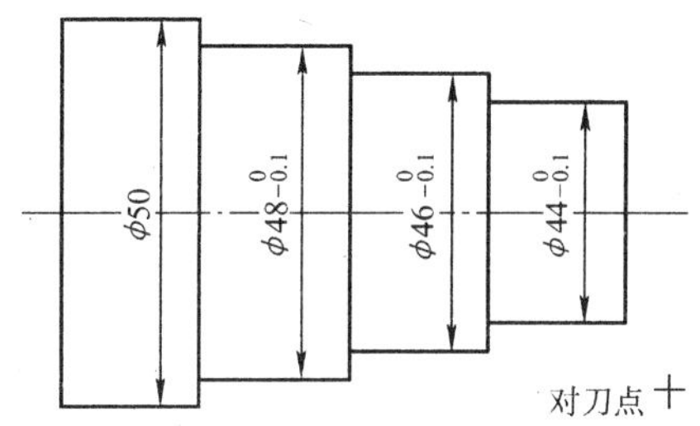

图 2.11　先近后远加工

一般情况下,离对刀点近的部位先加工,离对刀点远的部位后加工,以便缩短刀具移动距离,减少空行程时间。对于车型而言,先近后远还有利于保持坯件或半成品的刚性,改善切削条件。例如,当加工如图 2.11 所示的零件时,若按 φ48 mm→φ46 mm→φ44 mm 的顺序切削,不仅会增加刀具返回对刀点所需空行程时间,而且一开始就削弱了工件的刚性,还可能使台阶的外直角处产生毛刺。对这类直径相差不大的阶梯轴,当第一刀的背吃刀量(图中最大背吃刀量可为 3 mm 左右)未超限时,宜按 φ44 mm→φ46 mm→φ48 mm 的顺序先近后远安排切削。

3. 换刀点及换刀路线的确定

1)换刀点

换刀点指刀架转位换刀时的位置。数控车床上当确定了工件坐标系后,换刀点可以是某一固定点,也可以是相对工件原点任意的一点。换刀点应设在工件或夹具的外部,以刀架转位时不碰工件及其他部位为准。

2)换刀路线

根据刀具加工工件部位的不同,退刀路线的确定方式也不同。

(1)斜线退刀方式。斜线退刀方式路线最短,适用于加工外圆表面的偏刀退刀,如图 2.12 所示。

(2)径—轴向退刀方式。刀具先径向垂直退刀,到达指定位置后再轴向退刀,如图 2.13 所示。切槽采用此种退刀方式。

(3)轴—径向退刀方式。该退刀方式的顺序与径—轴向退刀方式相反,如图 2.14 所示。镗孔采用此种退刀方式。另外,还可用 G00 指令编制退刀路线,应考虑安全和退刀路线最短的原则。

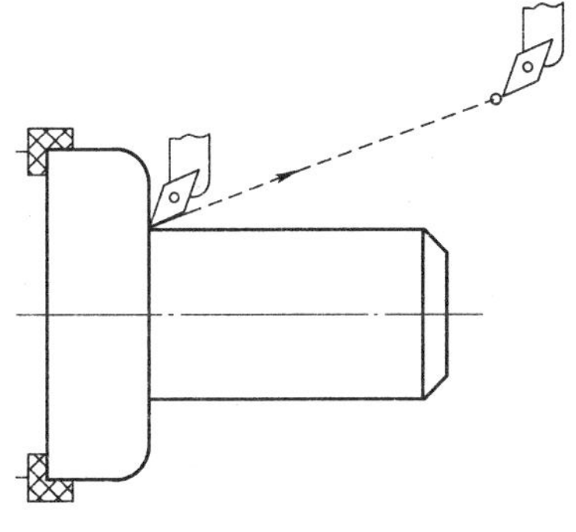
图 2.12　斜线退刀方式

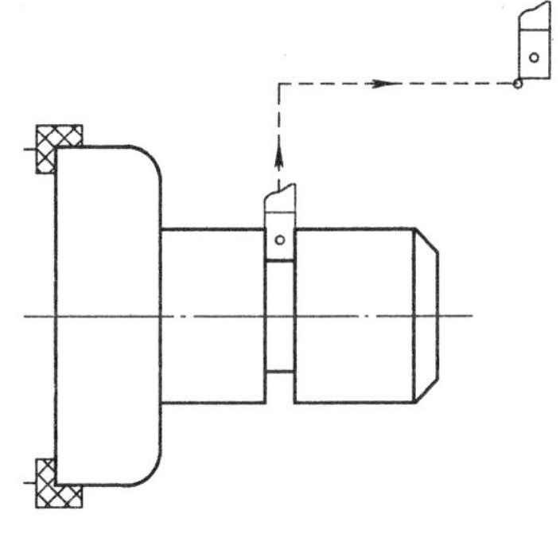
图 2.13　径—轴向退刀方式

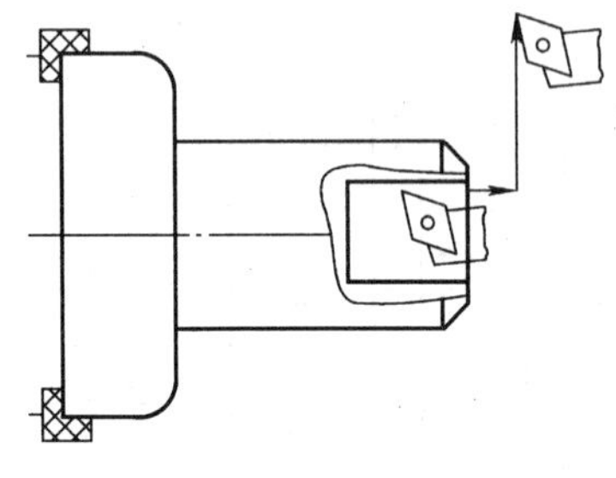

图 2.14 轴—径向退刀方式

4. 进给路线的确定

进给路线指刀具从换刀点开始运动起，直至返回该点并结束加工程序所经过的路径，包括切削加工的路径及刀具切入、切出等非切削空行程。进给路线的确定主要在于确定粗加工及空行程的进给路线，精加工切削过程的进给路线基本上都是沿其零件轮廓顺序进行的。

1)最短的空行程路线

(1)巧用起刀点。图 2.15(a)所示为采用矩形循环方式进行粗车的一般情况。起刀点 A 的设定是考虑到精车等加工过程中需方便换刀，故设置在离坯件较远的位置，同时将起刀点与其换刀点重合。其进给路线如下：

第一刀为 $A \to B \to C \to D \to A$；

第二刀为 $A \to E \to F \to G \to A$；

第三刀为 $A \to H \to I \to J \to A$。

图 2.15(b)所示为将起刀点与换刀点分离，并设于图示 B 点位置，其进给路线如下：

换刀点与起刀点分离的空行程为 $A \to B$；

第一刀为 $B \to C \to D \to E \to B$；

第二刀为 $B \to F \to G \to H \to B$；

第三刀为 $B \to I \to J \to K \to B$。

显然，图 2.15(b)所示的进给路线短。

(2)巧设换刀点。为了考虑换刀方便和安全，将换刀点设置在离坯件较远的位置，如图 2.15(a)中 A 点。那么，当换第二把刀后，进行精车时的空行程路线必然较长；若将第二把刀的换刀点设置在图 2.15(b)中的 B 点位置，则可缩短空行程距离。

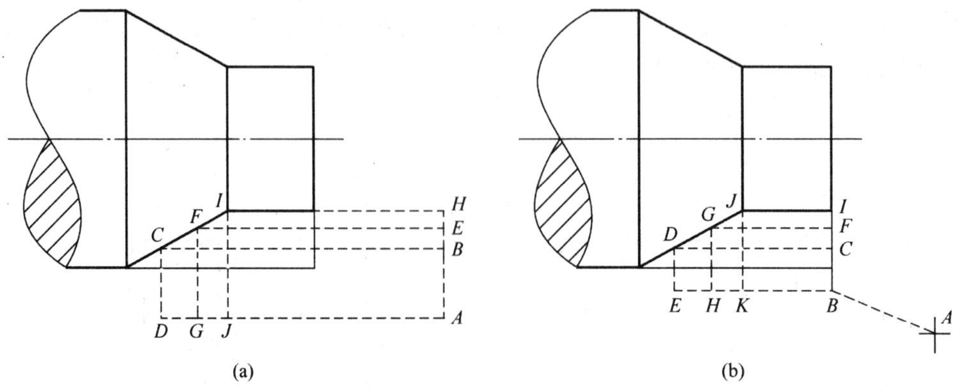

图 2.15 起刀点设置

(3)合理安排回零路线。在合理安排回零路线时，应使其前一刀终点与后一刀起点间的距离尽量缩短，或者为零，这样即可满足进给路线最短的要求。另外，在不发生加工干涉的前提下，宜采用 X、Z 轴同时回零指令，则回零路线将是最短的。

2)最短的切削进给路线

图 2.16 所示为粗车零件时的几种不同切削进给路线的安排示意图。其中图 2.16(a)表示利用封闭式复合循环功能控制车刀沿轮廓进给的路线；图 2.16(b)为利用其程序循环功能安排的三角形进给路线；图 2.16(c)为利用矩形循环功能安排的矩形进给路线。经分析知，矩形循环进给路线的进给长度总和最短。

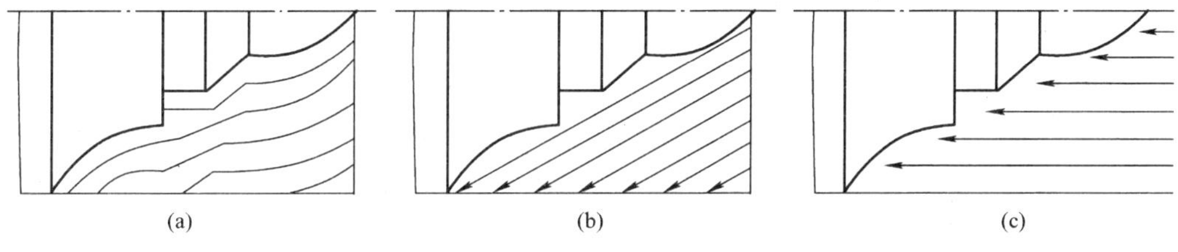

图 2.16　粗车切削路线

3)大余量毛坯的阶梯切削进给路线

图 2.17 所示为切削大余量工件的 2 种加工路线，图 2.17(a)是错误的阶梯切削路线，按图 2.17(b)所示的顺序切削，每次切削所留余量相等，是正确的阶梯切削路线。因为在同样背吃刀量下，图 2.17(a)方式加工所剩的余量过多。

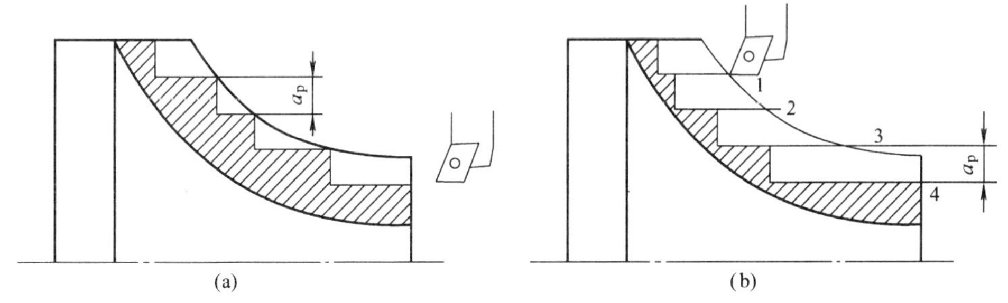

图 2.17　大余量毛坯的阶梯切削进给路线

4)完工轮廓的连续切削进给路线

在安排可以一刀或多刀进行的精加工工序时，其零件的完工轮廓应由最后一刀连续加工而成。

5)特殊的进给路线

图 2.18 所示为尖形车刀加工大圆弧表面的 2 种进给方法，图 2.18(a)为刀具沿 Z 负方向进给，吃刀抗力 F_p 沿 X 正向，当刀尖运动到换象限处，F_p 与横拖板传动力方向一致，可能使刀尖嵌入零件表面形成扎刀，影响零件质量；图 2.18(b)刀具沿 Z 正向进给，当刀尖运动到换象限处，F_p 与横拖板传动力方向相反，不会形成扎刀，因此该方案是合理的。

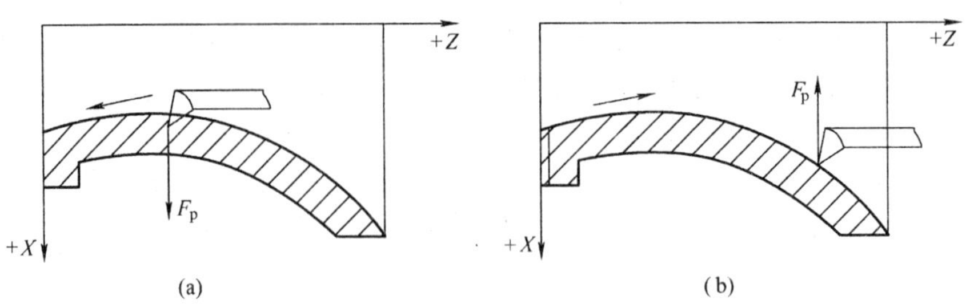

图 2.18 尖形车刀加工大圆弧表面

[解决方案]

1. 制订加工工艺

1)零件图的工艺分析

该零件表面由内外圆柱面、切槽等表面组成，其中孔为公差等级 7 级的基准孔，ϕ34 mm 轴公差带为 js7 级，有一定的尺寸精度要求，另外，多个表面有粗糙度要求。零件图纸尺寸标注完整，符合数控加工尺寸标注要求，轮廓描述清楚完整，零件材料为 45 号钢，切削加工性能较好，无热处理和硬度要求。

2)装夹与定位

该零件为短轴类工件，轴心线为工艺基准。粗加工外表面采用三爪自定心卡盘夹持 ϕ45 mm 外圆，加工内孔时也要以外圆表面来装夹定位，最后精加工外圆表面时以心轴、顶尖来装夹定位。

3)确定加工顺序及进给路线

加工顺序的确定按内外交叉、先粗后精、先近后远的原则确定，在一次装夹中尽可能加工出较多的工件表面。结合本零件的结构特征，可先粗加工外圆，然后粗、精加工内孔，最后精加工 ϕ34 mm 外圆。

进给路线设计可以考虑最短进给路线和最短空行程路线原则，粗加工外圆可采用矩形循环切削，并将换刀点和起刀点进行分离，外轮廓表面切削走刀路线可沿零件轮廓顺序进行。

4)工步顺序

(1)装夹 ϕ45 mm 外圆，找正。

(2)粗加工 ϕ42 mm 外圆、粗加工 ϕ34 mm 外圆，留 0.5 mm 余量。

(3)精加工 ϕ42 mm 外圆。

(4)切槽、倒角、切断，总长度留 0.2 mm 余量。

(5)软爪装夹 ϕ34 mm 外圆，精车端面。

(6)粗加工 ϕ22 mm 内孔，留 0.5 mm 余量。

(7)精加工 ϕ22 mm 内孔。

(8)切内槽。

(9)工件套心轴,两顶尖装夹。

(10)精车 ϕ34 mm 外圆。

5)选择刀具

根据工件的加工要求,需选用外圆车刀、外圆切槽刀、内孔车刀、内圆切槽刀,刀具编号依次为 T01 为 90°外圆粗车刀、T02 为 90°外圆精车刀、T03 为刀宽 2mm 的外圆切槽(切断)刀、T04 为内孔车刀、T05 为刀宽 4 mm 的内圆切槽刀。

6)确定切削用量

切削用量的具体数值应根据机床性能、加工工艺、相关手册并结合实际经验确定。

(1)机床转速:外圆粗加工为 800 r/min;内孔加工为 500 r/min;ϕ34 mm 外圆精车为 1 000 r/min;切槽为 400 r/min。

(2)进给速度:粗车外圆为 200 mm/min;内孔加工和外圆表面精车为 50 mm/min;切槽为 30 mm/min。

7)选择机床和数控系统

(1)机床型号:威海天诺数控机械有限公司生产的 CK6132－Ⅱ型数控车床,该机床是两坐标数控车床,适用于加工几何形状复杂的轴类零件和盘类零件。

(2)数控系统:采用华中世纪星 HNC－21T 数控系统。

2. 编制零件加工程序

1)确定工件坐标系、对刀点和换刀点

(1)根据零件图纸的尺寸标注特点及基准统一的原则,选择零件右端面与轴心线的交点作为工件原点,建立工件坐标系。

(2)采用手动试切对刀方法把该点作为对刀点。

(3)换刀点设置在工件坐标系下 X100、Z100 处。

2)编制零件加工程序

(1) 编程分析。该零件结构要素有圆柱面、切槽、倒角和内孔等,为减少热变形和切削力对工件形状、精度和表面粗糙度的影响,应将粗、精加工分开进行。对此轴类零件,将外圆表面先粗加工,留少量余量精加工,然后加工内孔,最后精加工重要的外圆表面,来保证质量要求。另外,粗加工采用外圆粗切刀,精加工采用外圆精车刀,也是为了保证工件的表面质量和尺寸精度。

采用直径编程方式,直径尺寸编程与零件图纸中的尺寸标注一致,编程较为方便。

(2)加工程序清单如下。

①加工外圆、切槽、倒角、切断。

```
%2002                      程序号
N010 T0101                 外圆粗车刀
N020 G00X48 Z5             刀具快速定位
```

```
N030 M03 S600                  主轴正转
N040 G80 X42.4 Z—45 F200       粗车 φ42 mm 外圆
N050 G80 X39.5 Z—34 F200       粗车 φ34 mm 外圆
N060 G80 X37 Z—34 F200
N070 G80 X34.4 Z—34 F200
N080 G00 X42 Z—30              刀具快速定位
N090 G01 Z—45                  精车 φ42 mm 外圆
N0100 X45                      X 向退刀
N0110 G00 X100 Z100            快速返回换刀点
N0120 T0303 S400               换外圆切槽刀
N0130 G00 X46 Z—34             刀具快速定位
N0140 G01 X32 F30              切槽至 φ32 mm
N0150 X46                      X 向退刀
N0160 G00 Z—42                 刀具快速定位
N0170 G01 X38                  进刀至倒角起点
N0180 X42 Z—40                 倒角 C2
N0190 Z—42                     刀具定位
N0200 G01 X0                   切断
N0210 G00 X100 Z100            快速返回换刀点
N0220 M05                      主轴停止
N0230 M30                      程序结束
```

②加工内孔、切槽。

```
%2003                          程序号
N010 T0404                     换内圆车刀
N020 M03 S500
N030 G00 X18 Z2                刀具快速定位
N040 G80 X20 Z—42 F200         粗车 φ22 mm 内孔，留径向余量 0.4 mm
N050 G80 X21.6 Z—42 F200
N060 G01 X26 Z1 F50            进刀至倒角延长线
N070 X22 Z—1                   倒角 C1
N080 Z—42                      精车 φ22 mm 内孔
N090 X18                       X 向退刀
N0100 G00 Z100                 快速返回换刀点
N0110 X100
N0120 T0505 S400               换内圆切槽刀
N0130 G00 X18 Z2               靠近工件
```

```
N0140 Z－16.5                 刀具快速定位
N0150 G01 X23.5 F30           切退刀槽
N0160 X20                     X 向退刀
N0170 G81 X23.5 Z－20.5 F30   端面循环切槽
N0180 G81 X23.5 Z－24.5 F30
N0190 G81 X23.5 Z－28 F30
N0200 G01 Z－28               刀具定位
N0210 X24                     精加工槽
N0220 Z－16
N0230 X20                     X 向退刀
N0240 G00 Z100                快速返回换刀点
N0250 X100
N0260 M05
N0270 M30
```

③精车 ϕ34 mm 外圆。

```
%2004                         程序号
N010 T0202                    换外圆精车刀
N020 M03 S1000                主轴正转，调整转速
N030 G00 X30 Z1               刀具快速定位至倒角延长线
N040 G01 X34 Z－1 F50         倒角 C1
N050 Z－34                    精车 φ34 mm 外圆
N060 X45                      X 向退刀
N070 G00 X100 Z100            快速返回换刀点
N080 M05
N090 M30
```

[任务扩展]

1. 学习应用

加工如图 2.19 所示的零件，零件毛坯为 ϕ85 mm×120 mm 的棒料，材料为 45 号钢，完成零件的数控加工、切削加工至图纸尺寸。

◆ 要求：

(1)进行加工顺序的合理安排。

(2)制订工件的加工工艺。

(3)进行数控加工程序编制。

(4)进行数控加工仿真。

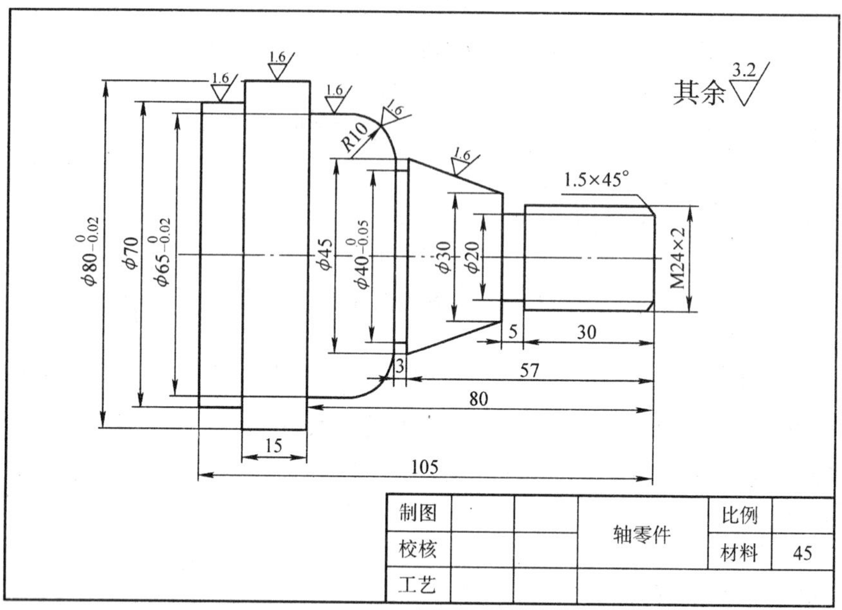

图 2.19 螺纹轴

2. 创新设计

设计一个零件，合理确定其加工顺序和进给路线，并进行加工。

◆ 设计要求：

(1) 介绍零件的功用。

(2) 画出标准图纸，表达清晰，画法规范。

(3) 给出材料，说明选材意图。

(4) 给出加工要素的作用，选择加工方法。

(5) 设计加工工艺。

(6) 完成仿真加工。

任务十六　多功能轴的加工——数控加工工序卡的编制

知识要点

- 切削用量的选择原则。
- 数控加工工序卡的制订原则。
- 掌握加工多功能轴的加工工艺与加工方法。

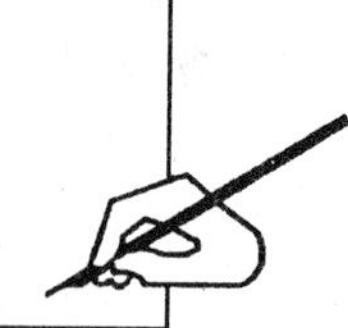

[任务描述]

◆ 技术要求：如图 2.20 所示的零件毛坯为 ϕ60 mm×180 mm 的棒料，材料为 45 号钢，T01 为 90°外圆粗车刀、T02 为 90°外圆精车刀、T03 为 60°外螺纹车刀。

◆ 分析：结合如图 2.20 所示的零件的加工，分析切削用量的选择方法，工序卡的制订方法等，在加工中采用 G73 外圆复合循环切削指令加工零件外轮廓，采用 G82 螺纹切削指令加工 M30×3 mm 的螺纹。

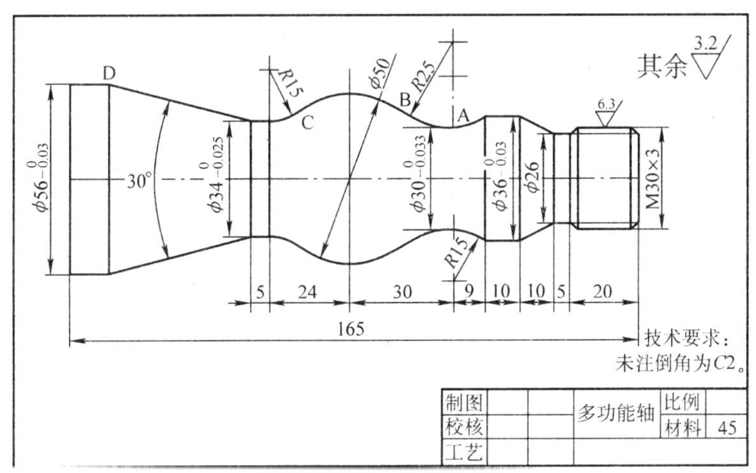

图 2.20　多功能轴

[理论阐述]

1. 切削用量的选择

对于高效率的金属切削机床加工来说，被加工材料、切削刀具、切削用量是 3 大要素。切削用量包括切削速度、背吃刀量、进给速度。这些条件决定着加工时间、刀具寿命和加工质量。经济的、有效的加工方式要求必须合理地选择切削条件。切削用量的选用原则是：保证零件加工精度和表面粗糙度，充分发挥刀具切削性能，保证合理的刀具耐用度并充分发挥机床的性能，最大限度地提高生产率，降低成本。

数控切削加工中的切削用量包括背吃刀量、主轴转速或切削速度（用于恒线速度切削）、进给速度或进给量。这些参数均应在机床给定的允许范围内选取。

切削用量选择是否合理，对于能否充分发挥机床潜力与刀具切削性能，实现优质、高产、低成本和安全操作具有很重要的作用。

选择合理的切削用量就是要选择切削用量三要素的最佳组合，在保持刀具合理寿命的前提下，使 a_p、f、v_c 三者的乘积最大，以获得最高的生产率。因此选择切削用量的基本原则是：首先选取尽可能大的 a_p；其次根据机床动力和刚性限制条件或已加工表面粗糙度的要求，选取尽可能大的 f ，最后利用切削用量手册选取或者用公式计算确定 v_c。

粗车时，以提高效率为主要目的。首先考虑选择尽可能大的背吃刀量，其次选择较大的进给量，最后确定一个合适的切削速度。增大背吃刀量可使走刀次数减少，增大进给量有利于断屑。

精车时，以加工质量为主要目的。首先选择较小（但不能太小）的背吃刀量和进给量，并在选用性能高的刀具材料和合理的几何参数的前提下，选择尽可能高的切削速度。

表 2.1　不同加工条件下对应切削用量的取值范围

工件材料	加工内容	背吃刀量 a_p(mm)	切削速度 v_c($m \cdot min^{-1}$)	进给量 f($m \cdot r^{-1}$)	刀具材料
碳素钢 σ_b>600 MPa	粗加工	5～7	60～80	0.2～0.4	YT 类
	粗加工	2～3	80～120	0.2～0.4	
	精加工	2～6	120～150	0.1～0.2	
	钻中心孔		500～800 $r \cdot min^{-1}$		W18Cr4V
	钻孔		0～30	0.1～0.2	
	切断（宽度<5 mm）		70～110	0.1～0.2	YT 类
铸铁 200HBS 以下	粗加工		50～70	0.2～0.4	YG 类
	精加工		70～100	0.1～0.2	
	切断（宽度<5 mm）		50～70	0.1～0.2	

1）背吃刀量 a_p 的确定

切削加工一般分为粗加工、半精加工和精加工。粗加工（表面粗糙度 Ra50～12.5 mm）时，在机床功率和刀具强度允许情况下，一次走刀应尽可能切除全部余量，在中等功率机床上，背吃刀量可达 8～10 mm；半精加工（表面粗糙度 Ra6.3～3.2 mm）时，背吃刀量取为 0.5～2 mm；精加工（表面粗糙度 Ra1.6～0.8 mm）时，背吃刀量取为 0.05～0.4 mm。为了保证加工精度和表面粗糙度，一般都留有一定的精加工余量，一般为 0.1～0.5 mm。应尽量使背吃刀量超过硬皮或冷硬层厚度，以预防刀尖过早磨损。

2）进给量的确定

进给速度指在单位时间内刀具沿进给方向移动的距离（单位为 mm/min）。有些数控车床规定可以选用进给量 f（单位为 mm/r）表示进给速度，二者之间的关系为

$$v_f = nf$$

式中，v_f 为进给速度（mm/min）；n 为主轴转速（r/min）；f 为进给量（mm/r）。

粗加工时，工件表面质量要求不高，但切削力往往很大，合理进给量的大小主要受机床进给机构强度、刀具的强度与刚性、工件的装夹刚度等因素的限制。精加工

时，合理进给量的大小则主要受工件加工精度和表面粗糙度的限制。应在保证表面质量的前提下，选择较高的进给速度。一般情况下，根据零件的表面粗糙度、刀具及工件材料等因素，查阅切削用量手册选取进给速度。

3）切削速度的确定

在 a_p、f 值选定后，一般根据合理的刀具寿命计算或查表来选定切削速度。

在生产中选择切削速度的一般原则如下。

（1）粗车时，a_p 和 f 较大，故选择较低的 v_c；反之精车时选择较高的 v_c。

（2）工件材料强度、硬度高时，应选较低的 v_c；加工奥氏体不锈钢、钛合金和高温合金等难加工材料时，只能取较低的 v_c。

（3）切削合金钢比切削中碳钢切削速度降低 20%～30%；切削调质状态的钢比切削正火、退火状态钢要降低切削速度 20%～30%；切削有色金属比切削中碳钢的切削速度可提高 100%～300%。

（4）刀具材料的切削性能越好，切削速度也选得越高，如硬质合金钢的切削速度比高速钢刀具可高几倍，涂层刀具的切削速度比未涂层刀具要高，陶瓷、金刚石和 CBN 刀具可采用更高的切削速度。

（5）精加工时，应尽量避开积屑瘤和鳞刺产生的区域。

（6）断续切削时，为减少冲击和热应力，宜适当降低切削速度。

（7）在易发生振动的情况下，切削速度应避开自激振动的临界速度。

（8）加工大型工件、细长件和薄壁工件或带外皮的工件，应适当降低切削速度。

提高切削速度是提高生产率的一个重要措施，但切削速度与刀具耐用度的关系比较密切。随着切削速度的增大，刀具耐用度急剧下降，故切削速度的选择主要取决于刀具耐用度。

（1）轮廓切削速度与主轴转速关系。主轴转速应根据被加工部位的直径、工件和刀具材料，以及加工性质等条件所允许的切削速度来确定。切削速度可通过计算、查表和实践经验获取，切削速度确定后，用下式计算主轴转速：

$$n=\frac{1\ 000v_c}{\pi d}$$

式中，n 是工件转速（r/min）；v_c 是切削速度（m/min）；d 是切削刃选定点处所对应的工件回转直径（mm）。

（2）切削螺纹时的主轴转速。切削螺纹时，车床主轴转速受到螺纹的螺距（或导程）、驱动电动机的升降频率特性及螺纹插补运算速度等因素影响，故对于不同数控系统，推荐不同的主轴转速范围。如大多数经济型车床数控系统推荐车螺纹时的主轴转速为：

$$n\leqslant\frac{1\ 200}{p}-k$$

式中，p 为螺纹的螺距或导程（mm）；k 为保险系数，一般取 80。

4)切削用量参考表

常见工件材料、所用刀具及相应的切削用量如表 2.2 所示。

表 2.2 常见工件材料、所用刀具及相应的切削用量

<table>
<tr><th rowspan="2">刀具材料</th><th rowspan="2">工件材料</th><th colspan="3">粗加工</th><th colspan="3">精加工</th></tr>
<tr><th>背吃刀量 a_p (mm)</th><th>进给量 f ($mm \cdot r^{-1}$)</th><th>切削速度 v_c ($m \cdot min^{-1}$)</th><th>背吃刀量 a_p (mm)</th><th>进给量 f ($mm \cdot r^{-1}$)</th><th>切削速度 v_c ($m \cdot min^{-1}$)</th></tr>
<tr><td rowspan="9">硬质合金和涂镀硬质合金</td><td>碳钢</td><td>5</td><td>0.3</td><td>220</td><td>0.4</td><td>0.12</td><td>260</td></tr>
<tr><td>低合金钢</td><td>5</td><td>0.3</td><td>180</td><td>0.4</td><td>0.12</td><td>220</td></tr>
<tr><td>高合金钢</td><td>5</td><td>0.3</td><td>120</td><td>0.4</td><td>0.12</td><td>160</td></tr>
<tr><td>铸钢</td><td>5</td><td>0.3</td><td>80</td><td>0.4</td><td>0.12</td><td>140</td></tr>
<tr><td>不锈钢</td><td>4</td><td>0.3</td><td>80</td><td>0.4</td><td>0.12</td><td>120</td></tr>
<tr><td>钛合金</td><td>3</td><td>0.2</td><td>40</td><td>0.4</td><td>0.12</td><td>60</td></tr>
<tr><td>灰铸铁</td><td>4</td><td>0.4</td><td>120</td><td>0.4</td><td>0.2</td><td>150</td></tr>
<tr><td>球墨铸铁</td><td>4</td><td>0.4</td><td>10</td><td>0.5</td><td>0.2</td><td>120</td></tr>
<tr><td>铝合金</td><td>3</td><td>0.3</td><td>800</td><td>0.5</td><td>0.2</td><td>1 000</td></tr>
<tr><td rowspan="3">陶瓷</td><td>淬硬钢</td><td>0.2</td><td>0.15</td><td>100</td><td>0.1</td><td>0.1</td><td>150</td></tr>
<tr><td>球墨铸铁</td><td>1.5</td><td>0.4</td><td>350</td><td>0.3</td><td>0.2</td><td>380</td></tr>
<tr><td>灰铸铁</td><td>1.5</td><td>0.4</td><td>500</td><td>0.3</td><td>0.2</td><td>550</td></tr>
</table>

2. 数控加工工序卡

数控加工工序卡既是编制数控加工程序的主要依据,又是操作人员配合数控加工程序进行数控加工的主要指导性文件。它主要包括工步顺序、工步内容、各工步所用刀具及切削用量等。当工序内容十分复杂时,也可把工序简图画在工序卡上,并应在工序简图中注明编程原点与对刀点。不同的数控机床,其工序卡的格式也不同,示例如表 2.3 所示。

表 2.3 数控加工工序卡

<table>
<tr><td rowspan="2">单位名称</td><td rowspan="2"></td><td colspan="2">产品名称或代号</td><td colspan="2">零件名称</td><td colspan="2">零件图号</td></tr>
<tr><td colspan="2"></td><td colspan="2"></td><td colspan="2"></td></tr>
<tr><td>工序号</td><td>程序编号</td><td colspan="2">夹具名称</td><td colspan="2">使用设备</td><td colspan="2">车间</td></tr>
<tr><td>工步号</td><td>工步内容</td><td>刀具号</td><td>刀具类型</td><td>主轴转速 ($r \cdot min^{-1}$)</td><td>进给速度 ($mm \cdot min^{-1}$)</td><td>背吃刀量 (mm)</td><td>备注</td></tr>
<tr><td>1</td><td></td><td></td><td></td><td></td><td></td><td></td><td></td></tr>
<tr><td>2</td><td></td><td></td><td></td><td></td><td></td><td></td><td></td></tr>
<tr><td>3</td><td></td><td></td><td></td><td></td><td></td><td></td><td></td></tr>
<tr><td>4</td><td></td><td></td><td></td><td></td><td></td><td></td><td></td></tr>
<tr><td>5</td><td></td><td></td><td></td><td></td><td></td><td></td><td></td></tr>
<tr><td>6</td><td></td><td></td><td></td><td></td><td></td><td></td><td></td></tr>
</table>

[解决方案]

1. 制订加工工艺

1)零件图的工艺分析

该零件表面由圆柱面、圆锥面、圆弧面及螺纹等表面组成,其中多个直径尺寸有较严的尺寸精度和表面粗糙度等要求。零件图纸尺寸标注完整,符合数控加工尺寸标注要求;轮廓描述清楚完整;零件材料为45号钢,切削加工性能较好,无热处理和硬度要求。

通过以上分析,可采用以下3点工艺措施。

(1)对图纸上给定的几个精度要求较高的尺寸,因其公差数值较小,故编程时不必取平均值,而全部取其基本尺寸即可。

(2)在轮廓曲线上,有3处为圆弧,其中2处为既过象限又改变进给方向的轮廓曲线,因此在加工时应进行机械间隙补偿,以保证轮廓曲线的准确性。

(3)为便于装夹,坯件左端应预先车出夹持部分,右端面也应先粗车并钻好中心孔。

2)装夹与定位

工件左端采用三爪自定心卡盘定心夹紧,右端采用活动顶尖支承的装夹方式。

3)确定加工顺序及进给路线

加工顺序按先粗后精、先近后远的原则确定,即先从右到左进行粗车(留0.25 mm精车余量),然后从右到左进行精车,最后切削螺纹。

可采用粗车复合循环指令和车螺纹循环功能,机床数控系统就会自动确定其进给路线,因此,该零件的粗车循环和车螺纹循环不需要人为确定其进给路线(但精车的进给路线需要人为确定,沿零件表面轮廓从右到左描述)。

4)选择刀具

(1)粗车及平端面选用90°硬质合金车刀,为防止副后刀面与工件轮廓干涉,副偏角k_r'不宜太小,选$k_r'=35°$。

(2)精车选用90°硬质合金车刀,车螺纹选用硬质合金60°外螺纹车刀。

(3)刀具编号:T01为外圆粗车刀、T02为外圆精车刀、T03为外螺纹车刀。

5)确定切削用量

(1)背吃刀量的选择:轮廓粗车循环时选$a_p=3$ mm,精车时选$a_p=0.25$ mm。

(2)主轴转速的选择:车直线和圆弧时,选粗车切削速度$v_c=90$ m/min,精车切削速度$v_c=120$ m/min,然后利用公式$v_c=\pi dn/1\ 000$计算主轴转速n(粗车直径$d=60$ mm,精车工件直径取平均值):粗车为500 r/min,精车为1 200 r/min,车螺纹时主轴转速为320 r/min。

(3)进给速度的选择。根据加工实际情况确定粗车每转进给量为0.4 mm/r,精车每转进给量为0.1 mm/r,根据公式计算粗、精车进给速度分别为200 mm/min和

120 mm/min。

6)选择机床和数控系统

(1)机床型号:威海天诺数控机械有限公司生产的CK6132－Ⅱ型数控车床,该机床是两坐标数控车床,适用于加工几何形状复杂的轴类零件和盘类零件。

(2)数控系统:采用华中世纪星HNC－21T数控系统。

7)数控加工工序卡

综合上述内容,制订该零件数控切削加工工序卡片,见表2.4。

表2.4 轴类零件数控加工工序卡片

单位名称	威海职业学院	产品名称或代号		零件名称		零件图号	
				典型轴			
工序号	程序编号	夹具名称		使用设备		车间	
001		三爪卡盘和活动顶尖		CK6132－Ⅱ型数控车床		数控中心	
工步号	工步内容	刀具号	刀具类型	主轴转速 ($r \cdot min^{-1}$)	进给速度 ($mm \cdot min^{-1}$)	背吃刀量 (mm)	备注
1	平端面	T01	硬质合金90°外圆车刀	500			手动
2	粗车轮廓	T01	硬质合金90°外圆车刀	500	200	3	自动
3	精车轮廓	T02	硬质合金90°外圆车刀	1 200	120	0.25	自动
4	车螺纹	T03	硬质合金60°外螺纹车刀	320	3 mm/r		自动

2. 编制零件加工程序

1)确定工件坐标系、对刀点和换刀点

(1)根据零件图纸的尺寸标注特点及基准统一的原则,选择零件右端面与轴心线的交点作为工件原点,建立工件坐标系。

(2)采用手动试切对刀方法把该点作为对刀点。

(3)换刀点设置在工件坐标系下X100、Z100处。

2)编制零件加工程序

(1)编程分析。该零件结构要素有圆柱面、圆锥面、圆弧面、螺纹等,为保证尺寸精度和表面粗糙度要求,应将粗、精加工分开进行。对于轮廓粗车可采用复合粗车循环切削指令G73加工,螺纹采用螺纹循环切削指令G82加工。

采用直径编程方式,直径尺寸编程与零件图纸中的尺寸标注一致,编程较为方便。

(2)数值计算。轮廓上节点坐标的计算一般采用手工计算和计算机辅助计算。此零件图中对于圆弧连接处的坐标,采用手工计算较难而且时间较长,容易出错,可利用 AutoCAD、CAXA 等绘图软件按 1∶1 比例绘制零件图形后获得节点的准确坐标,见表 2.5。

表 2.5 轮廓节点计算

节点	坐标	节点	坐标
A	(30,−54)	*C*	(40,−99)
B	(40,−69)	*D*	(56,−154)

(3)加工程序清单如下。

程序	说明
%2005	程序号
N010 T0101	外圆粗车刀
N020 G00 X70 Z5	刀具快速定位
N030 M03 S500	主轴正转
N040 G73 U12 W5 R8 P10 Q20 X0.4 Z0.2 F200	复合粗车循环指令
N050 G00 X100 Z100	快速返回换刀点
N060 T0202 S1200	换外圆精车刀
N070 G00 X70 Z5	快速靠近工件
N080 N10 G01 X26 Z0 F120	精车轮廓起始行
N090 X30 Z−2	车倒角
N0100 Z−18	车 ϕ30 mm 外圆
N0110 X26 Z−20	车倒角
N0120 Z−25	车 ϕ26 mm 外圆
N0130 X36 W−10	车锥面
N0140 W−10	车 ϕ36 mm 外圆
N0150 G02 X30 Z−54 R15	车 *R*15 圆弧面
N0160 G02 X40 Z−69 R25	车 *R*25 圆弧面
N0170 G03 X40 Z−99 R25	车 *R*25 圆弧面
N0180 G02 X34 Z−108 R15	车 *R*15 圆弧面
N0190 G01 W−5	车 ϕ34 外圆
N0200 X56 Z−154	车锥面
N0210 N20 Z−165	车 ϕ56 外圆,精车轮廓终止行
N0220 G00 X100 Z100	快速返回换刀点
N0230 T0303 S320	换螺纹车刀
N0240 G00 X32 Z5	快速至螺纹切削起点
N0250 G82 X28.8 Z−22 F3	螺纹切削循环,切深 1.2 mm

N0260 G82 X28.1 Z－22 F3	螺纹切削第二刀，切深 0.7 mm
N0270 G82 X27.5 Z－22 F3	螺纹切削第三刀，切深 0.6 mm
N0280 G82 X27.1 Z－22 F3	螺纹切削第四刀，切深 0.4 mm
N0290 G82 X26.7 Z－22 F3	螺纹切削第五刀，切深 0.4 mm
N0300 G82 X26.3 Z－22 F3	螺纹切削第六刀，切深 0.4 mm
N0310 G82 X26.1 Z－22 F3	螺纹切削第七刀，切深 0.4 mm
N0320 G00 X100 Z100	快速返回换刀点
N0330 M05	主轴停止
N0340 M30	程序结束

[任务扩展]

1. 学习应用

加工如图 2.21 所示零件，零件毛坯为 ϕ50 mm×140 mm 的棒料，材料为 45 号钢，完成零件的数控加工、切削加工至图纸尺寸。

◆ 要求：

(1)进行数控加工工序卡的编制。

(2)制订工件的加工工艺。

(3)进行数控加工程序编制。

(4)进行数控加工仿真。

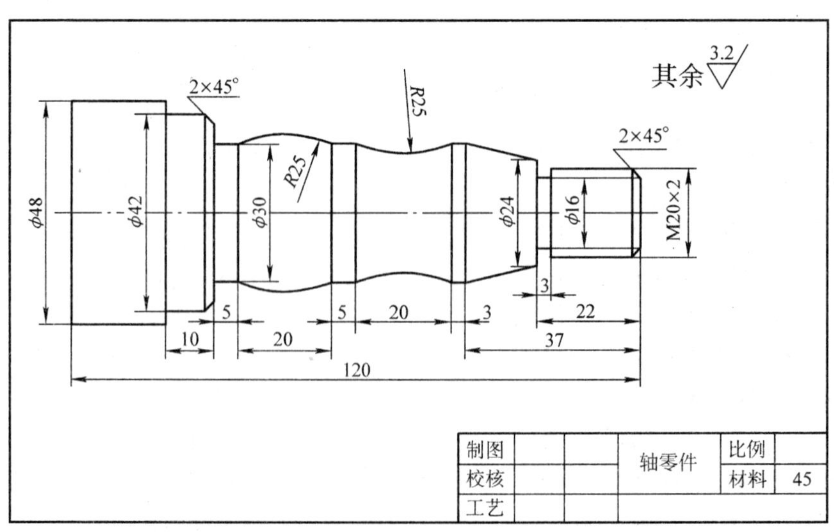

图 2.21 轴零件

2. 创新设计

设计一个零件，对其进行数控加工工序卡的编制，并进行加工。

◆ 设计要求：

(1) 介绍零件的功用。

(2) 画出标准图纸，表达清晰，画法规范。

(3) 给出材料，说明选材意图。

(4) 给出加工要素的作用，选择加工方法。

(5) 设计加工工艺。

(6) 完成仿真加工。

任务十七　台式钻床手把的加工——数控切削刀具的选择

知识要点

- 切削刀具的基本知识。
- 车刀的种类、材料、角度的选择方法。
- 掌握手把的加工工艺及加工方法。

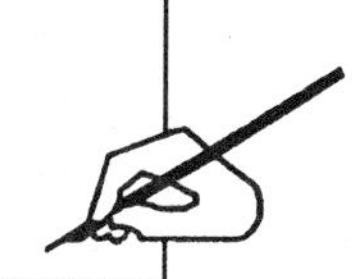

[任务描述]

◆ 技术要求：如图 2.22 所示的零件毛坯为 ϕ20 mm×100 mm 的棒料，材料为 45 号钢，T01 为 90°外圆粗车刀、T02 为 90°外圆精车刀、T03 为 2 mm 切断刀。

◆ 分析：采用 G71 外圆复合循环切削指令加工零件外轮廓，对于 ϕ6 mm 内孔的加工，先使用 A3 中心钻钻中心孔，再使用 ϕ6 mm 钻头钻孔。

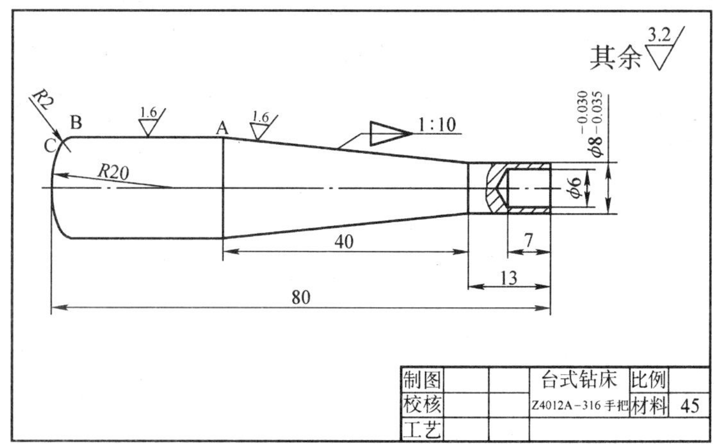

图 2.22　台式钻床手把

[理论阐述]

刀具材料应具备的性能包括以下 5 方面。

(1)高硬度。刀具材料的硬度必须高于被切工件的硬度，常温硬度必须在 HRC62 以上。

(2)高耐磨性。刀具在切削时承受着剧烈摩擦，因此刀具材料应具有较强的耐磨性，它取决于材料本身的硬度、化学成分和金相组织。

(3)足够的强度和韧度。刀具切削时要承受很大的压力、冲击和振动，刀具材料必须具有足够的抗弯强度 σ_{bb} 和冲击韧度 α_K。

(4)高耐热性。它指在高温下保持材料硬度的性能，用高温硬度或红硬性表示。耐热性越好，允许的切削速度越高。因此它是衡量刀具材料性能的重要指标。

(5)具有良好的工艺性和经济性。即要求刀具材料本身的可切削性能、磨削性能、热处理性能、焊接性能等要好，且又要资源丰富，价格低廉。

刀具材料的种类以工具钢、硬质合金、陶瓷、超硬材料 4 大类为主。目前，生产中所用刀具材料以高速钢和硬质合金居多。碳素工具钢，如 T10A、T12A，工具钢如 9SiCr、CrWMn，因耐热性差，仅用于一些手工或切削速度较低的刀具。

1. 数控切削刀具的分类

1)按车刀结构分类

(1)整体车刀：用整体高速钢制造。

(2)焊接车刀：焊接硬质合金或高速钢刀片。

(3)机夹车刀：硬质合金刀片用机械夹固的方法固定在刀杆上。

(4)可转位车刀：使用可转位刀片的机夹车刀。

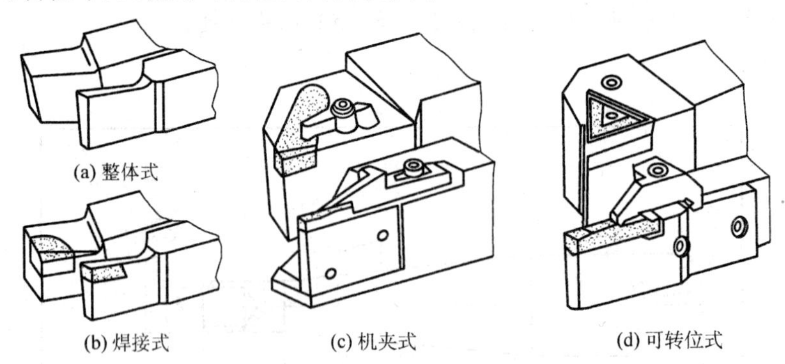

图 2.23 车刀按结构分类

2)按加工内容分类

按切削加工内容分为端面车刀、外圆车刀、内孔车刀、切槽刀、螺纹车刀等。

3)按车刀的形状分类

(1)尖形车刀：以直线形切削刃为特征的车刀，刀尖由直线形成的主副切削刃构成。

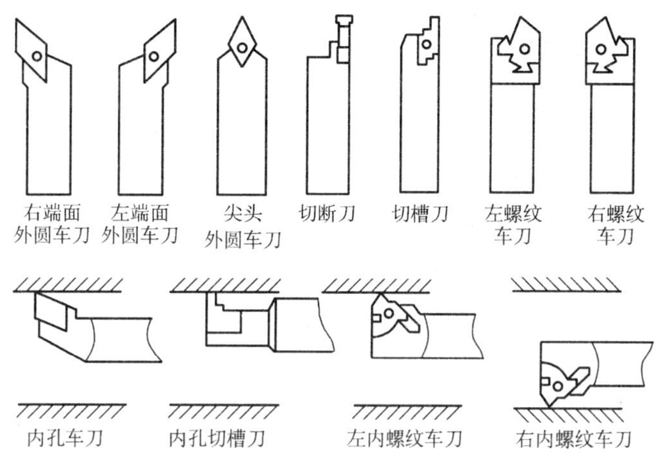

图 2.24　车刀按加工内容分类

(2)圆弧形车刀:以圆弧形切削刃为特征的车刀,车刀圆弧刃每一点都是车刀的刀尖。

(3)成形车刀:其刀形根据工件轮廓设计。

2. 车刀材料

车刀材料指刀头部分的材料,在数控车床上常采用高速钢、硬质合金或涂层刀具。

1)高速钢

高速钢是含有 W、Mo、Cr、V 等合金元素较多的工具钢,也称白钢、锋钢。

高速钢的强度、韧性、工艺性均较好,热处理变形小,刃磨后切削刃比较锋利,可制造各种刀具,尤其是复杂刀具,如成形车刀、铣刀、钻头、拉刀、齿轮刀具等。加工材料范围也很广泛,如钢、铁和有色金属等。

高速钢按化学成分可分为钨系、钼系(含 Mo 的质量分数 2%以上);按切削性能可分为普通高速钢和高性能高速钢。

(1)普通高速钢。它指用来加工一般工程材料的高速钢,常用的牌号有以下几种。

①W18Cr4V:属钨系高速钢,具有较好的切削性能,使用最为普遍。

②W6Mo5Cr4V2:属钨钼系高速钢、碳化物分布均匀性、韧性和高温塑性均超过 W18Cr4V,但磨削性能较差,目前主要用于热轧刀具,如麻花钻等。

③W9Mo3Cr4V:它是国内新近使用的一种高速钢,综合性能好,刀具耐用度有所提高,可代替 W6Mo5Cr4V2 使用。

普通高速钢具有一定的硬度和耐磨性、较高的强度和韧性、较好的塑性,可制造各种刀具,尤其是复杂刀具。

(2)高性能高速钢。在普通高速钢内增加 C、V 的含量和添加 Co、Al 等合金元素就得到高性能高速钢。它可进一步提高耐热性和耐磨性。高性能高速钢必须在适用的特殊切削条件下，才能发挥其优异的切削性能，选用时不要超出使用范围。

①钴高速钢(W2Mo9Cr4VCo8)：它具有良好的综合性能，加入钴可提高它的高温硬度，在600℃时硬度为HRC55，故允许的切削速度较高，有一定韧性，可磨削性好，加工耐磨合金钢、不锈钢时，刀具耐用度明显提高。但钴含量较多成本较贵。

②钴高速钢(W6Mo5Cr4V2Al、W10Mo4Cr4V3Al)：它加入少量的铝不但提高钢的耐热性和耐磨性，而且还能防止含碳量高引起的强度和韧性下降。加工HRC30～40的调质钢时，刀具耐用度提高3～4倍，但磨削性能差，热处理温度控制困难。

③粉末冶金高速钢：它将高频感应炉熔炼的钢液用高压惰性气体(如氩气)雾化成粉末，再经冷压或热压(同时烧结)制成刀坯或钢坯，最后经轧制或锻制成材。优点是韧性、硬度较高，可磨削性能好，材质均匀，热处理变形小，质量稳定可靠，故刀具耐用度高，可切削各种难加工材料，特别适宜制造精密刀具和复杂刀具。

2)硬质合金

(1)硬质合金性质。硬质合金由硬度很高的金属碳化物(如Wc、TiC、TaC、NbC等)金属粘结剂(如Co、Ni、Mo等)以粉末冶金法制成。

由于硬质合金中含有大量金属碳化物，其硬度、熔点都很高，化学稳定性也好，因此硬质合金的硬度、耐磨性、耐热性都很高，硬度可达HRA89～93，在800～1 000℃时仍能进行切削，允许切削速度为100 m/min(1.67 m/s)，但抗弯强度和冲击韧度较差。

硬质合金由于切削性能优良，已成为主要的刀具材料，不但绝大部分车刀采用硬质合金，端铣刀和一些形状复杂的刀具如麻花钻、齿轮滚刀、铰刀、拉刀等也日益广泛采用此材料。

(2)硬质合金的种类和牌号。硬质合金的种类主要包括YG、YT、YW等，分别对应于世界牌号K、P、M类。

①钨钴类(Wc－Co)牌号用YG表示，主要牌号有YG3、YG6、YG8，后缀数字表示钴的质量百分含量。相当于ISO的K类。

②钨钛钴类(WC－TiC－Co)牌号用YT表示，常用牌号有YT5、YT14、YT15、YT30，后缀数字表示TiC的质量百分含量。相当于ISO中的P类。

③钨钴钽(铌)类(WC－TaC(NbC)－Co)牌号用YGA表示，常用牌号YGA6，后缀数字表示Co的质量百分含量，相当于ISO中的K类。

④钨钛钴钽(铌)类(WC－TiC－TaC(NbC)－Co)牌号用YW表示，常用牌号YW1、YW2。相当于ISO中的M类。

(3)硬质合金的选用。YG类硬质合金主要用于加工铸铁、有色金属及非金属材料。切削上述材料时，呈崩碎切屑，切削热、切削力集中在刀尖附近，冲击力大。由于YG类硬质合金抗弯强度、冲击韧度好，故可减少崩刃。它又具有较好的导热性，切削热传出快，可降低刀尖温度。但它的耐热性差，不宜采用较高的切削速度。YG类的韧性和可磨削性好，可磨出较锐利的切削刃，适用加工有色金属和纤维层压材料。

YT 类适用于加工塑性材料如钢料等。加工该类材料时，摩擦严重，切削温度高。YT 类具有较高的硬度和耐磨性，尤其具有高的耐热性，在高速切削钢料时，刀具磨损小，刀具耐用度高。低速切削时，因韧性差，易崩刃，不如 YG 类好。

硬质合金中含钴量增多，WC、TiC 含量减少时，抗弯强度和冲击韧度提高，硬度、耐热性降低，适用于粗加工，含钴量减少，WC、TiC 增加时，硬度、耐磨性和耐热性增加，强度、韧性降低，适用于精加工。

由于硬质合金中的钛元素和被加工材料中的钛元素之间产生亲和力使粘结现象严重，导致切削温度升高，摩擦系数增大，加剧刀具磨损，故加工含钛的不锈钢(1Cr18Ni9Ti)和钛合金时宜选用 YG 类硬质合金。

加工淬火钢、高强度钢、奥氏体钢和高温合金时，切削力大，切削力集中在刀尖附近，易崩刃，故选用强度较高、韧性较好、热导率大的 YG 类硬质合金。

YW 类硬质合金综合性能较好，除可加工铸铁、有色金属和钢料外，主要用于加工耐热钢、高锰钢、不锈钢等难加工材料。

(4) 其他硬质合金。

①碳化钛基硬质合金。它是以碳化钴为硬质相，镍、钼为粘结相的硬质合金。牌号用 YN 表示，是介于碳化钨基硬质合金与陶瓷之间的一种刀具材料。其优点是硬度高，抗粘结力、抗月牙洼磨损能力都很强，耐磨性接近陶瓷。目前主要用于精加工或半精加工长切屑材料，代表牌号是 YN10。

②超细晶粒硬质合金。它指碳化物颗粒的平均尺寸在 1 μm 以下的钨钴类硬质合金，主要用于冷硬铸铁、淬硬钢、不锈钢及高温合金等加工。代表牌号有 YG10H、YH1、YH2、YH3 等。

3)其他刀具

(1)陶瓷刀具材料。主要有 2 大类，即氧化铝(Al_2O_3)基陶瓷材料和氮化硅(Si_3N_4)基陶瓷材料。

陶瓷刀具有很高的硬度(HRA91～95)和耐磨性、耐热性高，在 1 200℃时仍保持 HRA80；化学稳定性好，与钢不易亲和，抗粘结、抗扩散能力较强；具有较低的摩擦系数；加工表面粗糙度较小；但抗弯强度低、韧度差，抗冲击性能差。主要用于高速精加工和半精加工冷硬铸铁、淬硬钢等。

(2)金刚石。金刚石分天然和人选 2 种，都是碳的同素异形体。天然金刚石由于价格昂贵用得很少。人造金刚石是在高温高压下由石墨转化而成的，其硬度接近于 10 000HV，故可用于高速精加工有色金属及合金、非金属硬脆材料。它不适合加工铁族材料，因为高温时极易氧化、碳化，与铁发生化学反应，刀具极易损坏。目前主要用作磨牙具和磨料。

(3)立方氮化硼。立方氮化硼 CBN 是由六方 BN(hBN)在合成金刚石的相同条件下加入氮化剂转变而成。其硬度高达 8 000～9 000HV，耐磨性好，耐热性好，高达

1 400℃。主要用于对高温合金、冷硬铸铁进行半精加工和精加工。

4)刀具材料的表面涂覆层

在高速钢、硬质合金等材料制成的刀具上，在高温真空中以化学气体涂覆法使其沉积极薄(5～12 μm)的一层高硬度、耐磨和难熔的金属碳化钛(TiC)、氮化钛(TiN)，涂层呈金黄色。

涂层固有的硬度高(HRC80)，摩擦系数低，使刀具的摩损显著降低，涂层还具有抗氧化能力和抗粘结性能好的特点。切削速度可提高 30%～50%，刀具总寿命可提高数倍至十倍。

具有涂覆层的刀具材料目前有 2 种。

(1) 涂层高速钢。耐磨性显著提高，主要用于钻头、丝锥、成形铰刀、齿轮加工刀具等。

(2) 涂层硬质合金。常涂在韧性较好的钨钴类硬质合金刀片表面，广泛用于不可转位片。

3. 车刀切削部分的组成及几何参数

1) 车刀切削部分的组成

车刀的构造如图 2.25 所示，其组成包含刀柄和切削部分，切削部分主要由以下几部分组成。

(1)前刀面：刀具上切屑沿其流出的表面。

(2)后刀面：刀具上与工件过渡表面相对的表面。

(3)副后刀面：刀具上与工件已加工表面相对的表面。

(4)主切削刃：前面与后面的交线，担任主要切削工作。

(5)副切削刃：前面与副后面的交线，担任少量切削工作。

(6)刀尖：主切削刃与副切削刃连接处的一小部分切削刃。

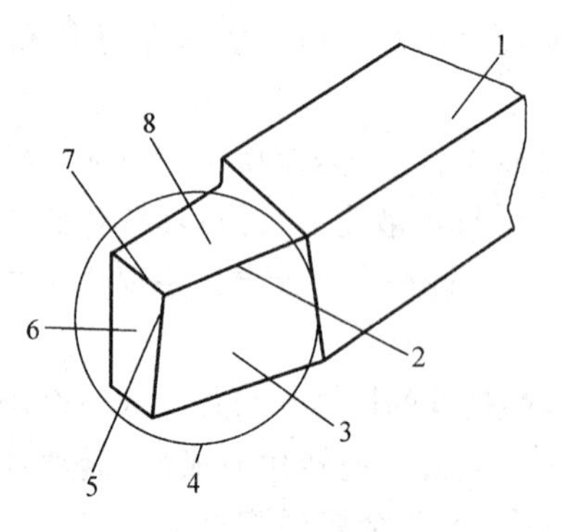

图 2.25 车刀构造图

1—刀柄 2—主切削刃 S 3—后刀面 A_a 4—切削部分 5—刀尖 6—副后刀面 A_a' 7—副切削刃 S 8—前刀面 A

2)车刀几何参数

车刀的几何角度如图 2.26 所示，主要包括主偏角 k_r、副偏角 k'_r、前角 r_0、刃倾角 λ_s、后角 α_0、副后角 α'_0。

(1)前角：对切削难易程度有很大影响。增大前角使切削刃锋利，减小切削变形，切削容易，提高表面加工质量。但前角过大，会使散热条件变差，切削温度升高，刀具磨损加剧，刀具寿命降低。

(2)后角：主要作用是减小后面与工件过渡表面之间的摩擦，减小后面的磨损。增大后角，可减少刀具后面与工件的

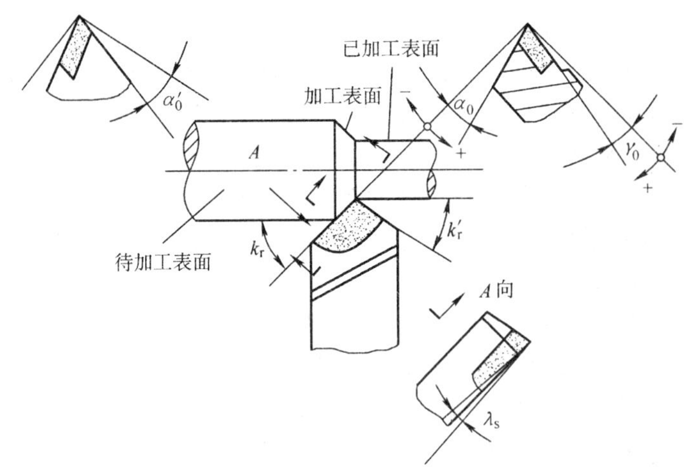

图 2.26　车刀几何角度

摩擦，降低切削力和切削温度，改善加工表面质量。但后角过大，刀具易损坏，切削温度升高，刀具寿命降低。

(3)主偏角：影响刀具寿命、已加工表面粗糙度和切削力的大小。在背吃刀量和进给量不变的情况下，减小主偏角，可使刀尖角增大，对提高刀具寿命有利。但主偏角较小时，工件易变形及产生振动，切削厚度小，断屑效果差。

(4)副偏角：用来减少副切削刃与已加工表面之间的摩擦。减小副偏角，可显著减少已加工表面的残留面积，减小工件表面粗糙度，增大刀尖角，提高刀具寿命。但副偏角过小，使工件易产生振动，降低加工表面质量。

(5)刃倾角：影响切削刃的锋利性，刀头的强度和散热条件，切削力的大小和方向，切屑流出的方向。当刃倾角为正值时，切屑流向待加工表面、已加工表面不易被划伤，但刀尖强度较差；当刃倾角为负值时，切屑流向已加工表面，易被划伤，但刀尖强度提高。增大刃倾角可使切削刃锋利，降低切削力，提高刀具寿命。但过大会使散热不利，造成非正常损坏。

3)刀具的工作角度及角度对切削的影响

(1)刀具的工作角度。刀具在切削过程中，不仅有主运动还有进给运动，刀具在机床上安装位置也可能有变化，刀具的参考系也将随之发生变化。为了较合理地表达在切削过程中起作用的刀具角度，应按合成切削运动方向来定义和确定刀具的参考系及其角度，即刀具工作参考系和工作角度。刀具工作参考系的参考平面和刀具角度的定义方法与标注参考系相似，其符号要加注下标“e”。

通常进给速度远小于主运动速度，在一般安装情况下，刀具的工作角度近似地等于标注角度(差值不超过 1％)，因此在大多数情况下(如普通切削、镗孔、端铣等)不计算工作角度，也不考虑其影响。只有在一些特殊情况(如车螺纹或丝杠、铲削加工等角度变化值较大时)下,才需计算工作角度,其目的是使刀具的工作角度得到合理值,据此换算出刀具的静止角度,以便于制造或刃磨。

①进给运动对刀具工作角度的影响。在切削过程中由于进给运动的影响,使原标注参考系中的基面、切削平面向进给方向倾斜一个角度,成为工作参考系中的基面、切削平面,从而影响了刀具的工作前角、工作后角。

②刀尖安装高低对刀具工作角度的影响。假定车刀 $\lambda_s=0$,则当刀尖装得高于工件中心线时,在背平面 P_p 内,刀具的工作背前角 γ_{pe} 增大,工作背后角 α_{pe} 减小,两者的变化值均为 p。

③刀杆中心线与进给方向不垂直时对刀具工作角度的影响。在基面内,若刀具轴线在安装时不垂直于进给运动方向,则工作主偏角将增大(或减小),而工作副偏角将减小(或增大),其角度变化值等于刀杆中心线与进线方向的夹角。

(2)刀具角度对切削的影响。

①前角的作用与选择。前角的作用:前角的大小影响刀刃的锋利程度与强度,影响切削变形和切削力。前角增大,刀刃锋利,可减少切削力和切削变形,降低刀刃头部强度,散热条件变差。前角的选择:前角的数值和工件材料(如表 2.6 所示)、加工性质和刀具材料有关。可以根据以下几个原则选择前角。

• 工件材料软,可选较大的前角;工件材料硬,应选较小的前角。切削塑性材料时,可选较大的前角;切削脆性材料时,可选较小的前角。

• 粗加工时,尤其是切削硬的铸、锻件时,为了保证切削刃有足够的强度,应选较小的前角;精加工时,为了减少工件表面粗糙度,一般应取较大的前角。

• 车刀材料的强度、韧性较差时,前角应选小些,否则,可取大些。

表 2.6 不同加工材料对应合理前角的范围

工件材料	合理前角(°)	
	粗车	精车
低碳负 Q235	18~20	20~25
45 钢(正火)	15~18	18~20
45 钢(调质)	10~15	13~18
45 钢、40Cr 铸钢件或钢锻件断续切削	10~15	5~10
灰铸铁 HT150、HT200、青铜 ZQSn10-1、脆黄铜、HPh59-1	10~15	5~10
铝 L3 及铝合金 LY12	30~35	35~40
紫铜 T1~T4	25~30	30~35
奥氏体不锈钢(185HBS 以下)	15~25	
奥氏体不锈钢(250HBS 以上)	15~25	
奥氏体不锈钢(250HBS 以下)	-5	

续表

工件材料	合理前角(°)	
	粗车	精车
40Cr(正火)	13～18	15～20
40Cr(调质)	10～15	13～18
40 钢、40Cr 钢锻件	10～15	
淬硬钢(40～50HRC)	−15～−5	
灰铸铁断续切削	5～10	0～5
高强度钢(σ_b<180 MPa)	−5	

工件材料	合理前角(°)	
	粗车	精车
高强度钢($\sigma_b \geqslant$180 MPa)	−10	
锻造高温合金	5～10	
铸造高温合金	0～5	
钛及钛合金	5～10	
铸造碳化钨	−10～−15	

②后角的作用和选择。后角的作用:后角可减少道具后刀面和工件加工表面的摩擦,以及刀具后刀面的磨损,后角还可配合前角调整刀刃的锋利程度和强度。如表 2.7 所示。

- 粗加工时,应选较小的后角;精加工时,一般应取较大的后角。
- 工件材料软,可选较大的后角;工件材料硬,应选较小的后角。

副后角一般磨成和后角相等。但在切断刀等特殊情况下,为了保证刀具的强度,副后角可取很小的值。

表 2.7　不同加工材料对应合理后角的范围

工件材料	合理后角(°)	
	粗车	精车
低碳钢	8～10	8～10
中碳钢	5～7	6～8
合金钢	5～7	6～8
淬火钢	8～10	
不锈钢	6～8	8～10
灰铸钢	4～6	6～8
铜及铜合金(脆)	4～6	6～8
铝及铝合金	8～10	10～12
钛合金 $\sigma_b \leqslant$1.17 MPa	10～15	

③主、副偏角的作用和选择。如表 2.8 所示,主偏角影响刀尖部位的强度与散热条件,影响切削分力的大小。加大主偏角,刀尖角减小,刀尖强度降低,散热条件变

差，刀具寿命降低。

• 根据工件形状选择，车台阶轴时应取大于或等于 90°，从工件中间切入时，主偏角一般取 45°～90°。

• 工件的刚性较好时，为了提高刀具寿命应取较小的主偏角。工件的刚性较差时，为了减少切削震动，提高加工精度，需取较大的主偏角，取 90°～ 93°。

• 大进给量、大切深、强力切削时，为了减少切深抗力，一般取较大的主偏角 75°；当工件材料较硬时，强度较大，为了增大刀尖部分强度，应取较小的主偏角。

副偏角的作用：可以减少副切削刃和已加工面的摩擦，影响刀尖部分的强度和散热条件，影响已加工表面的粗糙度。副偏角的大小主要根据工件表面的粗糙度、刀尖强度要求选择。外圆车刀一般选 60°～100°。

• 精加工时，为了减少已加工表面粗糙度，副偏角应取小角度，必要时可磨出一段副偏角为零度的修光刃。

• 加工强度、硬度较高的材料时，为了提高刀尖部件强度，应取较小值 40°～60°。

• 工件刚性较差时，为了减少切深抗力，避免产生切削震动，应取较大的副偏角。

表 2.8 不同加工条件下的主、副偏角的取值范围

加工情况		参考数值(°)	
		主偏角 k_r	副偏角 k'_r
粗车	工艺系统刚性好	45、60、75	5～10
	工艺系统刚性差	65、75、90	10～15
车细长轴、薄壁零件		90、93	6～10
精车	工艺系统刚性好	45	0～5
	工艺系统刚性差	60、75	0～5
切削冷硬铸铁、淬火钢		10～30	4～10
从工件中间切入		45～60	30～45
切断刀、切槽刀		60～90	1～2

④刃倾角的作用和选择。如表 2.9 所示，刃倾角的作用在于刃倾角可以控制切削流的方向。正值的刃倾角可使切屑流向待加工表面；负值的刃倾角可使切屑流向已加工表面；零值的刃倾角可使切屑垂直于主切削刃流出。

• 一般切削时，取零度的刃倾角。

• 断续切削和强力切削时，为了增加刀具强度，选择较小的刃倾角。

表 2.9 不同加工材料及加工条件下的刃倾角应用范围

λ_s	0°～ 5°	5°～ 10°	0°～ −5°	−5°～ −10°	−10°～ −15°	−10°～ −45°
应用范围	精车 钢和细长轴	精车 有色金属	粗车 钢和灰铸铁	精车 余量不均匀钢	断续切削 钢和灰铸铁	带冲击切削 淬硬钢

4. 车刀的选用

1)按工件材料选择刀具

(1)铜、铝:这种材料比较软,比较好加工,一般各种刀具都能加工。

(2)钢料:对于软钢,如45号钢、50号钢,比较好加工,用高速钢车刀可方便加工;对于硬钢,如738、p20、S136、油钢及五金模用的合金钢等,可用合金刀具加工。

(3)淬火后的材料:一般不允许用高速钢刀具加工,应用合金刀具加工。

2)根据加工种类选择刀具

(1)外圆加工:一般选用外圆左偏粗车刀、外圆左偏精车刀、外圆右偏粗车刀、外圆右偏精车刀、端面车刀等类型。

(2)切槽:选择外(内)圆车槽刀。

(3)螺纹:选择外(内)圆螺纹车刀。

(4)内孔:主要选择麻花钻、粗镗孔刀和精镗孔刀、扩孔钻、铰刀。

3)选择刀具的大小

(1)尽可能选择大的刀具,可以采用大的切削用量,提高效率,加工质量有保证。

(2)根据加工的背吃刀量选择刀具,背吃刀量越大,刀具越大。

(3)根据工件大小选择刀具,工件大的选大刀具,反之选取小刀具。

4)机夹可转位车刀的选用

为了减少换刀时间和方便对刀,便于实现机械加工的标准化,数控切削加工时,应尽量采用机夹可转位车刀。数控车床常用的机夹可转位车刀结构形式如图2.27所示。

(1)刀片材质的选择。常见刀片材料有高速钢、硬质合金、涂层硬质合金、陶瓷、立方氮化硼和金刚石等,其中应用最多的是硬质合金和涂层硬质合金刀片。

(2)刀片尺寸的选择。刀片尺寸的大小取决于必要的有效切削刃长度L。有效切削刃长度与背吃刀量a_p和车刀主偏角k_r有关,使用时可查阅有关刀具手册选取。

(3)刀片性质的选择。刀片形状主要依据被加工工件的表面形状、切削方法、刀具寿命及刀片的转位次数等因素选择。在机床刚性和功率允许的条件下,大余量、粗加工应选用刀尖角度较大的刀片;小余量、精加工时宜选用较小刀尖角的刀片。

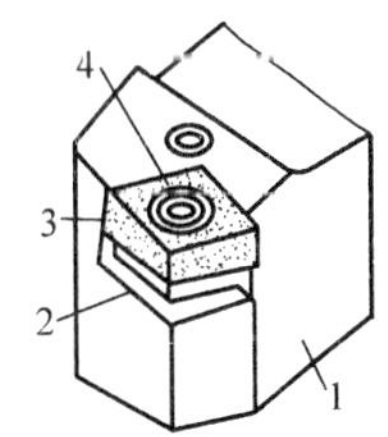

图2.27　机夹可转位车刀结构

1—刀杆　2—刀垫

3—刀片　4—夹固元件

5. 车刀的刃磨

车刀(整体车刀和焊接车刀)用钝后重新刃磨是在砂轮机上刃磨的。磨高速钢车刀时,应选用粒度为46号~60号的软或中软的氧化铝砂轮(白色);磨硬质合金车刀时,应选用粒度为60号~80号的软或中软的碳化硅砂轮(绿色)。

6. 车刀的安装

1)刀头不宜伸出太长

车刀刀头伸出的长度应以满足使用为原则,一般不超过刀杆厚度的2倍,能看见刀尖切削即可。如图 2.28 所示图(a)为安装正确；图(b)伸出较长不正确；图(c)的刀头悬空且伸出太长，安装不正确。

2)车刀刀尖高度要对中

车刀刀尖应与工件回转中心高度一致，高度不一致会使切削平面和基面变化而改变车刀应有的静态几何角度，影响正常的切削，甚至会使刀尖或刀刃崩裂。装得过高或过低均不能正常切削工件。

3)车刀放置要正确

车刀在刀架上放置的位置要正确，加工外表面的刀具在安装时其中心线应与进给方向垂直，加工内孔的刀具在安装时其中心线应与进给方向平行，否则会使主、副偏角发生变化而影响切削。

4)要正确选用刀垫

刀垫的作用是垫起车刀使刀尖与工件回转中心高度一致。刀垫要平整，选用时要做到以少代多、以厚代薄，放置要正确。如图 2.28 所示，图(b)中的刀垫放置不应缩回到刀架中去，使车刀悬空；图(c)中的两块刀垫均使车刀悬空；图(a)安装正确。

5)安装要牢固

车刀在切削过程中要承受一定的切削力，如果安装不牢固，就会松动、移位、发生意外，所以使用压紧螺钉紧固车刀时，不得少于 2 个且要可靠。

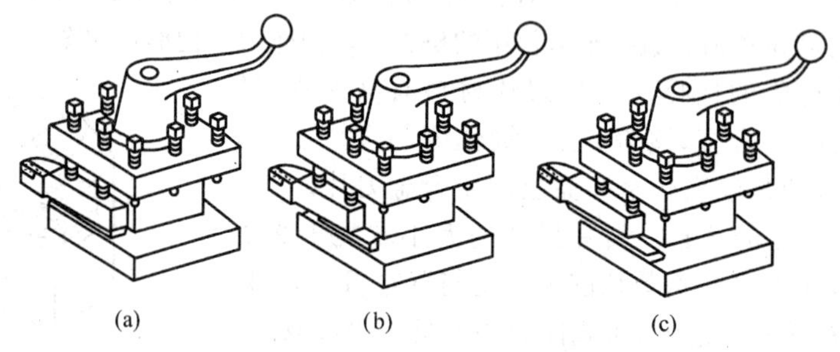

图 2.28　车刀安装示意图

7. 数控加工刀具卡

数控加工刀具卡是组装刀具和调整刀具的依据，主要包括刀具号、刀具类型、刀具的直径和长度等内容，一般格式如表 2.10 所示。

表 2.10　数控加工刀具卡片

产品名称或代号			零件名称		零件图号	
序号	刀具号	刀具规格名称	数量	加工表面		备注

[解决方案]

1. 制订加工工艺

1)零件图的工艺分析

该零件表面由圆柱面、圆弧面及孔等组成,图纸尺寸标注完整,符合数控加工尺寸标注要求,轮廓描述清楚完整,零件材料为45号钢,切削加工性能较好,无热处理和硬度要求。

2)装夹与定位

该零件为短轴类工件,轴心线为工艺基准。采用三爪自定心卡盘夹持,需进行2次装夹完成加工。

3)确定加工顺序及进给路线

加工顺序的确定按先粗后精、先近后远的原则确定,在一次装夹中尽可能加工出较多的工件表面。结合本零件的结构特征,可先粗加工外圆,然后精加工外圆,最后进行钻孔。

进给路线设计可以考虑最短进给路线和最短空行程路线原则,粗加工外圆可采用循环切削,并将换刀点和起刀点进行分离,外轮廓表面切削走刀路线可沿零件轮廓顺序进行。

4)工步顺序

(1)装夹 ϕ20 mm 外圆,找正。

(2)车端面。

(3)粗车圆弧面及 ϕ16 mm 外圆。

(4)精车圆弧面及 ϕ16 mm 外圆。

(5)切断。

(6)调头装夹 ϕ16 mm 外圆。

(7)粗车 ϕ8 mm 外圆及锥面。

(8)精车 ϕ8 mm 外圆及锥面。

(9)钻中心孔。

(10)钻孔至尺寸。

5)选择刀具

根据工件的加工要求,需选用外圆粗车刀、外圆精车刀和切断刀,刀具卡片如表2.11所示。

表2.11　数控加工刀具卡片

产品名称或代号		台式钻床	零件名称	手把	零件图号	
序号	刀具号	刀具规格名称	数量	加工表面		备注
1		中心钻 A3	1	钻中心孔		手动

续表

产品名称或代号		台式钻床	零件名称	手把	零件图号	
序号	刀具号	刀具规格名称	数量	加工表面		备注
2		$\phi6$ 钻头	1	钻孔		手动
3	T01	90°外圆粗车刀	1	粗车外圆		
4	T02	90°外圆精车刀	1	精车外圆		
5	T03	2 mm 切断刀	1	切断		

6)确定切削用量

切削用量的具体数值应根据机床性能、加工工艺、相关手册并结合实际经验确定。

(1)机床转速:外圆粗加工为 800 r/min,外圆精车为 1 000 r/min;切断为 400 r/min。

(2)进给速度:粗车外圆为 100 mm/min;精车外圆为 60 mm/min;切断为 30 mm/min。

7)选择机床和数控系统

(1)机床型号:威海天诺数控机械有限公司生产的 CK6132－Ⅱ型数控车床,该机床是两坐标数控车床,适用于加工几何形状复杂的轴类零件和盘类零件。

(2)数控系统:采用华中世纪星 HNC－21T 数控系统。

8)数控加工工序卡

综合上述内容,制订该零件数控切削加工工序卡片,见表 2.12。

表 2.12 台式钻床手把数控加工工序卡片

单位名称	威海职业学院	产品名称或代号		零件名称		零件图号	
		Z401A－316		手把			
工序号	程序编号	夹具名称		使用设备		车间	
002		三爪卡盘		CK6132－Ⅱ型数控车床		数控中心	
工步号	工步内容	刀具号	刀具类型	主轴转速 $(r\cdot min^{-1})$	进给速度 $(mm\cdot min^{-1})$	背吃刀量 (mm)	备注
1	平端面	T01	硬质合金 90° 外圆车刀	500			手动
2	粗车左端轮廓	T01	硬质合金 90° 外圆车刀	800	100	1.9	自动
3	精车左端轮廓	T02	硬质合金 90° 外圆车刀	1 000	60	0.1	自动
4	切断	T03	2 mm 切断刀	400	30		

续表

单位名称		产品名称或代号		零件名称		零件图号	
		Z401A－316		手把			
工序号	程序编号	夹具名称		使用设备		车间	
5	粗车右端轮廓	T01	硬质合金 90°外圆车刀	800	100	4	自动
6	精车右端轮廓	T02	硬质合金 90°外圆车刀	1 000	60	0.1	自动
7	钻中心孔		中心钻 A3				手动
8	钻孔至 ϕ6 mm		ϕ6 mm 钻头				手动

2. 编制零件加工程序

1)确定工件坐标系、对刀点和换刀点

(1)根据零件图纸的尺寸标注特点及基准统一的原则，选择零件右端面与轴心线的交点作为工件原点，建立工件坐标系。

(2)采用手动试切对刀方法把该点作为对刀点。

(3)换刀点设置在工件坐标系下 X100、Z100 处。

2)编制零件加工程序

(1)编程分析。该零件结构要素有圆柱面、圆弧面等，表面粗糙度有一定的影响，应将粗、精加工分开进行。另外，粗加工采用外圆粗切刀，精加工采用外圆精车刀，也是为了保证工件的表面质量和尺寸精度。

采用直径编程方式，直径尺寸编程与零件图纸中的尺寸标注一致，编程较为方便。

(2)数值计算。轮廓上节点坐标的计算一般采用手工计算和计算机辅助计算。此零件图中对于圆弧连接处的坐标，采用手工计算较难而且时间较长，容易出错，可利用 AutoCAD、CAXA 等绘图软件按 1∶1 比例绘制零件图形后获得节点的准确坐标，见表 2.13。

表 2.13　轮廓节点计算

节点	坐标
A	(16，－53)
B	(16，－76.973)
C	(13.316，－78.859)

(3)加工程序清单如下。

①左端加工：

```
%0002                                              程序号
N010 T0101                                         外圆粗车刀
N020 G00 X22 Z5                                    刀具快速定位
N030 M03 S800                                      主轴正转
N040 G71 U1.5 R1 P10 Q20 X0.2 Z0.1 F100            粗车循环
N050 G00 X100 Z100                                 快速返回换刀点
N060 T0202 S1000                                   换外圆精车刀
N070 G00 X22 Z5                                    快速至循环起点
N080 G00 X0                                        刀具快速定位
N090 G01 Z0 F60                                    精加工轮廓起始行
N0100 G03 X13.316 Z-1.141 R20                      切削R20圆弧
N0110 G03 X16 Z-3.027                              切削R2圆弧
N0120 G01 Z-85                                     切削φ16 mm外圆
N0130 G00 X100 Z100                                快速返回换刀点
N0140 T0303 S400                                   换切断刀
N0150 G00 X18 Z-82                                 刀具快速定位
N0160 G01 X0 F30                                   切断
N0170 G00 X100 Z100                                快速返回换刀点
N0180 M05                                          主轴停止
N0190 M30                                          程序结束
```

②右端加工：

```
%0003                                              程序号
N010 T0101                                         换外圆粗车刀
N020 M03 S800
N030 G00 X18 Z2                                    快速至循环起点
N040 G71 U2 R1 P10 Q20 X0.2 Z0.1 F100              粗车循环
N050 G00 X100 Z100                                 快速返回换刀点
N060 T0202 S1000                                   换外圆精车刀
N070 G00 X18 Z2                                    快速至循环起点
N080 G00 X8                                        刀具快速定位
N090 G01 Z0 F60                                    精车轮廓起始行
N0100 Z-13                                         切削φ8 mm外圆
N0110 X16 Z-53                                     切削锥面
N0120 G00 X100 Z100                                快速返回换刀点
N0130 M05                                          主轴停止
```

N0140 M30　　　　程序结束

[任务扩展]

1. 学习应用

加工如图 2.29 所示的零件，零件毛坯为 ϕ65 mm×50 mm 的棒料，材料为 45 号钢，完成零件的数控加工，切削加工至图纸尺寸。

◆ 要求：

(1)进行切削刀具的合理选择。

(2)制订工件的加工工艺。

(3)进行数控加工程序编制。

(4)进行数控加工仿真。

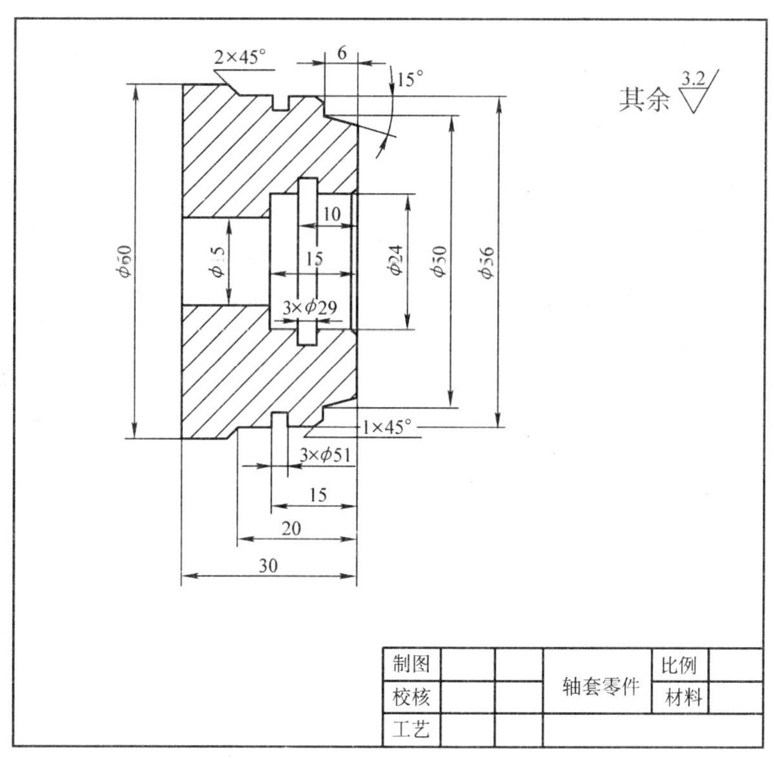

图 2.29　轴套零件 3

2. 创新设计

设计一个切削零件，对其合理选择切削刀具，并进行加工。

◆ 设计要求：

(1) 介绍零件的功用。

(2) 画出标准图纸，表达清晰，画法规范。

(3) 给出材料，说明选材意图。

(4) 给出加工要素的作用，选择加工方法。

(5) 设计加工工艺。

(6) 完成仿真加工。

学习情境三　数控加工

一、数控模拟仿真加工

知识要点

- 上海宇龙数控加工仿真软件的认识。
- 数控仿真软件各项操作方法，包括开、关机步骤，坐标系的建立方法，数控程序的输入与编辑，程序的运行与加工、零件的测量方法等。
- 数控程序的手工输入方法及DNC自动传输方法。

（一）数控加工仿真系统

上海宇龙软件工程有限公司开发的数控加工仿真系统V4.0版，是一个应用虚拟现实技术于数控加工操作技能培训和考核的仿真软件。它采用数据库统一管理刀具材料和性能参数库，提供车床、铣床和加工中心，以及机床厂家的多种常用面板，具备对数控机床操作全过程和加工运行全环境仿真的功能。在操作过程中，它具有完全自动、智能化的高精度测量功能和全面的碰撞检测功能，还可以对数控程序进行处理。为了便于教学和鉴定工作，系统还具有考试、互动教学、自动评分和记录回放功能。

（二）数控加工仿真系统的基本功能

1. 机床与控制系统

数控加工仿真系统提供车床、立式铣床、卧式加工中心和立式加工中心，以及机床厂家的多种常用面板；控制系统有FANUC系列、Siemens系列、三菱、大森、华中数控、广州数控等。

2. 丰富的刀具材料库

采用数据库统一管理刀具材料和性能参数库，刀具库含有数百种不同材料和形状的车刀、铣刀，支持用户自定义刀具以及相关特征参数。

3. 机床操作全过程仿真

仿真机床操作的整个过程包括毛坯定义、工件装夹、压板安装、基准对刀、安装刀具、机床手动操作等仿真。

4. 加工运行全环境仿真

仿真数控程序的自动运行和MDI运行模式；三维工件的实时切削，刀具轨迹的三维显示；提供刀具补偿、坐标系设置等系统参数的设定。

5. 高精度测量

基于剖面图的铣工件自动测量和采用双游标卡尺的车工件智能测量。

6. 全面的碰撞检测

手动、自动加工等模式下的实时碰撞检测，包括刀柄刀具与夹具、压板、机床等碰撞，也包括机床行程越界及主轴不转时刀柄刀具与工件等的碰撞。

7. 数控程序处理

能够通过DNC导入各种CAD/CAM软件生成的数控程序，例如Mastercam、Pro/E、UG、CAXA等，也可以导入手工编制的文本格式数控程序，还能够直接通过面板手工编辑输入、输出数控程序。

8. 考试记录回放

本系统具有记录考试操作全过程和考试结果的功能以及多种回放方式。

9. 互动教学

教师和学生可以相互观看对方的操作，进行互动交流。

(三)数控仿真软件的操作

1. 基本操作

1) 建立项目文件

(1)新建项目文件。打开“文件/新建项目”菜单，选择新建项目后，就相对于回到重新选择后机床的状态。

(2)打开项目文件。打开“文件/打开项目”菜单，在选中的项目文件夹中打开后缀名为“.MAC”的文件。

2) 导入零件模型

机床在加工零件时，除了可以使用完整的毛坯，还可以对经过部分加工的毛坯进行再加工。经过部分加工的毛坯称为零件模型，可以通过导入零件模型的功能调用零件模型。

如果仅想对加工的零件进行操作，可以选择“文件”菜单中的“导入/导出零件模型”，零件模型的文件以“.PRT”为后缀名。

如果经过“导入零件模型”的操作，对话框的零件列表中会显示模型文件名，若在类型框中选择“选择模型”，则可以选择导入的零件模型文件。选择后，零件模型即经过部分加工的成型毛坯被放置在机床台面上。若在类型框中选择“选择毛坯”，则使选择导入的零件模型文件，放置在工作台面上的仍然是未经加工的原毛坯。

3）变换视图

在工具栏中选择如图 3.1 所示的按钮之一，它们分别对应于菜单“视图”下拉菜单的“复位”“局部放大”“动态缩放”“动态平移”“动态旋转”“左侧视图”“右侧视图”“俯视图”“前视图”“选项”“控制面板切换”。

图 3.1　视图变换工具条

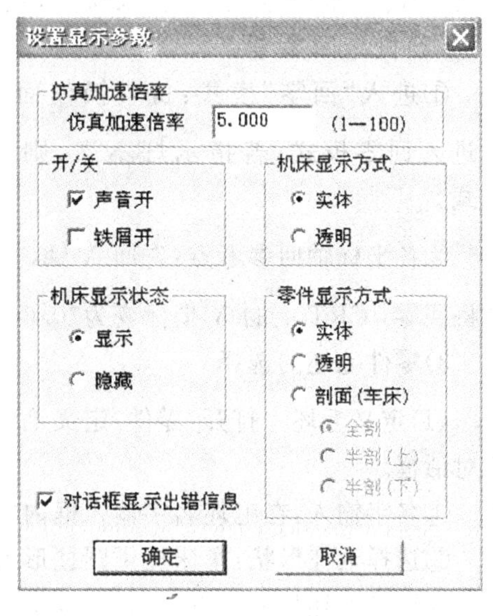

图 3.2　“设置显示参数”对话框

另外，也可以将光标置于机床显示区域内，点击鼠标右键，弹出浮动菜单进行相应选择。

4）设置显示参数

选择“视图”菜单或点击工具条中的“选项”，出现“设置显示参数”对话框，如图 3.2 所示。

（1）仿真加速倍率：其速度值用以调节仿真速度，有效数值范围为 1～100。

（2）开/关：其复选框分别表示仿真加工中状态的选择。

（3）机床显示状态：表示机床是“显示”还是“隐藏”状态。

（4）零件显示方式：表示加工零件的显示方式。

（5）对话框显示出错信息：出错信息提示将出现在对话框中，否则，出错信息将出现在屏幕的右下角。

2. 模拟仿真软件操作步骤

数控模拟仿真软件操作大致步骤是打开软件后，首先选择机床，然后分别进行以下步骤。

(1)打开电源、急停开关、机床回参考点。

(2)定义毛坯，安装零件。

(3)选择刀具并安装。

(4)建立工件坐标系，输入刀补值。

(5)数控程序的建立或导入、编辑。

(6)数控程序的校验。

(7)数控程序的自动加工。

(8)检测与测量。

1)数控机床的选择

打开“机床/选择机床”菜单或者点击工具条上的，在对话框中，机床类型选择相应的机床、厂家及型号。

2)机床准备

(1)打开开关，激活机床。打开电源开关，松开急停按钮；检查急停按钮是否松开至急停状态，若未松开，点击急停按钮，将其松开。

(2)机床回参考点。

①进入“回零”模式：检查操作面板上回零指示灯是否亮，若指示灯亮，则已进入回零模式；若指示灯不亮，则点击按钮，使回零指示灯亮，转入回零模式。

②各坐标轴回参考点：先回 X 轴，再回 Z 轴；点击控制面板上的 +X 按钮，此时 X 轴将回零，CRT 上的 X 坐标变为“0.000”。同样，再点击 +Z 按钮，将 Z 轴回零。

3)零件毛坯的选择

(1)定义毛坯。打开“零件/定义毛坯”菜单或在工具条上选择图标，系统即打开对话框。

①名字输入：在毛坯名字输入框内输入毛坯名，也可以使用缺省值。

②选择毛坯形状：车床提供圆柱形毛坯。

③选择毛坯材料：毛坯材料列表中提供多种供加工的毛坯材料。

④参数输入：尺寸输入框用于输入尺寸，圆柱形毛坯直径的范围为 10 ～160 mm，高的范围为 10 ～280 mm。

⑤保存退出：按 确定 按钮，保存定义的毛坯并且退出本操作。

(2)安装零件。打开菜单“零件/放置零件”命令或在工具条上选择图标，系统即打开对话框，选择前面定义的零件毛坯，确定后正确安装零件。

(3)移动零件。零件放置好后可以在工作台面上移动。毛坯放上工作台后，系统将自动弹出一个小键盘，可以实现零件的平移和旋转。选择菜单“零件/移动零件”也可以打开小键盘。

(4)拆除零件。打开“零件/拆除零件”菜单可以将当前零件进行拆除。

4)刀具的选择

打开“机床/选择刀具”菜单或者在工具条中选择图标，系统弹出刀具选择对话框如图 3.3 所示。

(1)选择车刀。

①选择刀位号：在对话框左侧排列的编号 1～8 中，选择所需的刀位号。刀位号

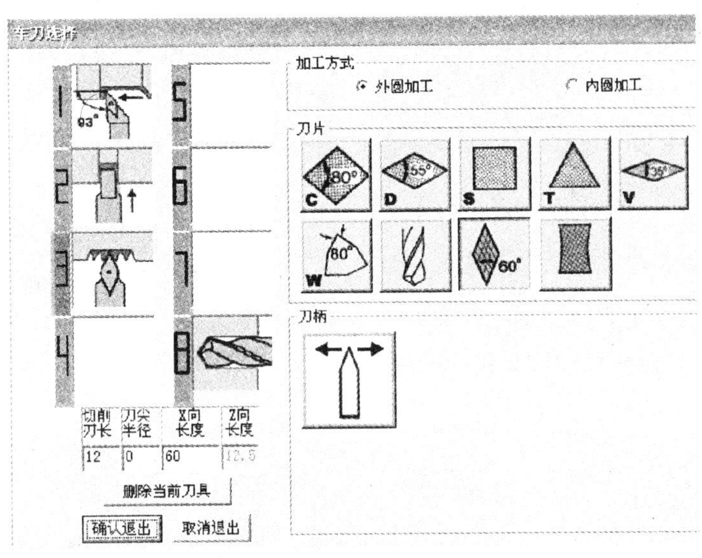

图 3.3　车刀选择对话框

即刀具在车床刀架上的位置编号。被选中的刀位编号的背景颜色变为蓝色。

②指定加工方式：可选择内圆加工或外圆加工。

③选定刀片类型：在刀片列表框中选择所需的刀片后，系统自动给出相匹配的刀柄供选择。

④选择刀柄类型。

⑤定义刀尖半径：允许操作者修改刀尖半径，刀尖半径范围为 0～10 mm。

⑥定义切削刃长度：刀具长度是指从刀尖开始到刀架的距离。刀具长度的范围为 60～300 mm。

当刀片和刀柄都选择完毕，刀具被确定，并且输入到所选的刀位中。刀位号右侧对应的图片框中显示装配完成的完整刀具。

(2)删除刀具。在当前选中的刀位号中的刀具可通过“删除当前刀具”键删除。

5)机床对刀，建立工件坐标系

数控程序一般按工件坐标系编程，对刀的过程就是建立工件坐标系与机床坐标系之间关系的过程。

下面具体说明车床对刀的方法，其中将工件右端面中心点设为工件坐标系原点。

(1)试切法对刀。试切法对刀是用所选的刀具试切零件的外圆和端面，经过测量和计算得到零件端面中心点的坐标值。

①装好刀具后，点击操作面板中“手动”按钮切换到“手动”方式；借助“视图”菜单中的动态旋转、动态放缩、动态平移等工具，利用操作面板上的 -X 、+X 、-Z 、+Z 按钮，使刀具移动到可切削零件的大致位置，如图 3.4。

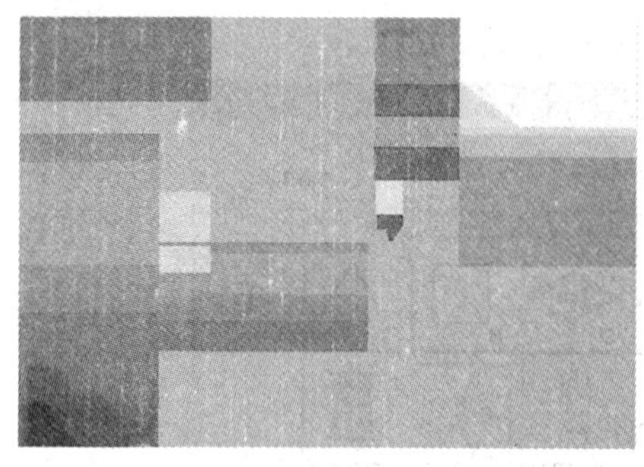

图 3.4 对刀示图一

②点击操作面板上主轴反转或主轴正转按钮，使主轴转动；点击 -Z 按钮，移动 Z 轴，用所选刀具试切工件外圆，如图 3.5 所示。读出 CRT 界面上显示的机床的 X 的坐标，记为 $X1$。

③点击 +Z 按钮，将刀具退至如图 3.6 所示位置，点击 -X 按钮，试切工件端面，如图 3.7 所示。记下 CRT 界面上显示的机床的 Z 的坐标（坐标值应是机床坐标系的绝对坐标），记为 Z。

图 3.5 对刀示图二

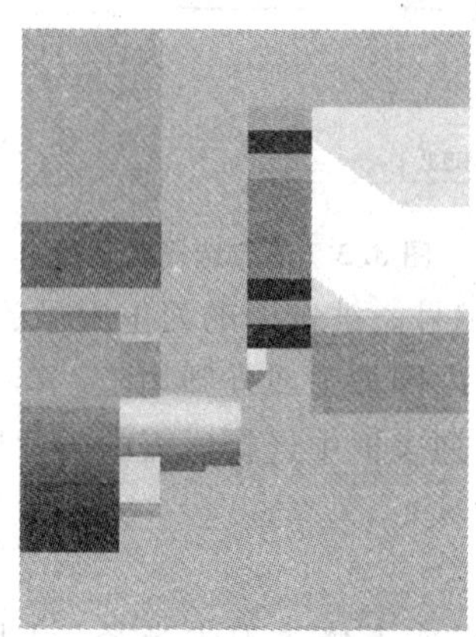

图 3.6 对刀示图三

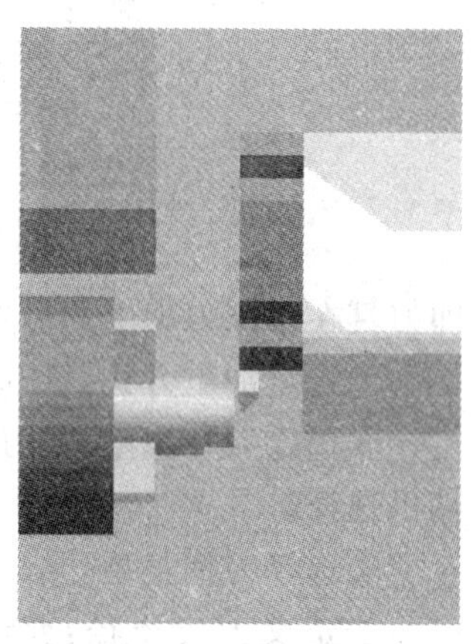

图 3.7 对刀示图四

④点击操作面板上的主轴停止按钮，使主轴停止转动，点击菜单“测量/剖面图测量”如图 3.8 所示，点击试切外圆时所切线段，选中的线段由红色变为黄色。记下下面对话框中对应的 X 的直径值，记为 $X2$。

⑤$X1$ 的坐标值减去“测量”中读取的 $X2$ 的值，即 $X1-X2$，记为 X。

⑥(X,Z) 即为工件坐标系原点在机床坐标系中的坐标值。

(2) 自动设置坐标系法。自动设置坐标系法对刀采用的是在刀偏表中设定试切直径和试切长度，选择需要的工件坐标系，机床自动计算出工件端面中心点在机床坐标系中的坐标值。

①按 MDI F4 软键，在弹出的下级子菜单中按 刀偏表 F2 软键，进入刀偏数据设置页面，如图 3.9 所示。

②用 ▲ ▼ 方位键将亮条移动到要设置为标准刀具的行，按 标刀选择 F5 软键设置标准刀具，绿色亮条所在行变为红色，此行被设为标准刀具，如图 3.10 所示。

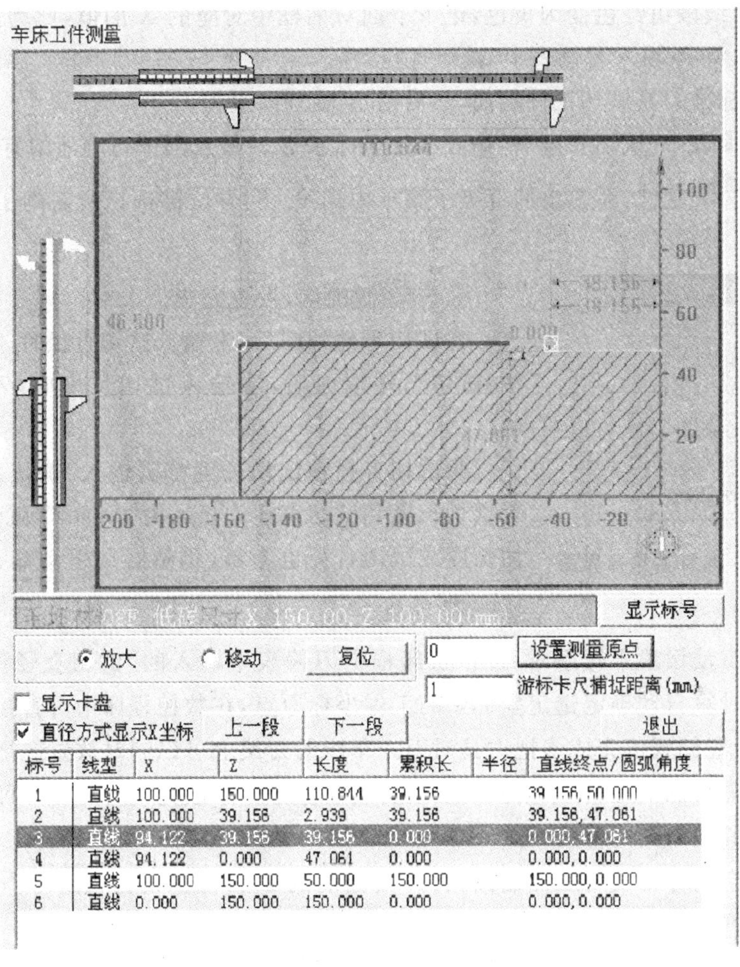

图 3.8　车床工件测量图

[illegible]	[illegible]	[illegible]	[illegible]	[illegible]	[illegible]	[illegible]
#XX0	0.000	0.000	0.000	0.000	0.000	0.000
#XX1	0.000	0.000	0.000	0.000	0.000	0.000
#XX2	0.000	0.000	0.000	0.000	0.000	0.000
#XX3	0.000	0.000	0.000	0.000	0.000	0.000
#XX4	0.000	0.000	0.000	0.000	0.000	0.000
#XX5	0.000	0.000	0.000	0.000	0.000	0.000
#XX6	0.000	0.000	0.000	0.000	0.000	0.000
#XX7	0.000	0.000	0.000	0.000	0.000	0.000
#XX8	0.000	0.000	0.000	0.000	0.000	0.000
#XX9	0.000	0.000	0.000	0.000	0.000	0.000
#XX10	0.000	0.000	0.000	0.000	0.000	0.000
#XX11	0.000	0.000	0.000	0.000	0.000	0.000
#XX12	0.000	0.000	0.000	0.000	0.000	0.000

图 3.9　刀偏数据设置页面一

刀偏号	[illegible]	[illegible]	[illegible]	[illegible]	[illegible]	[illegible]
#XX0	0.000	0.000	0.000	0.000	0.000	0.000
#XX1	0.000	0.000	0.000	0.000	0.000	0.000
#XX2	0.000	0.000	0.000	0.000	0.000	0.000
#XX3	0.000	0.000	0.000	0.000	0.000	0.000
#XX4	0.000	0.000	0.000	0.000	0.000	0.000
#XX5	0.000	0.000	0.000	0.000	0.000	0.000
#XX6	0.000	0.000	0.000	0.000	0.000	0.000
#XX7	0.000	0.000	0.000	0.000	0.000	0.000
#XX8	0.000	0.000	0.000	0.000	0.000	0.000
#XX9	0.000	0.000	0.000	0.000	0.000	0.000
#XX10	0.000	0.000	0.000	0.000	0.000	0.000
#XX11	0.000	0.000	0.000	0.000	0.000	0.000
#XX12	0.000	0.000	0.000	0.000	0.000	0.000

图 3.10　刀偏数据设置页面二

③用标准刀具试切零件外圆，然后沿 Z 轴方向退刀。

④主轴停止转动后，点击菜单“测量/剖面图测量”，在弹出的对话框中点击刀具

所切线段，线段由红色变为黄色，记下下面对话框中对应的 X 的值，此为试切后工件的直径值，将 X 填入刀偏表中“试切直径”栏。

⑤用标准刀具试切工件端面，然后沿 X 轴方向退刀。

⑥刀偏表中“试切长度”栏输入工件坐标系 Z 轴零点到试切端面的有向距离。

⑦按 标刀对刀 F7 软键，在弹出的下级子菜单中用 ▲ ▼ 方位键选择所需的工件坐标系，如图 3.11 所示。

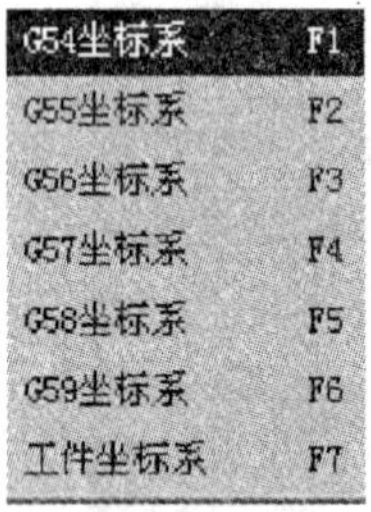

G54坐标系	F1
G55坐标系	F2
G56坐标系	F3
G57坐标系	F4
G58坐标系	F5
G59坐标系	F6
工件坐标系	F7

图 3.11 坐标系选择界面

⑧按 Enter 键确认，设置完毕。

⑨试切零件外圆后，未输入试切直径时，不得移动 X 轴；试切工件端面后，未输入试切长度时，不得移动 Z 轴。

⑩试切直径和试切长度都需输入、确认。打开刀偏表试切长度和试切直径均显示为“0.000”，就使实际的试切长度或试切直径也为零，仍然必须手动输入“0.000”，按 Enter 键确认。

采用自动设置坐标系对刀后，机床根据刀偏表中输入的“试切直径”和“试切长度”，经过计算自动确定选定坐标系的工件坐标原点，在数控程序中可直接调用。

(3)设置偏置值完成多把刀具对刀。车床的刀架上可以同时放置 8 把刀具，选择其中一把刀为标准刀具，采用试切法或自动设置坐标系法完成对刀后，可通过设置偏置值完成其他刀具的对刀。

①选定的标刀试切工件端面，将刀具当前的 Z 轴位置设为相对零点(设零前不得有 Z 轴位移)记下此时 Z 轴坐标值，记为 Z。

②标刀试切零件外圆，将刀具当前 X 轴的位置设为相对零点(设零前不得有 X 轴的位移)记下此时 X 轴的坐标值，记为 X；此时标刀在工件上已切出一个基准点。当标刀在基准点位置时，即在设值的相对零点位置。

③按 MDI F4 软键，进入 MDI 参数设置界面，按 坐标系 F3 软键，进入自动坐标系设置界面，点击 PgUp 或 PgDn 按钮选择坐标系“当前相对值零点”，如图 3.12 所示，将第一步和第二步中得到的相对零点位置(X,Z)输入。

注意：“当前相对零点”坐标系中的默认值为机床坐标系的原点位置坐标值“X0.000 Z0.000”。

④按 显示方式 F9 软键，在弹出的下级子菜单中选择“坐标系”，在接着弹出的下级子菜单中选择“相对坐标系”。此时 CRT 界面右侧的“选定坐标系下的坐标值”显示栏显示“相对实际位置”。退出换刀后，将下一把刀移到工件上基准点的位置上，此时“选定

坐标系下的坐标值”显示栏中显示的相对值，即为该刀相对于标刀的偏置值，如图3.13所示(为保证刀准确移到工件的基准点上，可采用增量进给方式或手轮进给方式)。

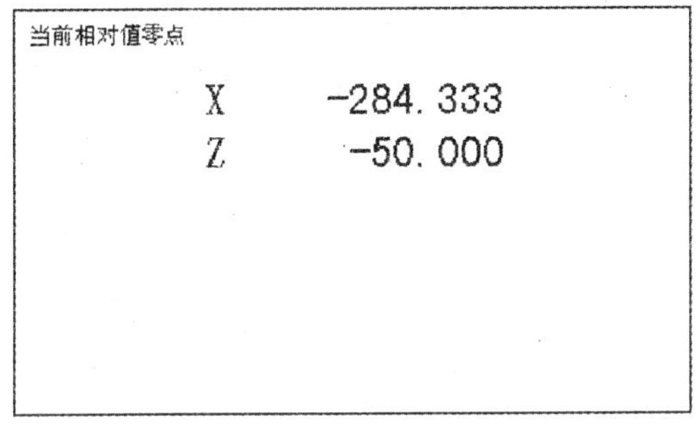

图3.12　当前相对值零点

图3.13　相对实际位置

⑤按 MDI F4 软键，在弹出的下级子菜单中按 刀偏表 F2 软键，进入刀偏数据设置方式。

⑥将④得到的“刀偏值”输入到对应刀号的“*X* 偏置”和“*Z* 偏置”栏中，设置完毕。

(4)机床刀具补偿参数设置。车床的刀具补偿包括在刀偏表(图3.14)中设定的刀具的偏置补偿、磨损量补偿和在刀补表里设定的刀尖半径补偿，可在数控程序中调用。

①刀具磨损量补偿参数。刀具使用一段时间后磨损，会使产品尺寸产生误差，因此需要对刀具设定磨损量补偿。步骤如下。

第1步：在起始界面下按软键 MDI F4，进入 MDI 参数设置界面。

第2步：按 刀偏表 F2 软键进入参数设定页面，如图3.14所示。

第3步：将光标移到对应刀偏号的磨损栏中，按 Enter 键后，此栏可以输入字符，可通过控制面板上的 MDI 键盘输入磨损量补偿值。

刀偏号	[illegible]	[illegible]	[illegible]	[illegible]	[illegible]	[illegible]
#XX0	0.000	0.000	0.000	0.000	0.000	0.000
#XX1	0.000	0.000	0.000	0.000	0.000	0.000
#XX2	0.000	0.000	0.000	0.000	0.000	0.000
#XX3	0.000	0.000	0.000	0.000	0.000	0.000
#XX4	0.000	0.000	0.000	0.000	0.000	0.000
#XX5	0.000	0.000	0.000	0.000	0.000	0.000
#XX6	0.000	0.000	0.000	0.000	0.000	0.000
#XX7	0.000	0.000	0.000	0.000	0.000	0.000
#XX8	0.000	0.000	0.000	0.000	0.000	0.000
#XX9	0.000	0.000	0.000	0.000	0.000	0.000
#XX10	0.000	0.000	0.000	0.000	0.000	0.000
#XX11	0.000	0.000	0.000	0.000	0.000	0.000
#XX12	0.000	0.000	0.000	0.000	0.000	0.000

图3.14　刀偏表设定界面

第4步：修改完毕，按 Enter 键确认，或按 Esc 键取消。

②刀具偏置量补偿参数。按 刀偏表 F2 软键，进入参数设定界面，如图3.14所示，将 *X*、*Z* 的偏置值分别输入对应的补偿值区域(方法同输入磨损量补偿参数)。

注意：偏置值可以用车床对刀介绍的“设置偏置值完成多把刀具对刀”的方法获得。

③刀尖半径补偿参数

第 1 步：按 刀补表 F3 软键进入参数设定页面，如图 3.15 所示。

第 2 步：将光标移到对应刀补号的半径栏中，按 Esc 键后，此栏可以输入字符，通过控制面板上的 MDI 键盘输入刀尖半径补偿值。

第 3 步：修改完毕，按 Enter 键确认，或按 Esc 键取消。

④刀尖方位参数。车床中刀尖共有 9 个方位，如图 3.16 所示。

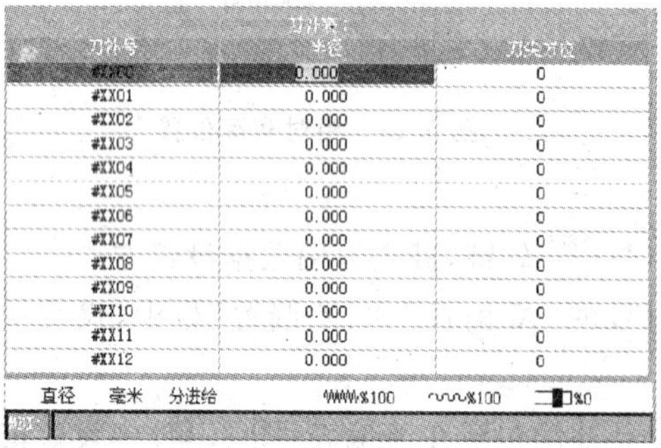

刀补号	刀补表：半径	刀尖方位
#XX00	0.000	0
#XX01	0.000	0
#XX02	0.000	0
#XX03	0.000	0
#XX04	0.000	0
#XX05	0.000	0
#XX06	0.000	0
#XX07	0.000	0
#XX08	0.000	0
#XX09	0.000	0
#XX10	0.000	0
#XX11	0.000	0
#XX12	0.000	0

直径 毫米 分进给 %100 %100 %0

MDI：

图 3.15 刀补表设定界面

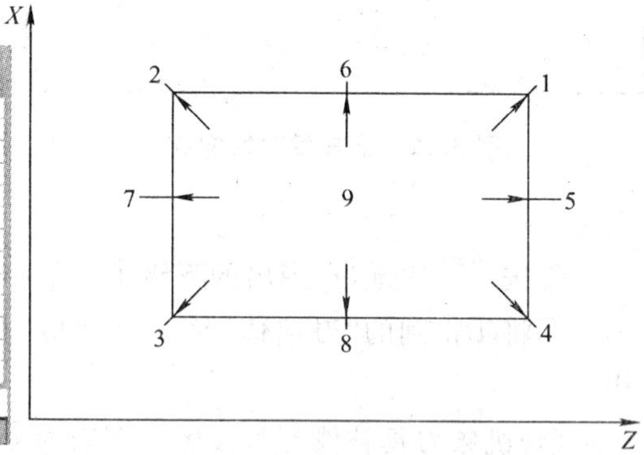

X 2 6 1 7 9 5 3 8 4 Z

图 3.16 车刀刀尖方位号

数控程序中调用刀具补偿命令时，需在刀补表（图 3.15）中设定所选刀具的刀尖方位参数值。刀尖方位参数值根据所选刀具的刀尖方位参照图 3.16 得到，输入方法同输入刀尖半径补偿参数。

注意：刀补表和刀偏表从＃XX1～＃XX99 行可输入有效数据，可在数控程序中调用；刀补表和刀偏表中＃XX0 行虽然可以输入补偿参数，但在数控程序调用时数据被取消。

6）手动加工零件

(1)手动/连续方式。

①点击 手动 按钮，切换机床进入手动模式。

②按住 X、Y、Z 的控制按钮 -X 、+X 、-Y 、+Y 、-Z 、+Z ，迅速准确地将机床移动到指定位置，根据需要加工零件。

③点击 主轴正转、主轴停止、主轴反转 按钮，来控制主轴的转动、停止。

注意:刀具切削零件时,主轴需转动。加工过程中刀具与零件发生非正常碰撞后(车刀的刀柄与零件发生碰撞),系统弹出警告对话框,同时主轴自动停止转动,调整到适当位置,继续加工时需再次点击主轴反转或主轴正转按钮,使主轴重新转动。

(2)手动/增量方式。在手动/连续加工或在对刀,需精确调节机床时,可用增量方式调节机床。

可以用点动方式精确控制机床移动,点击增量按钮,切换机床进入增量模式,x1、x10、x100、x1000表示点动的倍率,分别代表0.001 mm、0.01 mm、0.1 mm、1 mm,同样也是配合移动按钮 -X 、+X 、-Y 、+Y 、-Z 、+Z 来移动机床;也可采用手轮方式精确控制机床移动,点击手轮按钮,显示手轮,选择旋钮和手轮移动量旋钮,调节手轮,进行微调使机床移动达到精确。

注意:使用点动方式移动机床时,手轮的选择旋钮需置于OFF挡。

7)数控程序编辑

(1)新建数控程序。若要创建一个新的程序,则在"选择编辑程序"的菜单中选择"磁盘程序",在文件名栏输入新程序名(不能与已有程序名重复),按Enter按钮即可,此时CRT界面上显示一个空文件,可通过MDI键盘输入所需程序。

(2)打开数控程序。

①选择磁盘程序。

第1步:按显示方式F9软键,根据弹出的菜单按<F1>软键,选择"显示模式",根据弹出的下一级子菜单再按<F1>软键,选择"正文"。

第2步:按程序编辑F2软键,进入程序编辑状态。在弹出的下级子菜单中,按选择编辑程序F2软键,弹出菜单"磁盘程序:当前通道正在加工的程序",按<F1>软键或将光标移到"磁盘程序"上,再按Enter键确认,则选择"磁盘程序",弹出如图3.17所示的对话框。

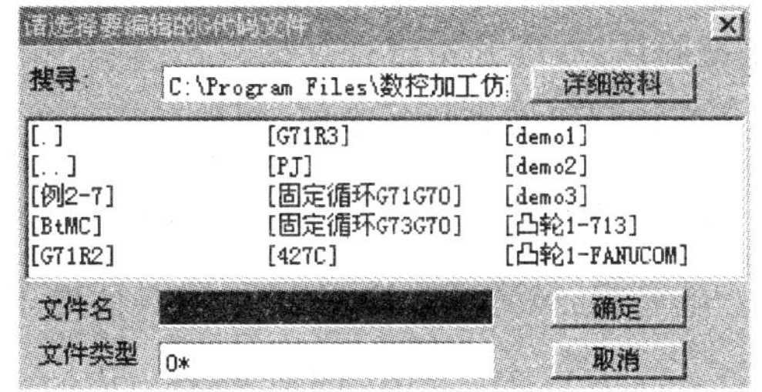

图3.17　选择磁盘程序对话框

第3步:点击控制面板上的Tab键,使光标在各text框和命令按钮间切换。光标聚焦在“文件类型”框中，点击▼按钮，可在弹出的下拉框中通过▲▼选择所需的文件类型，也可按Enter键可输入所需的文件类型；光标聚焦在“搜寻”框中，点击▼按钮，可在弹出的下拉框中通过▲▼选择所需搜寻的磁盘范围，此时文件名列表框中显示所有符合磁盘范围和文件类型的文件名；光标聚焦在文件名列表框中时，可通过▲▼◀▶方位键选定所需程序，再按Enter键确认所选程序；光标聚焦在“文件名”框中，按Enter键后可输入所需的文件名，再按Enter键。确认所选程序。

②选择当前正在加工的程序。

按显示方式F9软键，根据弹出的菜单按＜F1＞软键，选择“显示模式”，根据弹出的下级子菜单再按＜F1＞软键，选择“正文”；按程序编辑F2软键，进入程序编辑状态。在弹出的下级子菜单中，按选择编辑程序F2软键，弹出菜单“磁盘程序；当前通道正在加工的程序”；按＜F2＞软键或用▲▼方位键将光标移到“当前通道正在加工的程序”上，再按Enter键确认，则选择“当前通道正在加工的程序”，此时CRT界面上显示当前正在加工的程序。如果当前没有正在加工的程序，则在弹出的对话框，按Y键确认。

(3)编辑数控程序。选择一个需要编辑的程序后，在“正文”显示模式下，可根据需要对程序进行插入、删除、查找、替换等编辑操作。

①移动光标：选定需要编辑的程序，光标停留在程序首行首字符前，点击▲▼◀▶方位键，使光标移动到所需的位置。

②插入字符：将光标移到所需位置，点击控制面板上的MDI键盘，可将所需的字符插入光标所在位置。

③删除字符：在光标停留处，点击BS按钮，可删除光标前的一个字符；点击Del按钮，可删除光标后的一个字符；按删除一行F6软键，可删除当前光标所在行。

④查找：按查找F7软键，在弹出的对话框中通过MDI键盘输入所需查找的字符，按Enter键确认，立即开始进行查找。

若找到所需查找的字符，则光标停留在找到的字符前面；若没有找到所需查找的字符串，则弹出“没有找到字符串xxx”的对话框，按Y键确认。

⑤替换：按替换F9软键，在弹出的对话框中输入需要被替换的字符，按Enter键确认，在接着弹出的对话框中输入需要替换成的字符，按Enter键确认，在弹出的对话框中点击Y键则进行全文替换；点击N键则根据对话框选择是否进行光标所在处的替换。

注意:如果没有找到需要替换的字符串,将弹出"没有找到字符串 xxx"的对话框,按 Y 键确认。

(4)数控程序的保存。编辑好的程序需要进行保存或另存为操作,以便再次调用。

①保存文件:对数控程序作修改后,按 保存文件 F4 软键,将程序按原文件名、原文件类型、原路径保存。

②另存为文件:按 文件另存为 F5 软键,在弹出的对话框中,点击控制面板上的 Tab 键,使光标在各 text 框和命令按钮间切换。光标聚焦在"文件名"的 text 框中,按 Enter 键后,通过控制面板上的键盘输入另存为的文件名;光标聚焦在"文件类型"的 text 框中,按 Enter 键后,通过控制面板上的键盘输入另存为的文件类型;或者点击 ▼ 按钮,可在弹出的下拉框中通过 ▲ ▼ 选择所需的文件类型;光标聚焦在"搜寻"的 text 框中,点击 ▼ 按钮,可在弹出的下拉框中通过 ▲ ▼ 选择另存为的路径。按 Enter 键确定后,此程序按输入的文件名、文件类型、路径进行保存。

8) 程序轨迹校验

在选择一个数控程序后,需要查看程序是否正确,可以通过查看程序轨迹是否正确来判定。

检查控制面板上的 自动 或 单段 指示灯是否亮,若未亮,点击 自动 或 单段 按钮,使其指示灯变亮,进入自动加工模式。

在自动加工模式下,选择一个数控程序后, 程序校验 F3 软键变亮,点击控制面板上的 程序校验 F3 软键。此时点击操作面板上的运行控制按钮 ,即可观察程序的运行轨迹,还可通过"视图"菜单中的动态旋转、动态放缩、动态平移等方式对运行轨迹进行全方位的动态观察。

注意:红线代表刀具快速移动的轨迹,绿线代表刀具正常移动的轨迹。

9) 数控程序的自动运行

(1)自动运行步骤如下。

①检查机床是否回零,若未回零,先将机床回零。

②检查控制面板上 自动 按钮指示灯是否变亮,若未变亮,点击 自动 按钮,使其指示灯变亮,进入自动加工模式。

③按 自动加工 F1 软键,切换到自动加工状态。在弹出的下级子菜单中按 程序选择 F1 软键,可选

择磁盘程序或正在编辑的程序，在弹出的对话框中选择需要的数控程序。

④点击按钮，则开始进行自动加工。

(2)中断运行。按软键，可使数控程序暂停运行。同时弹出的对话框，按Y键表示确认取消当前运行的程序，则退出当前运行的程序；按N键表示当前运行的程序不被取消，当前程序仍可运行，点击按钮，数控程序从当前行接着运行。

注意：停止运行在程序校验状态下无效。

退出当前运行的程序后，需按软键，根据弹出的对话框提示，按Y键或N键，确认或取消，确认后，点击按钮，数控程序从开始重新运行。

(3)急停。按下急停按钮，数控程序中断运行，继续运行时，先将急停按钮松开，再按按钮，余下的数控程序从中断行开始做为一个独立的程序执行。

注意：在调用子程序的数控程序中，程序运行到子程序时按下急停按钮，数控程序中断运行，主程序运行环境被取消。将急停按钮松开，再按按钮，数控程序从中断行开始执行，执行到子程序结束处停止。相当于将子程序视作独立的数控程序。

10) 零件尺寸的测量

如果当前机床上有零件且零件不处于正在被加工的状态，选择菜单“测量/剖面图测量”，弹出对话框如图 3.18 所示。

上半部分的视图显示零件的剖面图，坐标系水平方向以零件轴心为 Z 轴，向右为正方向，默认零件最右端中心记为原点；垂直方向为 X 轴，显示零件的半径值。Z、X 方向各有一把卡尺用来测量两个方向上的投影距离。

下半部分的列表显示组成视图中零件剖面图的各条线段，每条线段包含以下数据。

(1)设置测量原点。

方法一：在按钮前的编辑框中填入所需坐标原点距离零件最右端的位置，点击“设置测量原点”按钮。

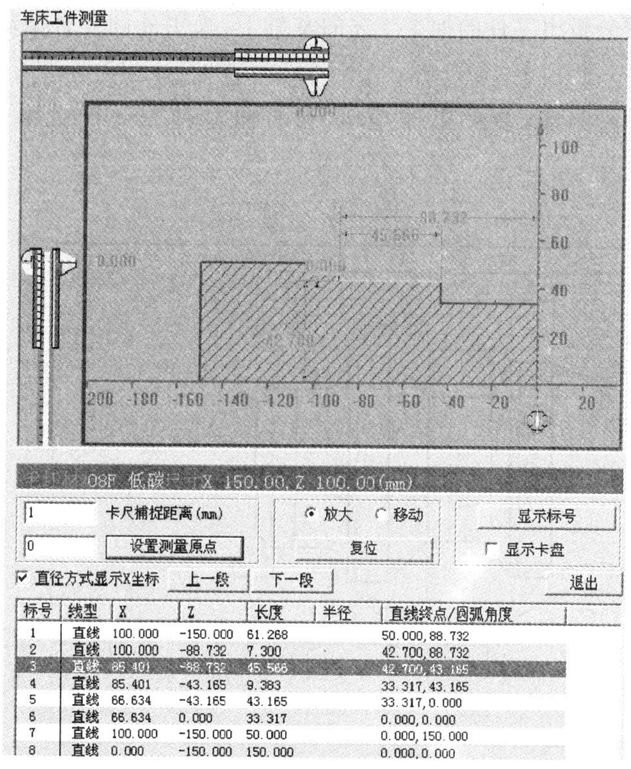

图 3.18　车床工件测量

方法二：拖动测量原点图标，改变测量原点。拖动时在虚线上有一个黄色圆圈在 Z 轴上滑动，遇到线段端点时，跳到线段端点处。

(2)测量。在视图的 X、Z 方向各有一把卡尺，可以拖动卡尺的两个卡爪测量任意两位置间的水平距离和垂直距离。通过设置“卡尺捕捉距离”，可以改变卡尺移动端查找线段端点的范围。

任务十八　台阶轴的仿真加工

知识要点

- 上海宇龙数控仿真软件的应用。
- 数控仿真操作步骤 。
- 掌握台阶轴零件的数控仿真加工全过程。

[任务描述]

◆ 技术要求：如图 3.19 所示的零件毛坯为 $\phi32$ mm×80 mm 的棒料，材料为 45 号钢，T01 为外圆粗车刀，T02 为外圆精车刀。

◆ 分析：在分析出零件的加工工艺的基础上，采用外圆复合循环指令 G71 进行零件加工。

◆ 加工工艺路线：装夹工件左端，自右向左首先进行粗加工，再进行精加工。

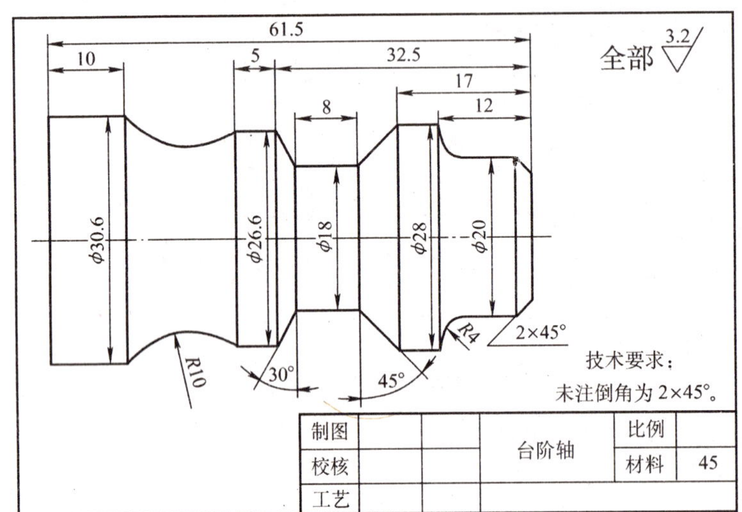

图 3.19 台阶轴

[仿真加工]

1. 机床准备工作

1)激活机床

点击机床面板上的按钮，打开急停开关。

2)机床回零参考点

点击按钮，进入回零模式，分别点击控制面板上的 +X 和 +Z 按钮，将 X、Z 轴分别进行回零操作。

2. 工件的装夹

1)定义毛坯

点击“定义毛坯”按钮，打开定义毛坯对话框，选择尺寸为 φ32 mm×80 mm 的圆柱实心棒料，材料为 45 号钢，毛坯名称设为“宝塔”。

2)放置零件

点击“放置零件”按钮，选择名称为“宝塔”的毛坯进行放置，可对零件进行移动以调节伸出卡盘位置。

3. 刀具的安装

点击“选择刀具”按钮，打开车刀选择界面，鼠标点击左侧1号刀位，激活1号刀位，然后在右侧选择“外圆加工”93°外圆粗车刀。同理，在2号刀位选择外圆精车刀，点击“确认退出”按钮，安装车刀。

4. 车床对刀

分析零件图可知，将工件坐标系建立在工件右端面中心处比较有利，采用试切法分别对1号刀和2号刀进行对刀操作。

5. 程序录入

(1)可以打开控制面板上的键盘按钮，打开键盘，利用键盘输入加工程序。

(2)通过调入记事本文件打开加工程序，将加工程序写入记事本中，在机床菜单中进行调入。

本零件的数控加工程序如下。

%3001	程序号
N010 T0101;	粗车刀，建立工件坐标系
N020 M03 S400;	打开主轴
N030 G00X40.0 Z3.0;	快进至循环起点
N040 G71 U1.0R1.0 P10 Q20 E0.3 F100.0;	有凹槽加工G71循环指令
N050 G00 X80.0 Z100.0;	快速退刀至换刀点
N060 T0202;	精车刀，建立工件坐标系
N070 G00 X40.0 Z3.0;	快进至循环起点
N080 N10 G00 X10.0;	精加工起始程序段
N090 G01 X20.0 Z−2. F80.0;	加工2×45°倒角
N100 Z−8.0;	加工ϕ20 mm外圆
N110 G02 X28.0 Z−12. R4.0;	加工$R4$圆弧面
N120 G01 Z−17.0;	加工ϕ28 mm外圆
N130 U−10.0 W−5.0;	加工45°锥面
N140 W−8.0;	加工ϕ18 mm外圆
N150 U8.66 W−2.5;	加工30°锥面
N160 Z−37.5;	加工ϕ26.6 mm外圆
N170 G02 X30.66 W−14.0 R10.0;	加工$R10$圆弧面
N180 G01 W−10.0;	加工ϕ30.6 mm外圆
N190 N20 X40.0;	精加工终止程序段
N200 G00 X80.0 Z100.0;	快速退刀

N210 M05; 主轴停止

N220 M30; 程序结束

6. 运行加工

(1)按 软键,在弹出的下级子菜单中按 软键,选择磁盘程序或正在编辑的程序。

(2)点击控制面板上的 按钮,进入自动加工模式。

(3)点击控制面板上的 按钮,开始进行自动加工。

工件加工结果如图 3.20 所示。

7. 工件检测

选择菜单"测量/剖面图测量",弹出工件测量图如图 3.21 所示,针对零件图纸检测加工零件的各项尺寸。

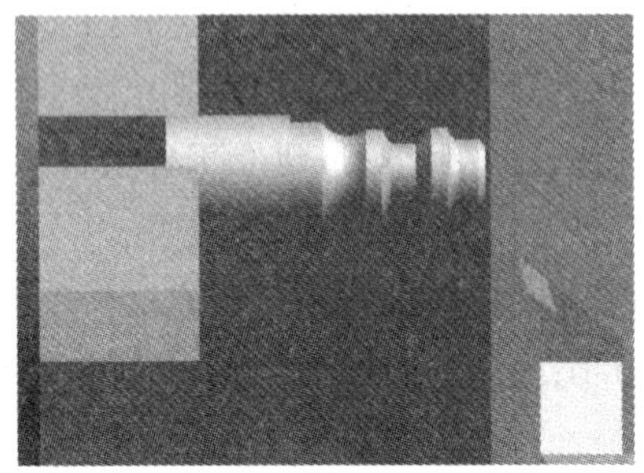

图 3.20 工件加工结果

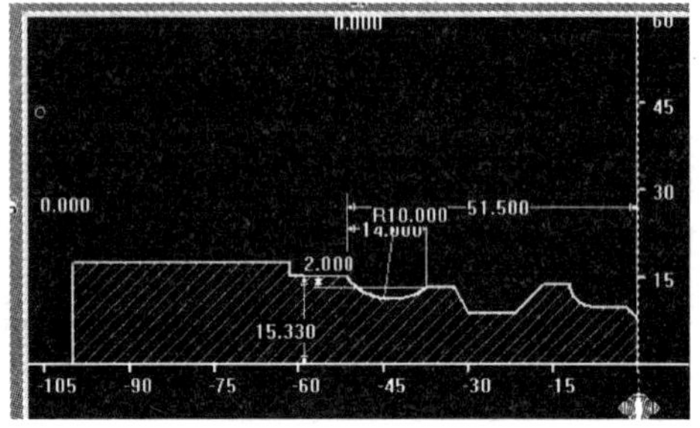

图 3.21 工件测量

[任务扩展]

1. 学习应用

加工如图 3.22 所示的螺纹轴零件,零件毛坯为 ϕ40 mm×90 mm 的棒料,材料为 45 号钢,切削加工至图纸尺寸。

◆ 要求:

(1)对零件进行简单加工工艺分析。

(2)数控加工程序编制。

(3)利用数控仿真软件进行数控加工。

2. 创新设计:

设计一个零件,使用数控仿真软件进行零件加工,熟悉掌握仿真软件的使用。

◆ 设计要求:

(1)介绍零件的功用。

(2)画出标准图纸,表达清晰,画法规范。

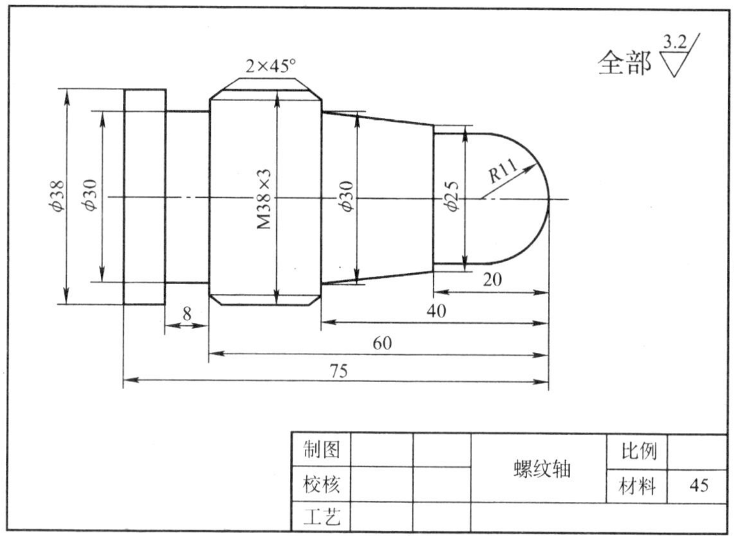

图 3.22　螺纹轴

(3)给出材料,说明选材意图。

(4)设计加工工艺,给出工艺卡。

(5)给出加工程序。

(6)给出加工仿真结果图。

二、数控机床操作加工

知识要点

- 了解华中数控系统 HNC－21T 的基本配置、控制面板以及软件操作界面。
- 熟悉机床数控装置的基本操作要领及控制面板程序编辑按钮的使用。
- 掌握控制面板各控制按钮的使用及手轮的基本操作要领。
- 掌握坐标系建立的方法及刀具补偿的应用。
- 掌握数控程序的输入、编辑、校验及文件的保存方法。
- 掌握数控程序的输入与 DNC 传输技巧。
- 掌握图形编辑功能的使用。
- 熟练掌握数控机床的基本操作过程。

(一)数控机床概述

1. 基本配置

1)数控单元

(1)工业控制机配置如下。

①中央处理器板(CPU BOARD):原装进口嵌入式工业 PC 机。

②中央处理单元 (CPU):高性能 32 位微处理器。

③存储器 (DRAM RAM):8 MB RAM(可扩至 16 MB)加工缓冲区。

④程序断电存储区 Flash ROM:4 MB(可扩至 72 MB)。

⑤显示器:7.5 英寸彩色 LCD(分辨率为 640×480)。

⑥硬盘:可选(选件)。

⑦软驱:1.44 M 3.5”。

⑧RS232 接口: RS232 19 200 Baud Rate。

⑨网络接口:以太网接口(选件)。

(2)控制轴数:3 轴,最大至 4 轴(选件)。

(3)伺服接口:数字量、模拟量接口和串行口,可选配各种脉冲接口、模拟接口交流伺服单元或步进电机驱动单元,及本公司生产的串行接口 HSV—11 系列交流伺服驱动单元。

(4)开关量接口:输入 40 点,输出 32 点。

(5)其他接口:手摇脉冲发生器接口、主轴接口、远程输入/输出接口(选件)。

(6)控制面板:防静电薄膜标准机床控制面板。

(7)MPG 手持单元:4 轴 MPG 一体化手持单元(选件)。

(8)NC 键盘:包括精简型 MDI 键盘和＜F1＞～＜F10＞10 个功能键。

(9)软件:华中世纪星高性能切削数控系统软件。

2)进给系统

3)主轴系统

2. 机床控制面板 MCP

标准机床控制面板的大部分按钮(除急停按钮外)位于操作台的下部,急停按钮位于操作台的右上角,机床控制面板用于直接控制机床的动作或加工过程。控制面板如图 3.23 所示。

3. MPG 手持单元

MPG 手持单元由手摇脉冲发生器、坐标轴选择开关组成,用于手摇方式增量进给坐标轴。MPG 手持单元的结构如图 3.24 所示。

4. 软件操作界面

HNC—21T 的软件操作界面如图 3.25 所示,其界面由如下 9 个部分组成。

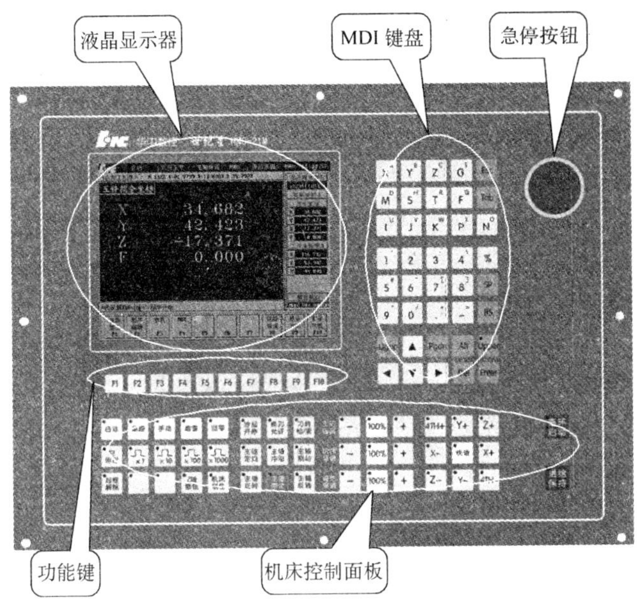

图 3.23　华中世纪星车床数控装置操作台

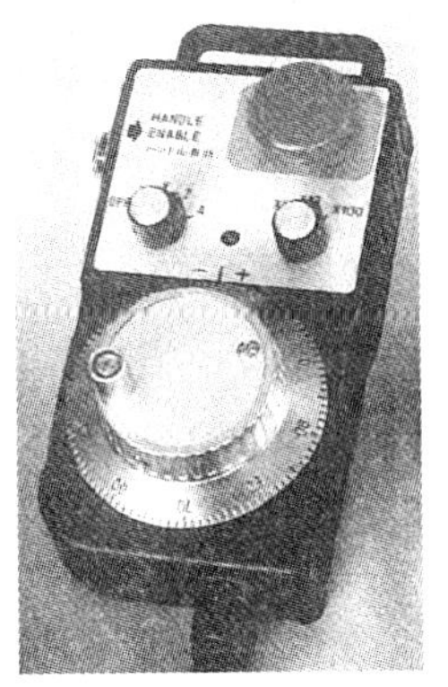

图 3.24　MPG 手持单元结构

1)菜单命令条

操作界面中最重要的一块是菜单命令条,系统功能的操作主要通过菜单命令条中的< F1>～<F10>功能键来完成。由于每个功能包括不同的操作,菜单采用层次结构,即在主菜单下选择一个菜单项后,数控装置会显示该功能下的子菜单用户可根据该子菜单的内容选择所需的操作。

注意: 本书约定用 <F1>→<F4> 格式表示在主菜单下按 <F1>功能键,再在子菜单下按下<F4>功能键。

当要返回主菜单时,按子菜单的 <F10> 功能键即可。

HNC－21T 的菜单结构如图 3.27 所示。

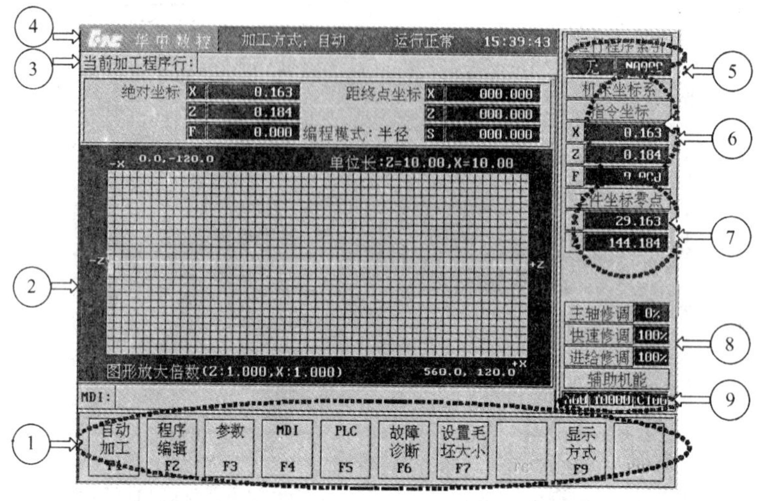

图 3.25 HNC－21T 的软件操作界面

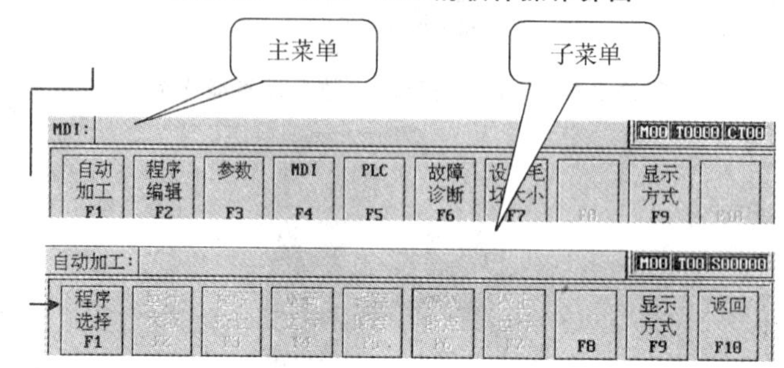

图 3.26 菜单层次

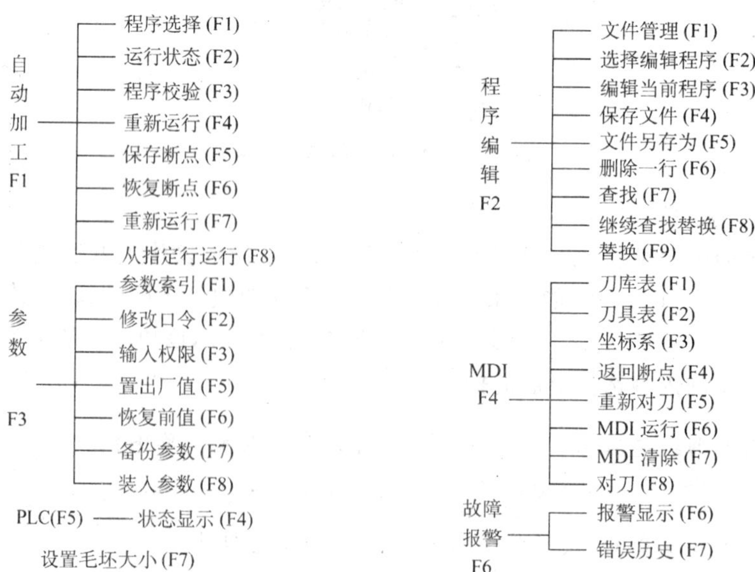

图 3.27 HNC－21T 的功能菜单结构

2)图形显示窗口

可以根据需要用＜F9＞功能键设置窗口的显示内容。

3)当前加工程序行

当前正在或将要加工的程序段。

4)当前加工方式系统运行状态及当前时间

(1)工作方式：系统工作方式根据机床控制面板上相应按钮的状态可在自动(运行)、单段(运行)、手动(运行)、增量(运行)、回零、急停、复位等之间切换。

(2)运行状态：系统工作状态在运行正常和出错间切换。

(3)系统时钟：当前系统时间。

5)运行程序索引

自动加工中的程序名和当前程序段行号

6)选定坐标系下的坐标值

坐标系可在机床坐标系、工件坐标系、相对坐标系之间切换，显示值可在指令位置、实际位置、剩余进给、跟踪误差、负载电流、补偿值之间切换、负载电流只对 II 型伺服有效。

7)工件坐标零点

工件坐标系零点在机床坐标系下的坐标。

8)倍率修调

(1)主轴修调：当前主轴修调倍率。

(2)讲给修调：当前进给修调倍率。

(3)快速修调：当前快进修调倍率。

9)辅助机能

自动加工中的 M、S、T 代码。

(二)数控机床操作步骤

1. 上电

(1) 检查机床状态是否正常。

(2) 检查电源电压是否符合要求，接线是否正确。

(3) 按下按钮。

(4) 机床上电。

(5) 数控上电。

(6) 检查风扇电机运转是否正常。

(7) 检查面板上的指示灯是否正常。

接通数控装置电源后，HNC－21T 自动运行系统软件，此时，液晶显示器显示，系统上电，屏幕软件操作界面工作方式显示为“急停”。

2. 复位

系统上电进入软件操作界面时，系统的工作方式为急停，为控制系统运行，需左旋并拔起操作台右上角的急停按钮，使系统复位，并接通伺服电源，系统默认进入回参考点方式，软件操作界面的工作方式变为"回零"。

3. 返回机床参考点

控制机床运动的前提是建立机床坐标系，为此，系统接通电源复位后，首先应进行机床各轴回参考点操作，方法如下。

(1)如果系统显示的当前工作方式不是回零方式，按一下控制面板上面的 回零 按钮，确保系统处于"回零"方式。

(2)根据 X 轴机床参数"回参考点方向"，按一下 +X ("回参考点方向"为"+")或 -X ("回参考点方向"为"－")按钮 X 轴回到参考点后，+X 或 -X 按钮内的指示灯亮。

(3)用同样的方法使用 +Z 、-Z 按钮，使 Z 轴回参考点。

所有轴回参考点后，即建立了机床坐标系。

注意：

(1)在每次电源接通后，必须先完成各轴的返回参考点操作，再进入其他运行方式以确保各轴坐标的正确性。

(2)同时按下 X、Z 轴向选择按钮，可使 X、Z 轴同时返回参考点。

(3)在回参考点前，应确保回零轴位于参考点的"回参考点方向"的相反侧(如 X 轴的回参考点方向为负，则回参考点前，应保证 X 轴当前位置在参考点的正向侧)，否则应手动移动该轴，直到满足此条件。

(4)在回参考点过程中，若出现超程，请按住控制面板上的 超程解除 按钮，向相反方向手动移动该轴，使其退出超程状态。

4. 急停

机床运行过程中，在危险或紧急情况下，按下急停按钮，CNC 即进入急停状态，伺服进给及主轴运转立即停止工作(控制柜内的进给驱动电源被切断)，松开急停按钮，左旋此按钮(自动跳起)，CNC 进入复位状态，解除紧急停止前，先确认故障原因是否排除，且紧急停止解除后应重新执行回参考点操作，以确保坐标位置的正确性。

注意：在上电和关机前应按下急停按钮以减少设备电冲击。

5. 超程解除

在伺服轴行程的两端各有一个极限开关，作用是防止伺服机构碰撞而损坏，每当伺服机构碰到行程极限开关时，就会出现超程，当某轴出现超程，超程解除 按钮内指示灯亮时，系统视其状况为紧急停止，要退出超程状态时，必须按如下操作。

(1)松开按钮,置工作方式为“手动”或“手摇”方式。

(2)一直按压超程解除按钮,控制器会暂时忽略超程的紧急情况。

(3)在手动(手摇)方式下,使该轴向相反方向退出超程状态。

(4)松开超程解除按钮。

若显示屏上运行状态栏“运行正常”取代“出错”,表示恢复正常可以继续操作。

注意:在操作机床退出超程状态时,请务必注意移动方向及移动速率,以免发生撞机。

6. 关机

(1) 按下控制面板上的手动按钮,断开伺服电源。

(2) 断开数控电源。

(3) 断开机床电源。

(三)数控机床手动操作

机床手动操作主要由手持单元和机床控制面板共同完成,机床控制面板如图 3.28 所示。

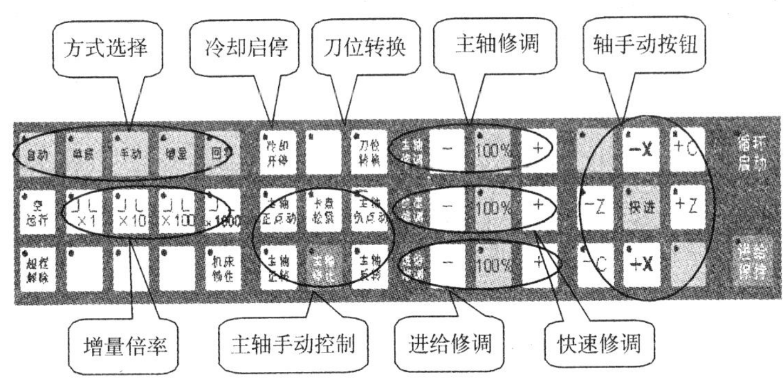

图 3.28　机床控制面板

1. 坐标轴移动

手动移动机床坐标轴的操作由手持单元和机床控制面板上的方式选择、轴手动、增量倍率、进给修调、速修调等按钮共同完成。

1)点动进给

按一下手动按钮(指示灯亮),系统处于点动运行方式,可点动移动机床坐标轴(下面以点动移动 X 轴为例说明)。

(1)按压 +X 或 -X 按钮(指示灯亮),X 轴将产生正向或负向连续移动。

(2)松开 +X 或 -X 按钮(指示灯灭),X 轴即减速停止。

用同样的操作方法，使用 +Z 、-Z 按钮可使 Z 轴产生正向或负向连续移动。

在点动运行方式下，同时按压 X、Z 方向轴的手动按钮，能同时连续移动 X、Z 坐标轴。

2)点动快速移动

在点动进给时，若同时按压快进按钮则产生相应轴的正向或负向快速运动。

3)点动进给速度选择

在点动进给时，进给速率为系统参数“最高快移速度”的$\frac{1}{3}$乘以进给修调选择的进给倍率。

点动快速移动的速率为系统参数“最高快移速度”乘以快速修调选择的快移倍率。

按压进给修调或快速修调右侧的 ×100 按钮(指示灯亮)，进给或快速修调倍率被置为 100%，按一下 + 按钮，修调倍率递增 5%，按一下 - 按钮，修调倍率递减 5%。

4)增量进给

当手持单元的坐标轴选择波段开关置于“off”挡时，按一下控制面板上的增量按钮(指示灯亮)，系统处于增量进给方式，可增量移动机床坐标轴(下面以增量进给 X 轴为例说明)。

(1) 按一下 +X 或 -X 按钮(指示灯亮)，X 轴将向正向或负向移动一个增量值。

(2) 再按一下 +X 或 -X 按钮，X 轴将向正向或负向继续移动一个增量值。

用同样的操作方法，使用 +Z 、-Z 按钮可使 Z 轴向正向或负向移动一个增量值。

同时按一下 X、Z 方向轴的手动按钮，能同时增量进给 X、Z 坐标轴。

5)增量值选择

增量进给的增量值由×1、×10、×100、×1 000 4 个增量倍率按钮控制，增量倍率按钮和增量值的对应关系如表 3.1 所示。

表 3.1 增量倍率按钮和增量值对应关系

增量倍率按钮	×1	×10	×100	×1000
增量值(mm)	0.001	0.01	0.1	1

注意：在操作机床退出超程状态时，请务必注意移动方向及移动速率，以免发生撞机。

6)手摇进给

当手持单元的坐标轴选择波段开关置于“X”“Y”“Z”“4TH”挡，对车床而言，只有“X”“Z”有效时，按一下控制面板上的“增量”按钮(指示灯亮)，系统处于手摇进给方式。可手摇进给机床坐标轴(下面以手摇进给 X 轴为例说明)。

(1) 手持单元的坐标轴选择波段开关置于“X”挡。

(2) 顺时针/逆时针旋转手摇脉冲发生器一格，可控制 X 轴向正向或负向移动一个增量值。

用同样的操作方法使用手持单元，可以控制 Z 轴向正向或向移动一个增量值。

手摇进给方式每次只能增量进给 1 个坐标轴。

7)手摇倍率选择

手摇进给的增量值(手摇脉冲发生器每转一格的移动量)，由手持单元的增量倍率波段开关×1×10×100 控制，增量倍率波段开关的位置和增量值的对应关系如表 3.2 所示：

表 3.2 位置和增量值对应关系表

位置	×1	×10	×100
增量值 (mm)	0.001	0.01	0.1

2. 主轴控制

主轴手动控制由机床控制面板上的主轴手动控制按钮完成。

1)主轴正转

在手动方式下，按一下主轴正转按钮(指示灯亮)，主电机以机床参数设定的转速正转，直到按压主轴停止或主轴反转按钮。

2)主轴反转

在手动方式下，按一下主轴反转按钮(指示灯亮)，主电机以机床参数设定的转速反转，直到按压主轴停止或主轴正转按钮。

3)主轴停止

在手动方式下，按一下主轴停止按钮(指示灯亮)，主电机停止运转。

注意：主轴正转、主轴反转、主轴停止这几个按钮互锁，即按一下其中一个(指示灯亮)，其余两个会失效(指示灯灭)。

4)主轴点动

在手动方式下，可用、按钮，点动转动主轴。

(1) 按压或按钮(指示灯亮)，主轴将产生正向或负向连续转动。

(2) 松开或按钮(指示灯灭)，主轴即减速停止。

5)主轴速度修调

主轴正转及反转的速度可通过主轴修调调节。

按压主轴修调右侧的按钮(指示灯亮)，主轴修调倍率被置为，按一下按钮，主轴修调倍率递增 5%，按一下按钮，主轴修调倍率递减 5%。

机械齿轮换档时，主轴速度不能修调。

3. 机床锁住

机床锁住就是禁止机床所有运动。

在手动运行方式下，按一下按钮(指示灯亮)，再进行手动操作，系统继续执行，显示屏上的坐标轴位置信息变化，但不输出伺服轴的移动指令，所以机床停止不动。

4. 其他手动操作

1)刀位转换

在手动方式下，按一下按钮，转塔刀架转动一个刀位。

2)冷却启动与停止

在手动方式下，按一下按钮，冷却液开(默认值为冷却液关)，再按一下又为冷却液关，如此循环。

3)卡盘松紧

在手动方式下，按一下按钮，松开工件(默认值为夹紧)，可以进行更换工件操作，再按一下又为夹紧工件，可以进行加工工件操作，如此循环。

5. 手动数据输入(MDI)运行(＜F4＞→＜F6＞)

在图 3.25 所示的主操作界面下，按 ＜F4＞ 键进入 MDI 功能子菜单，命令行与菜单条的显示如图 3.29 所示。

图 3.29 MDI 功能子菜单

在 MDI 功能子菜单下按 ＜F6＞键，进入 MDI 运行方式，命令行的底色变成白色，并且有光标在闪烁，如图 3.30 所示，这时可以从 NC 键盘输入并执行一个 G 代码指令段，即 MDI 运行。

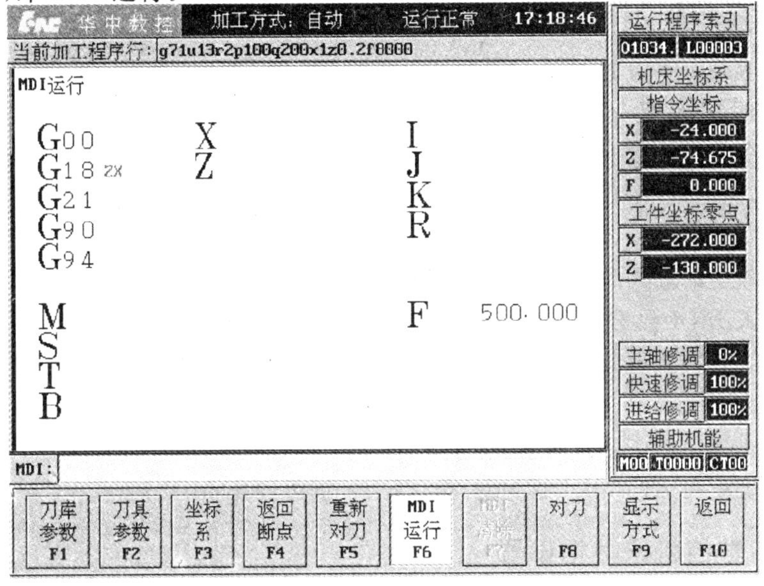

图 3.30　MDI 运行

注意：自动运行过程中，能进入 MDI 运行方式，可在进给保持后进入。

1）输入 MDI 指令段

MDI 输入的最小单位是一个有效指令字，因此输入一个 MDI 运行指令段可以有下述 2 种方法。

（1）一次输入，即一次输入多个指令字的信息。

（2）多次输入，即每次输入一个指令字信息。

例如，要输入“G00 X80 Z50” MDI 运行指令段，可以按以下操作。

（1）直接输入“G00 X80 Z50”并按 <Enter> 键，图 3.24 显示窗口内关键字 G、X、Z 的值将分别变为 00、80、50。

（2）先输入“G00”并按 <Enter> 键，图 3.24 显示窗口内将显示大字符“G00”，再输入“X80”并按 <Enter> 键，然后输入“Z50”并按 <Enter> 键，显示窗口内将依次显示大字符“X80”“Z50”。

在输入命令时，可以在命令行看见输入的内容，在按<Enter> 键前，发现输入错误，可用 BS、▶、◀ 键进行编辑，按<Enter> 键后，系统发现输入错误，会提示相应的错误信息。

2）运行 MDI 指令段

在输入完一个 MDI 指令段后，按一下操作面板上的钮，系统即开始运行所输入的 MDI 指令。

如果输入的 MDI 指令信息不完整或存在语法错误，系统会提示相应的错误信息，此时不能运行 MDI 指令。

3)修改某一字段的值

在运行 MDI 指令段前，如果要修改输入的某一指令字，可直接在命令行上输入相应的指令字符及数值。

例如，在输入"X100"并按<Enter> 键后，希望 X 值变为 109，可在命令行上输入"X109"并按 <Enter> 键。

4)清除当前输入的所有尺寸字数据

在输入 MDI 数据后，按 <F7> 键可清除当前输入的所有尺寸字数据(其他指令字依然有效)，显示窗口内 X、Z、I、K、R 等字符后面的数据全部消失，此时可重新输入新的数据。

5)停止当前正在运行的 MDI 指令

在系统正在运行 MDI 指令时，按<F7> 键可停止 MDI 运行。

(四)数控机床数据设置

在图 3.25 所示的软件操作界面下，按 <F4> 键进入 MDI 功能子菜单，命令行与菜单条的显示如图 3.31 所示。

图 3.31 MDI 功能子菜单

在 MDI 功能子菜单下，可以输入刀具、坐标系等数据。

1. 坐标系

1)手动输入坐标系偏置值(<F4>→<F3>)

MDI 手动输入坐标系数据的操作步骤如下。

(1)在 MDI 功能子菜单(图 3.31)下按< F3> 键，进入坐标系手动数据输入方式，图形显示窗口首先显示 G54 坐标系数据，如图 3.32 所示。

(2)按<Pgdn>或<Pgup>键，选择要输入的数据类型，G54/G55/G56/G57/G58/G59 坐标系或当前工件坐标系等的偏置值(坐标系零点相对机床零点的值)或当前相对值零点。

(3)在命令行输入所需数据，如在图 3.32 所示情况下输入" X0""Z0"，并按<Enter> 键，将设置 G54 坐标系的 X 及 Z 偏置分别为 0,0。

(4)若输入正确，图形显示窗口相应位置将显示修改过的值，否则原值不变。

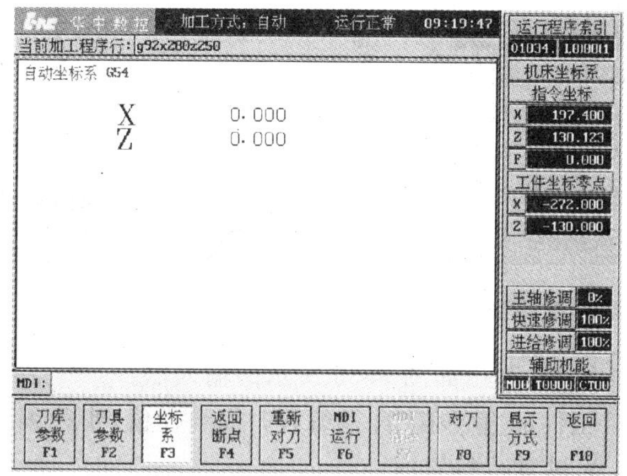

图 3.32　MDI 方式下的坐标系设置

注意：编辑过程中，在按<Enter>键之前，按<Esc>键可退出编辑，此时输入的数据将丢失，系统将保持原值不变，下同。

2. 自动设置坐标系偏置值(<F4>→<F8>)

(1)在 MDI 功能子菜单(图 3.31)下按< F8> 键，进入坐标系自动数据设置方式，如图 3.33 所示。

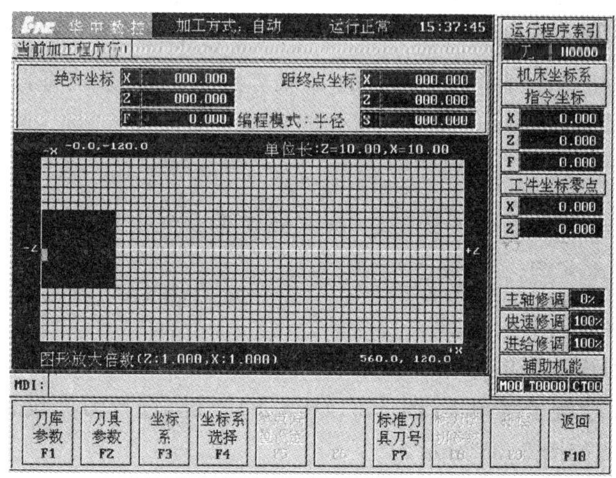

图 3.33　自动数据设置

(2)按 <F4> 键弹出如图 3.34 所示对话框，用▲、▼移动蓝色亮条选择要设置的坐标系。

(3)选择一把已设置好刀具参数的刀具试切工件外径，然后沿着 *Z* 轴方向退刀。

(4)按 <F5> 键弹出如图 3.35 所示对话框，用▲、▼移动蓝色亮条选择 *X* 轴对刀。

图 3.34 选择坐标系

X轴对刀 F1
Z轴对刀 F2

图 3.35 选择对刀轴

(5)按 <Enter> 键,弹出如图 3.36 所示的输入框。

(6)输入试切后工件的直径值(直径编程) 或半径值(半径编程),系统将自动设置所选坐标系下的 X 轴零点偏置值。

(7)选择一把已设置好刀具参数的刀具试切工件端面,然后沿着 X 轴方向退刀。

(8)按 <F5> 键弹出如图 3.35 所示对话框选择 Z 轴对刀。

(9)按 <Enter> 键弹出如图 3.37 所示输入框。

华中数控
请输入试切工件直径值:

图 3.36 试切后工件的直(半)径图

图 3.37 输入试切后工件的直(半)径值

(10)输入试切端面到所选坐标系的 Z 轴零点的距离,系统将自动设置所选坐标系下的 Z 轴零点偏置值。

注意:

(1)自动设置坐标系零点偏置前,机床必须先回机械零点。

(2)Z 轴距离有正、负之分。

3. 刀库参数(<F4>→<F1>)

MDI 输入刀库数据的操作步骤如下。

(1)在 MDI 功能子菜单下(图 3.31)按<F1>键,进行刀库设置,图形显示窗口将出现刀库数据,如图 3.38 所示。

(2)用▲、▼、▶、◀、Pgup、Pgdn 移动蓝色亮条选择要编辑的选项。

(3)按 <Enter> 键,蓝色亮条所指刀库数据的颜色和背景都发生变化,同时有一光标在闪烁。

(4)用▶、◀、BS、Del 键进行编辑修改。

(5)修改完毕,按<Enter>键确认。

(6)若输入正确,图形显示窗口相应位置将显示修改过的值,否则原值不变。

4. 刀具参数

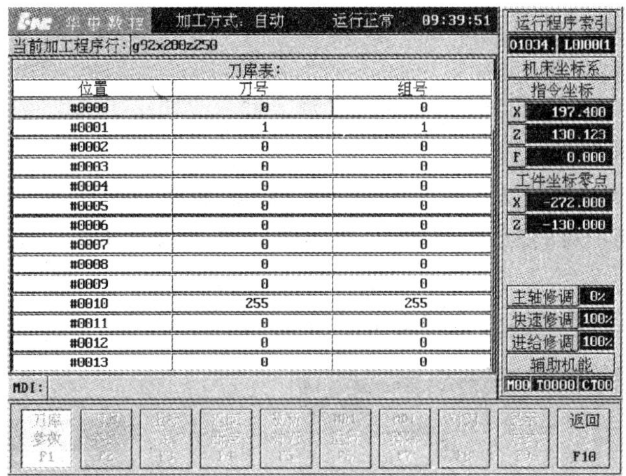

位置	刀号	组号
#0000	0	0
#0001	1	1
#0002	0	0
#0003	0	0
#0004	0	0
#0005	0	0
#0006	0	0
#0007	0	0
#0008	0	0
#0009	0	0
#0010	255	255
#0011	0	0
#0012	0	0
#0013	0	0

图 3.38　刀库参数的修改

1)手动输入刀具参数(<F4>→<F2>)

MDI 手动输入刀具数据的操作步骤如下。

(1)在 MDI 功能子菜单下(图 3.31)按< F2> 键,进行刀具设置,图形显示窗口将出现刀具数据如图 3.39 所示。

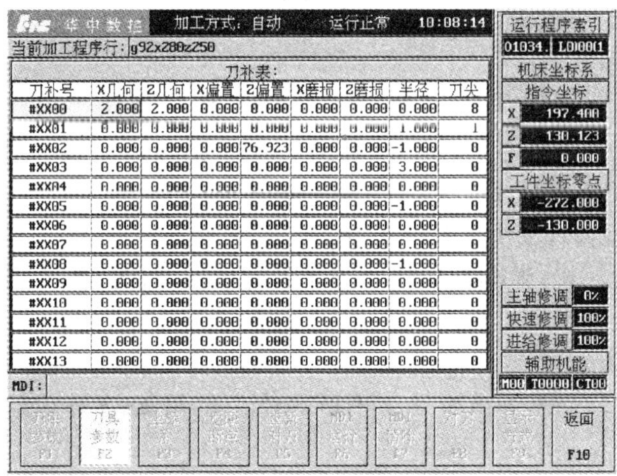

刀补号	X几何	Z几何	X偏置	Z偏置	X磨损	Z磨损	半径	刀尖
#XX00	2.000	2.000	0.000	0.000	0.000	0.000	0.000	8
#XX01	0.000	0.000	0.000	0.000	0.000	0.000	1.000	1
#XX02	0.000	0.000	0.000	76.923	0.000	0.000	-1.000	0
#XX03	0.000	0.000	0.000	0.000	0.000	0.000	3.000	0
#XX04	0.000	0.000	0.000	0.000	0.000	0.000	0.000	0
#XX05	0.000	0.000	0.000	0.000	0.000	0.000	-1.000	0
#XX06	0.000	0.000	0.000	0.000	0.000	0.000	0.000	0
#XX07	0.000	0.000	0.000	0.000	0.000	0.000	0.000	0
#XX08	0.000	0.000	0.000	0.000	0.000	0.000	-1.000	0
#XX09	0.000	0.000	0.000	0.000	0.000	0.000	0.000	0
#XX10	0.000	0.000	0.000	0.000	0.000	0.000	0.000	0
#XX11	0.000	0.000	0.000	0.000	0.000	0.000	0.000	0
#XX12	0.000	0.000	0.000	0.000	0.000	0.000	0.000	0
#XX13	0.000	0.000	0.000	0.000	0.000	0.000	0.000	0

图 3.39　刀具数据的输入与修改

(2)用▲、▼、▶、◀、Pgup、Pgdn 移动蓝色亮条选择要编辑的选项。

(3)按 <Enter> 键,蓝色亮条所指刀具数据的颜色和背景都发生变化,同时有一光标在闪烁。

(4)用▶、◀、BS、Del 键进行编辑修改。

(5)修改完毕,按< Enter> 键确认。

(6)若输入正确,图形显示窗口相应位置将显示修改过的值,否则原值不变。

2)自动设置刀具偏置值(<F4>→<F8>)

(1)在 MDI 功能子菜单(图 3.40)下按 <F8> 键,进入刀具偏置值自动设置方式如图 3.33 所示。

(2)按<F7>键,弹出如图 3.40 所示输入框。

(3)输入正确的标准刀具刀号。

(4)使用标准刀具试切工件外径,然后沿着 *Z* 轴方向退刀。

(5)按 <F8> 键,弹出如图 3.41 所示对话框,用▲、▼移动蓝色亮条选择标准刀具 *X* 值。

(6)按 <Enter> 键,弹出如图 3.42 所示的输入框。

图 3.40 输入标准刀具刀号

图 3.41 选择刀具坐标值

图 3.42 输入试切后工件的直(半)径值

(7)输入试切后工件的直径值(直径编程)或半径值(半径编程),系统将自动记录试切后标准刀具 *X* 轴机床坐标值。

(8)使用标准刀具试切工件端面,然后沿着 *Z* 轴方向退刀。

(9)按 <F8> 键,弹出如图 3.41 所示的对话框,用▲、▼移动蓝色亮条选择标准刀具 *Z* 值。

(10)按 <Enter> 键,系统将自动记录试切后标准刀具 *Z* 轴机床坐标值。

(11)按 <F2> 键,弹出如图 3.39 所示对话框,用▲、▼移动蓝色亮条选择要设置的刀具偏置值。

(12)使用需设置刀具偏置值的刀具试切工件外径,然后沿着 *Z* 轴方向退刀。

(13)按 <F9> 键,弹出如图 3.43 所示的对话框,用▲、▼移动蓝色亮条选择 *X* 轴补偿。

(14)按 <Enter> 键,弹出如图 3.42 所示的输入框。

(15)输入试切后工件的直径值(直径编程)或半径值(半径编程),系统将自动计算并保存该刀相对标准刀的 *X* 轴偏置值。

(16)使用需设置刀具偏置值的刀具试切工件端面,然后沿着 *Z* 轴方向退刀。

(17)按 <F9> 键,弹出如图 3.41 所示对话框,用▲、▼移动蓝色亮条选择 *Z* 轴补偿。

(18)按 <Enter> 键，弹出如图 3.44 所示的输入框。

(19)输入试切端面到标准刀具试切端面 Z 轴的距离，系统将自动计算并保存该刀相对标准刀的 Z 轴偏置值。

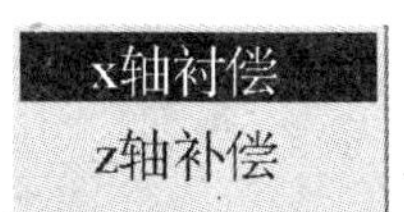

图 3.43　选择补偿

图 3.44　输入 Z 轴距离值

注意：

(1)如果已知该刀的刀偏值，可以手动输入数据值。

(2)刀具的磨损补偿需要手动输入。

(五)数控程序输入与文件管理

在图 3.25 所示的软件操作界面下，按< F2 >键进入编辑功能子菜单命令行与菜单条的显示如图 3.45 所示。

图 3.45　编辑功能子菜单

在编辑功能子菜单下，可以对零件程序进行编辑、存储与传递以及对文件进行管理。

1. 选择编辑程序(<F2>→<F2>)

在编辑功能子菜单下按 <F2 >键，将弹出如图 3.46 所示的选择编辑程序菜单。

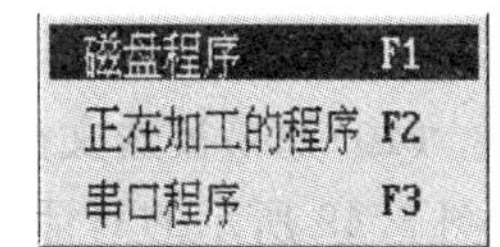

图 3.46　选择编辑程序

(1)磁盘程序：保存在电子盘、硬盘、软盘或网络路径上的文件。

(2)正在加工的程序：当前已经选择存放在加工缓冲区的一个加工程序。

(3)串口程序：通过串口联网经 DNC 传输软件传输打开的数控程序。

注意：

(1)由于建立网络连接后，网络路径映射为某一网络盘符，所以磁盘程序包括网络程序。

(2)下述对磁盘程序的操作全部适用于网络程序。

1)选择磁盘程序(含网络程序)

选择磁盘程序(含网络程序)的操作方法如下:

(1)在选择编辑程序菜单(图 3.46)中,用▲ 、▼选中“磁盘程序”选项(或直接按快捷键< F1>),下同。

(2)按< Enter> 键,弹出如图 3.47 所示对话框。

(3)如果选择缺省目录下的程序,跳过步骤(4)~(7)。

(4)连续按< Tab> 键将蓝色亮条移到“搜寻”栏。

(5)按▼键弹出系统的分区表,用▲、▼选择分区,如[D:]。

(6)按 <Enter> 键,文件列表框中显示被选分区的目录和文件。

(7)按 <Tab> 键进入文件列表框。

(8)用▲、▼、▶、◀、Enter 键选中想要编辑的磁盘程序的路径和名称,如当前目录下的“O1234”。

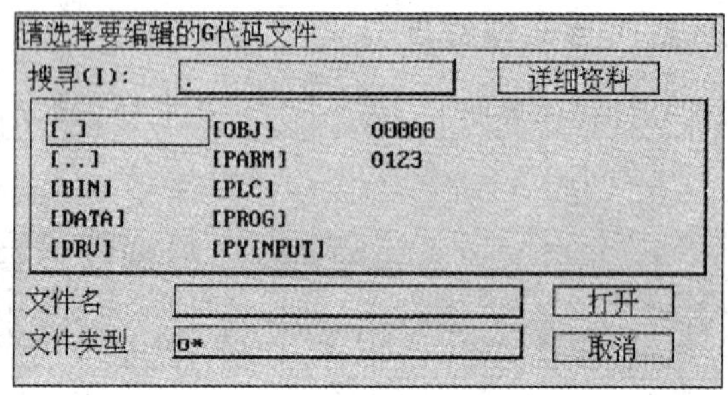

图 3.47 选择要编辑的零件程序

(9)按 < Enter >键,如果被选文件不是零件程序,将弹出如图 3.48 所示的对话框,不能调入文件。

(10)如果被选文件是只读 G 代码文件(可编辑但不能保存,只能另存),将弹出如图 3.49 所示的对话框。

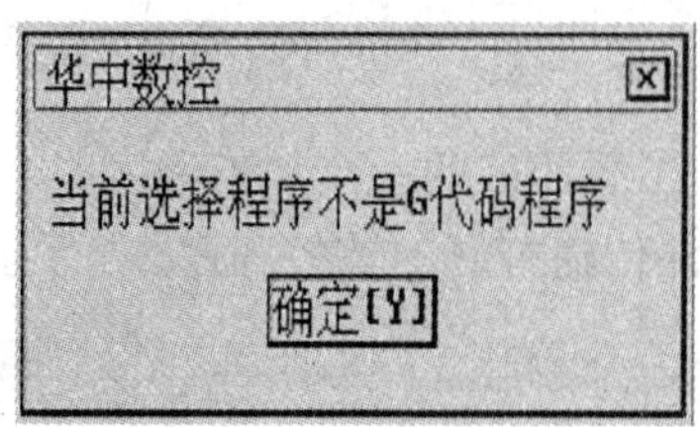

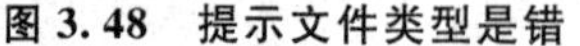

图 3.48 提示文件类型是错

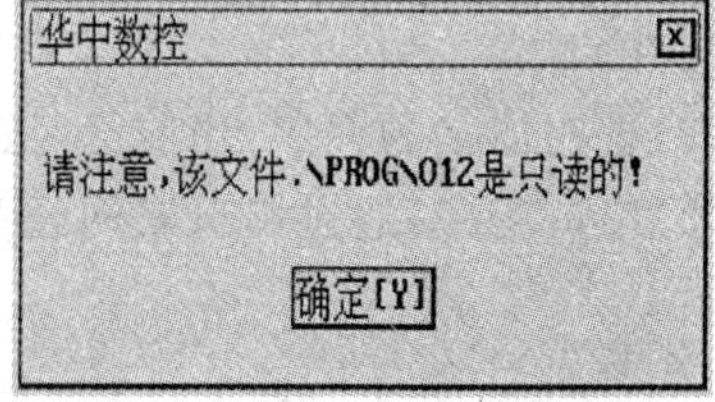

图 3.49 提示文件只读

(11)否则,直接调入文件到编辑缓冲区(图形显示窗口)进行编辑,如图 3.50 所示。

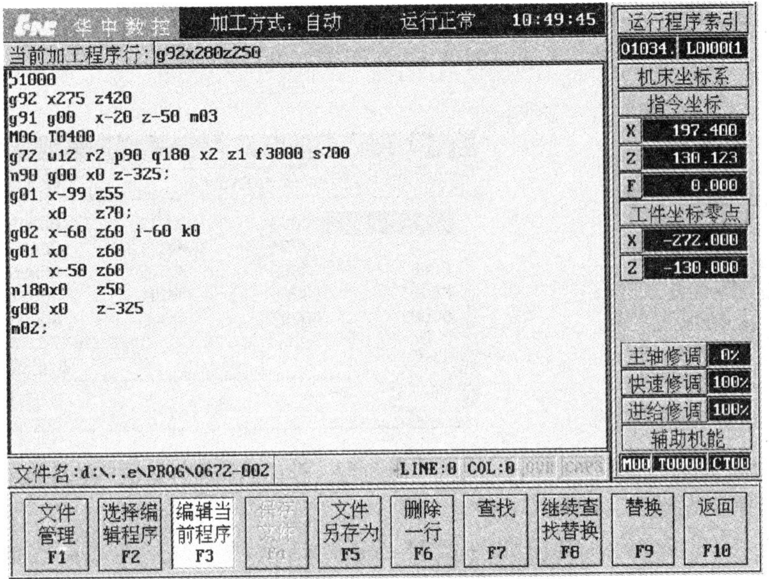

图 3.50　调入文件到编辑缓冲区

注意：

（1）数控零件程序文件名一般由字母"O"开头，后跟 4 个（或多个）数字组成，HNC—21T 继承这一传统，缺省认为零件程序名由"O"开头。

（2）HNC—21T 扩展标示零件程序文件的方法，可以使用任意 DOS 文件名（即 8+3 文件名，1～8 个字母或数字后加点，再加 0～3 个字母或数字组成，如 MyPart.001、O1234 等）标示零件程序。

2）读入串口程序

读入串口程序编辑的操作步骤如下。

（1）在"选择编辑程序"菜单（图 3.46）中，用▲、▼选中"串口程序"选项。

（2）按 < Enter > 键，系统提示"正在和发送串口数据的计算机联络"。

（3）在上位计算机上执行 DNC 程序，弹出如图 3.51 所示的主菜单。

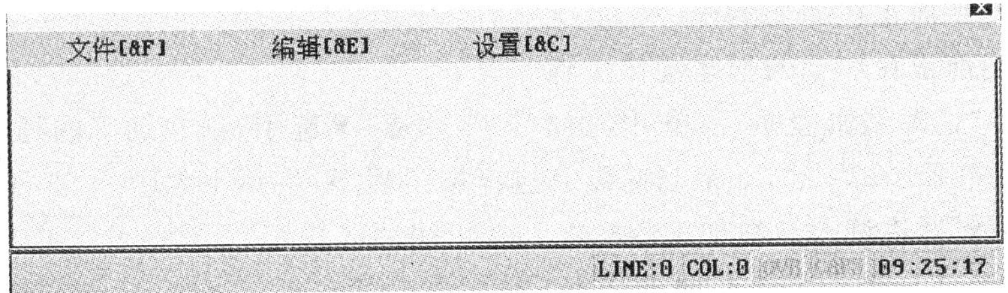

图 3.51　DNC 程序主菜单

（4）按 <ALT>+<F>键弹出如图 3.52 所示的文件子菜单。

(5)用▲、▼键选择“发送 DNC 程序”选项。

(6)按 <Enter> 键,弹出如图 3.53 所示对话框。

文件[&F]
打开文件 &O
关闭文件 &K
保存文件 &S
另存为 &A
发送DNC程序 &H
接收DNC程序 &Q
发送当前程序&V
退出 &X

图 3.52 文件子菜单

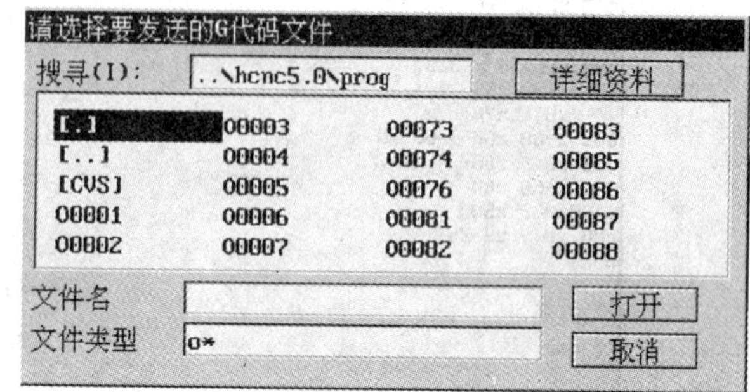

图 3.53 在上位计算机选择要发送的文件

(7)选择要发送的 G 代码文件。

(8)按< Enter >键,弹出如图 3.54 所示对话框,提示“正在和接收数据的 NC 装置联络”。

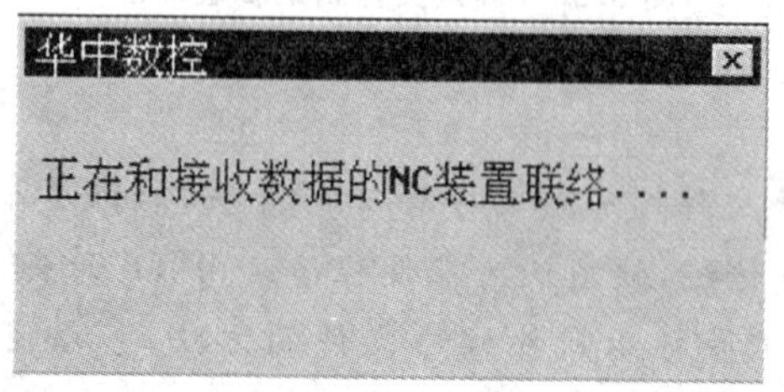

图 3.54 提示正在和接收数据的 NC 装置联络

(9)联络成功后,开始传输文件,上位计算机上有进度条显示传输文件的进度,并提示“请稍等,正在通过串口发送文件”,要退出请按“Alt+E”,HNC-21T 的命令行提示“正在接收串口文件”。

(10)传输完毕,上位计算机上弹出对话框提示文件发送完毕。

HNC-21T 的命令行提示“接收串口文件完毕”,编辑器将调入串口程序到编辑缓冲区。

3)选择当前正在加工的程序

选择当前正在加工的程序操作步骤如下。

(1)在“选择编辑程序”菜单(图 3.46)中,用▲、▼选中“正在加工的程序”选项。

(2)按 <Enter> 键,如果当前没有选择加工程序,将弹出如图 3.55 所示的对话框,否则编辑器将调入正在加工的程序到编辑缓冲区。

(3)如果该程序处于正在加工状态,编辑器会用红色亮条标记当前正在加工的程序行,此时若进行编辑,将弹出如图 3.56 所示的对话框。

(4)停止该程序的加工,就可以进行编辑了。

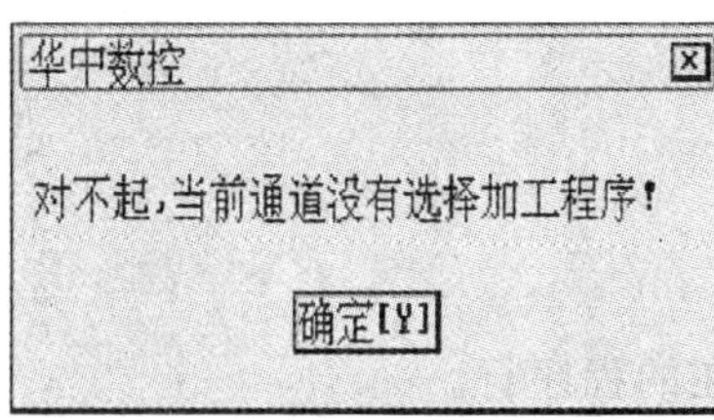

图 3.55　提示没有加工程序

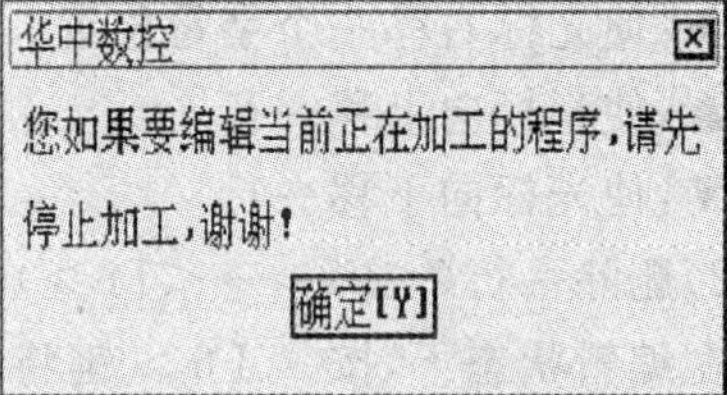

图 3.56　提示停止程序加工

注意:如果当前正在加工的程序不处于正在加工状态,可省去步骤(3)～(4),直接进行编辑。

4)选择一个新文件

新建一个文件进行编辑的操作步骤如下。

(1)在"选择编辑程序 "菜单(图 3.46)中,用▲、▼选中"磁盘程序"选项。

(2)按 <Enter> 键,弹出如图 3.47 所示对话框。

(3)按 第 1)点的步骤(4)～(8),选择新文件的路径。

(4)按 <Tab >键将蓝色亮条移到文件名栏。

(5)按 <Enter> 键进入输入状态(蓝色亮条变为闪烁的光标)。

(6)在"文件名"栏输入新文件的文件名,如"NEW"。

(7)按 <Enter> 键,系统将自动产生一个 0 字节的空文件。

注意:新文件不能和当前目录中已经存在的文件同名。

2. 程序编辑(<F2>→)

1)编辑当前程序(<F2>→<F3>)

当编辑器获得一个零件程序后,就可以编辑当前程序了。但在编辑过程中退出编辑模式后,再返回到编辑模式时,如果零件程序不处于编辑状态,可在编辑功能子菜单下(图 3.45)按 <F3> 键进入编辑状态。

编辑过程中用到的主要快捷键如下。

Del:删除光标后的一个字符,光标位置不变,余下的字符左移一个字符位置。

Pgup:使编辑程序向程序头滚动一屏,光标位置不变,如果到程序头,则光标移到文件首行的第一个字符处。

Pgdn:使编辑程序向程序尾滚动一屏,光标位置不变,如果到程序尾,则光标移到文件末行的第一个字符处。

BS:删除光标前的一个字符,光标向前移动一个字符位置;余下的字符左移一个字符位置。

◀:使光标左移一个字符位置。

▶:使光标右移一个字符位置。

▲:使光标向上移一行。

▼:使光标向下移一行。

2)删除一行(<F2>→<F6>)

在编辑状态下,按 <F6> 键将删除光标所在的程序行。

3)查找(<F2>→<F7>)

在编辑状态下查找字符串的操作步骤如下。

(1)在编辑功能子菜单下(图 3.45)按<F7> 键,弹出如图 3.57 所示的对话框,按 <Esc> 键,将取消查找操作。

(2)在“查找”栏输入要查找的字符串。

(3)按 <Enter>键,从光标处开始向程序结尾搜索。

(4)如果当前编辑程序不存在要查找的字符串,将弹出如图 3.58 所示的对话框。

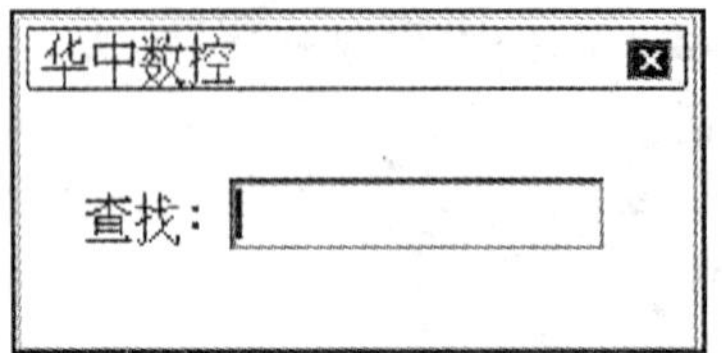

图 3.57 输入查找字符串

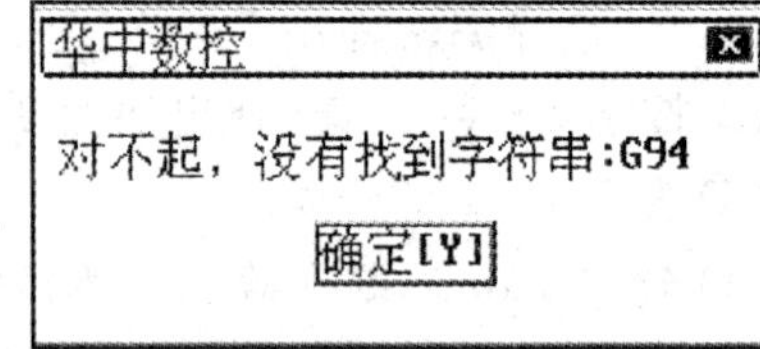

图 3.58 提示找不到字符串

(5)如果当前编辑程序存在要查找的字符串,光标将停在找到的字符串后,且被查找到的字符串颜色和背景都将改变。

(6)若要继续查找,按 <F8 >键即可。

注意:查找总是从光标处向程序尾进行,到文件尾后再从文件头继续往下查找。

4)替换(<F2>→<F9>)

在编辑状态下替换字符串的操作步骤如下。

(1)在编辑功能子菜单下(图 3.45)按 <F9> 键 ,弹出如图 3.59 所示的对话框,按< Esc> 键,将取消替换操作。

(2)在“被替换的字符串”栏输入被替换的字符串。

(3)按< Enter> 键,将弹出如图 3.60 所示的对话框。

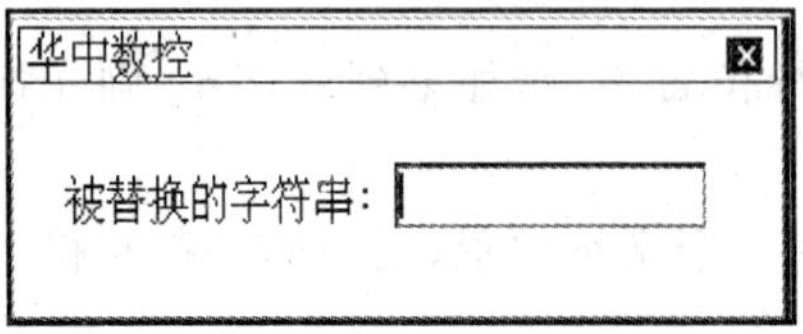

华中数控

被替换的字符串:

图 3.59 输入被替换字符串

图 3.60 输入替换字符串

(4)在“用来替换的字符串”栏输入用来替换的字符串。

(5)按＜ Enter ＞键,从光标处开始向程序尾搜索。

(6)如果当前编辑程序不存在被替换的字符串,将弹出如图 3.58 所示的对话框。

(7)如果当前编辑程序存在被替换的字符串,将弹出如图 3.61 所示的对话框。

(8)按＜ Y＞ 键,则替换所有字符串;按 ＜N＞ 键,则光标停在找到的被替换字符串后,且弹出如图 3.62 所示的对话框。

(9)按＜Y＞键,则替换当前光标处的字符串;按 ＜N＞键,则取消操作。

(10)若要继续替换,按 ＜F8＞键即可。

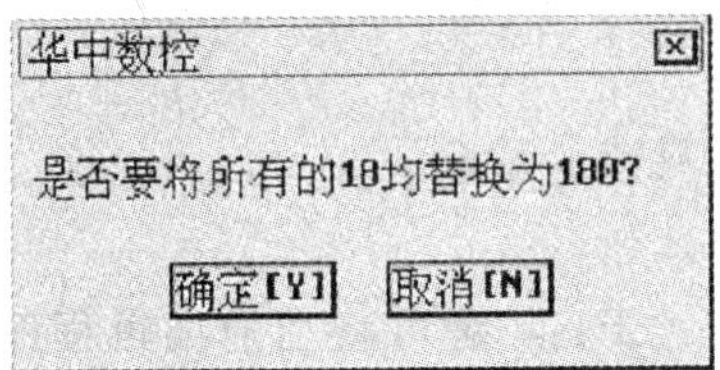

图 3.61　确认是否全部替换

图 3.62　是否替换当前字串

注意: 替换也是从光标处向程序结尾进行,到文件尾后再从文件头继续往下替换。

5)继续查找替换(＜F2＞→＜F8＞)

在编辑状态下,＜F8＞键的功能取决于上一次进行的是查找还是替换操作。

(1)如果上一次是查找某字符串,按＜F8＞ 键继续查找上一次要查找的字符串。

(2)如果上一次是替换某字符串,按 ＜F8＞ 键继续替换上一次要替换的字符串。

注意: 此功能只在前面已有查找或替换操作时才有效。

3. 程序存储与传递

1)保存程序(＜F2＞→＜F4＞)

在编辑状态下,按 ＜F4 ＞键可对当前编辑程序进行存盘。

如果存盘操作不成功,系统会弹出如图 3.63 所示的提示信息,此时只能用“文件另存为(＜F2＞→＜F5＞)”功能,将当前编辑的零件程序另存为其他文件。

2)文件另存为(＜F2＞→＜F5＞)

在编辑状态下,按 ＜F5 ＞键可将当前编辑程序另存为其他文件。

(1)在编辑功能子菜单下(图 3.44),按 ＜F5＞ 键,弹出如图 3.64 所示的对话框。

(2)按 第 1 点中第 1)点的步骤(4)～(8) 选择另存文件的路径。

(3)按 第 1 点第 4)点步骤(4)～(6)在“文件名”栏输入另存文件的文件名。

图 3.63 提示不能保存程序

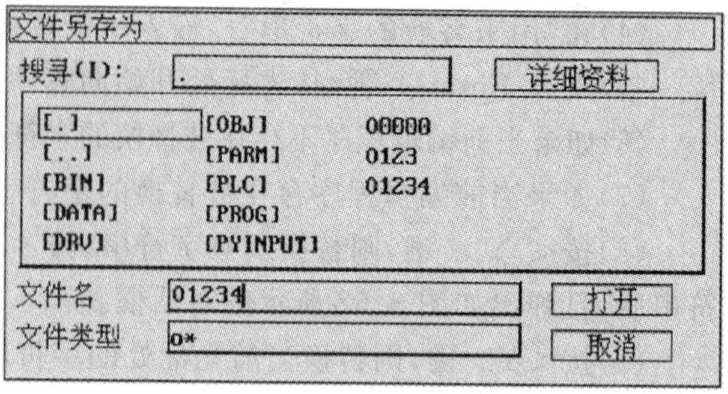

文件另存为
搜寻(I): .
详细资料
[.] [OBJ] O0000
[..] [PARM] O123
[BIN] [PLC] O1234
[DATA] [PROG]
[DRV] [PYINPUT]
文件名 O1234
文件类型 O*
打开
取消

图 3.64 输入另存文件名

(4)按 <Enter >键，完成另存操作。

此功能用于备份当前文件或被编辑的文件是只读的情况。

3)串口发送

如果当前编辑的是串口程序，编辑完成后，按 <F4> 键可将当前编辑程序通过串口回送上位计算机。

4. 文件管理(<F2>→<F1>)

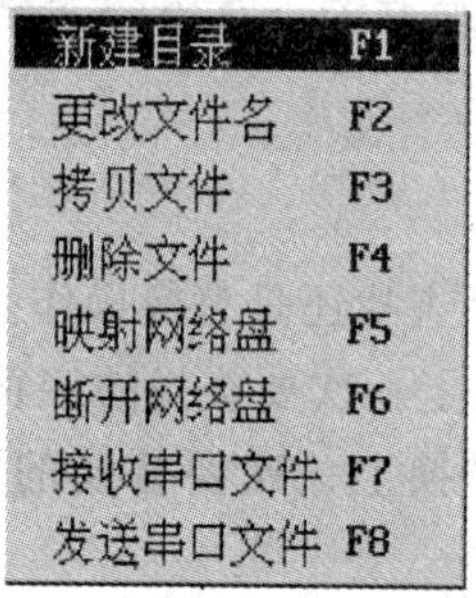

在编辑子菜单下(图 3.45)按<F1> 键，将弹出如图 3.65 所示的“文件管理菜单”。

新建目录 F1
更改文件名 F2
拷贝文件 F3
删除文件 F4
映射网络盘 F5
断开网络盘 F6
接收串口文件 F7
发送串口文件 F8

图 3.65 文件管理菜单

其中每一项的功能如下。

(1)新建目录。在指定磁盘或目录下建立一个新目录，但新目录不能和已存在的目录同名。

(2)更改文件名。将指定磁盘或目录下的一个文件更名为其他文件，但更改的新文件不能和已存在的文件同名。

(3)拷贝文件。将指定磁盘或目录下的一个文件拷贝到其他的磁盘或目录下，但拷贝的文件不能和目标磁盘或目录下的文件同名。

(4)删除文件。将指定磁盘或目录下的一个文件彻底删除，只读文件不能被删除。

(5)映射网络盘。将指定网络路径映射为本机某一网络盘符，即建立网络连接，只读网络文件编辑后不能被保存。

(6)断开网络盘。将已建立网络连接的网络路径与对应的网络盘符断开。

(7)接收串口文件。通过串口接收来自上位计算机的文件。

(8)发送串口文件。通过串口发送文件到上位计算机。

1)新建目录

新建目录的操作步骤如下。

(1)在文件管理菜单中(图 3.65),用▲、▼选中“新建目录”选项。

(2)按 <Enter> 键,弹出如图 3.66 所示对话框,光标在“文件名”栏闪烁。

(3)按 <Esc >键退出输入状态(闪烁的光标变为蓝色亮条)。

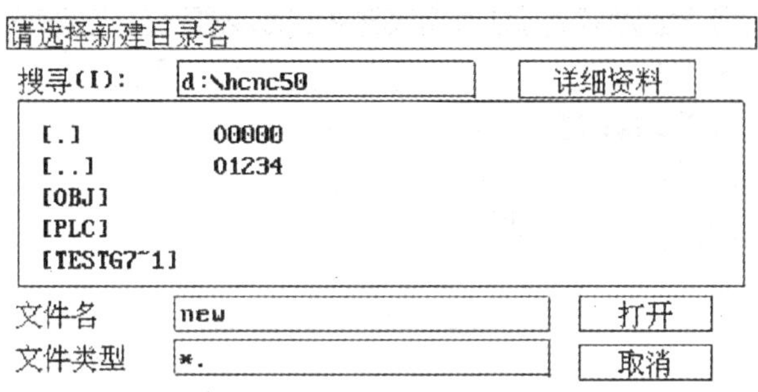

图 3.66　输入新建目录名

(4)连续按<Tab>键将蓝色亮条移到“搜寻”栏。

(5)按▼键弹出系统的分区表,用▲,▼选择分区,如[D:]。

(6)按< Enter >键,文件列表框中显示被选分区的目录和文件。

(7)按 <Tab> 键进入文件列表框,用▲、▼、▶、◀、<Enter> 键选中“新建目录”的父目录,如[HCNC50]。

(8)按<Tab>键将蓝色亮条移到“文件名”栏。

(9)按<Enter>键进入输入状态(蓝色亮条变为闪烁的光标)。

(10)在“文件名”栏输入新建目录名,如“NEW”。

(11)按< Enter >键,如果新建目录成功,则弹出如图 3.67 所示的对话框,否则弹出如图 3.68 所示的对话框。

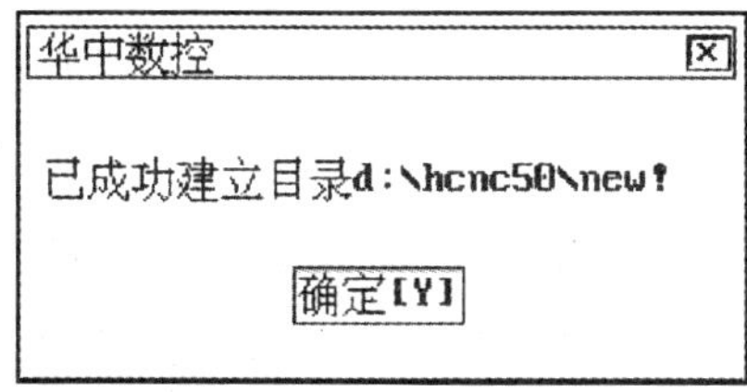

图 3.67　提示新建目录成功

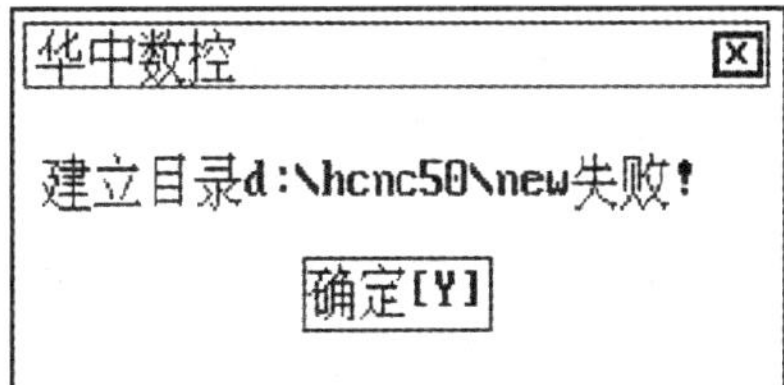

图 3.68　提示新建目录失败

注意:如果要在缺省目录下新建目录,可以省略上述步骤(3)~(9),直接在文件名栏输入新建目录名,由于系统设置缺省目录为零件程序目录,一般只需这样操作即可。

2)更改文件名

(1)在文件管理菜单中(图 3.65),用▲、▼选中“更改文件名”选项。

(2)按< Enter >键，弹出如图 3.69 所示对话框。

(3)按 4→1)的步骤(4)～(7)选择要被更改的文件路径及文件名，如当前目录下的“O1234”。

请选择要更改名字的文件
搜寻(I):
.\prog
详细资料
[.]
[..]
[YE]
O0007
O0073
O0074
O0076
O0081
O0082
O0083
O0085
O0086
O0087
O0088
O0089
文件名
文件类型
O*
打开
取消

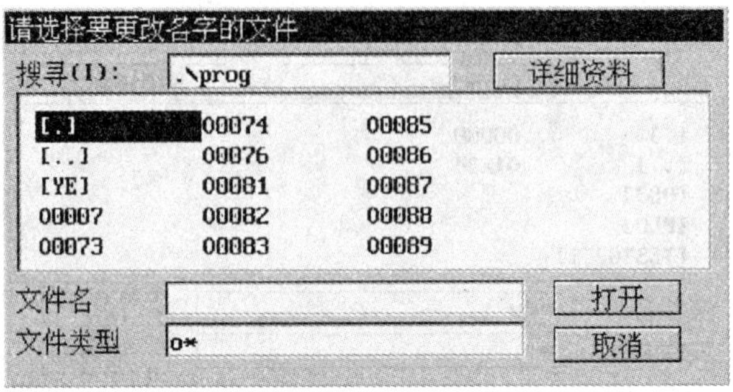

图 3.69　选择被更改的文件名

(4)按< Enter> 键，弹出如图 3.70 所示的对话框。

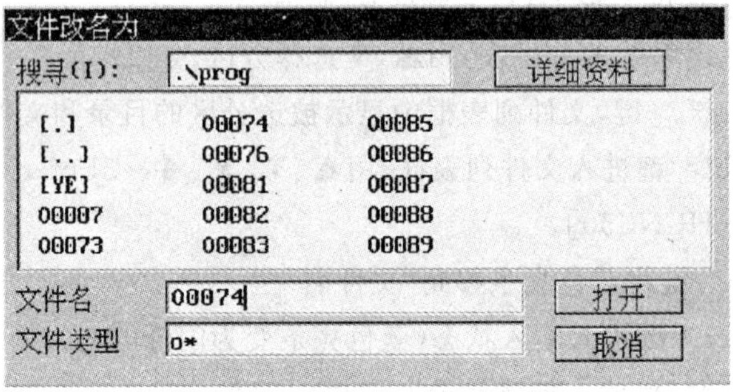

文件改名为
搜寻(I):
.\prog
详细资料
[.]
[..]
[YE]
O0007
O0073
O0074
O0076
O0081
O0082
O0083
O0085
O0086
O0087
O0088
O0089
文件名
O0074
文件类型
O*
打开
取消

图 3.70　输入要更改的新文件名

(5)按 4.1)的步骤(3)～(7)选择要更改的新文件的路径。

(6)按 4.1)的步骤(8)～(10)在“文件名”栏输入要更改的新文件名，如“O123”。

(7)按<Enter>键，如果更名成功，则弹出如图 3.71 所示的对话框，否则弹出如图 3.72 所示的对话框。

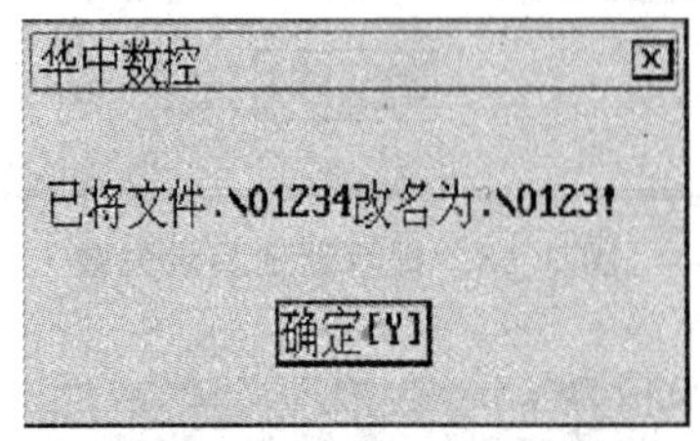

华中数控
已将文件.\O1234改名为.\O123!
确定[Y]

图 3.71　更名成功

华中数控
对不起!不能将文件.\O1234改名为.\O12
3!
确定[Y]

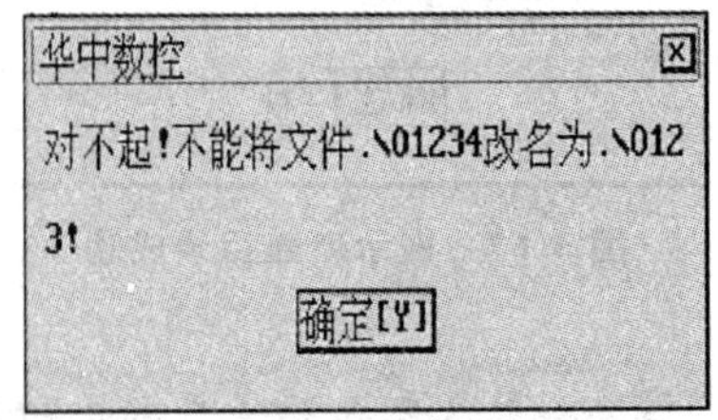

图 3.72　更名失败

3)拷贝文件

拷贝文件的操作步骤如下。

(1)在文件管理菜单中用▲、▼选中“拷贝文件”选项。

(2)按<Enter> 键，弹出如图 3.73 所示的对话框。

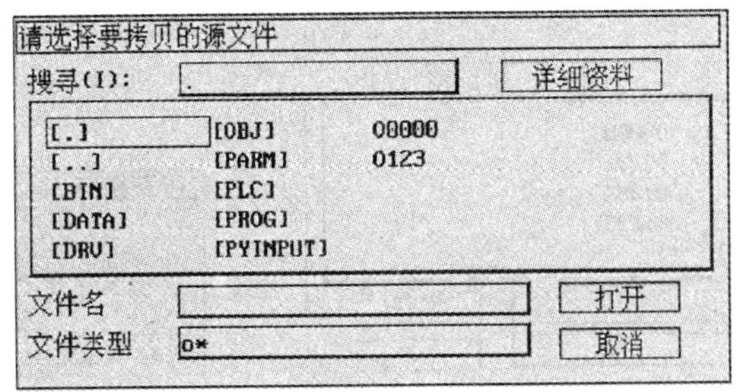

图 3.73　选择被拷贝的源文件

(3)按 1)的步骤(4)～(7)选择被拷贝的源文件路径及文件名，如当前目录下的“O123”。

(4)按 <Enter> 键，弹出如图 3.74 所示的对话框。

(5)按 1)的步骤(3)～(7)选择要拷贝的目标文件路径。

(6)按 1)的步骤(8)～(10)在“文件名”栏输入要拷贝的目标文件名，如“O1234”。

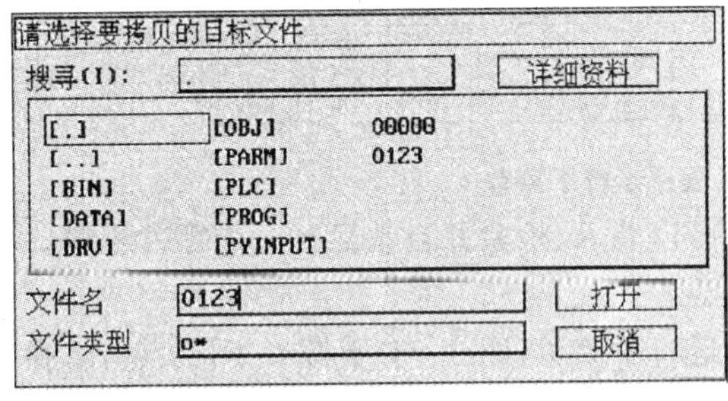

图 3.74　选择要拷贝的目标文件

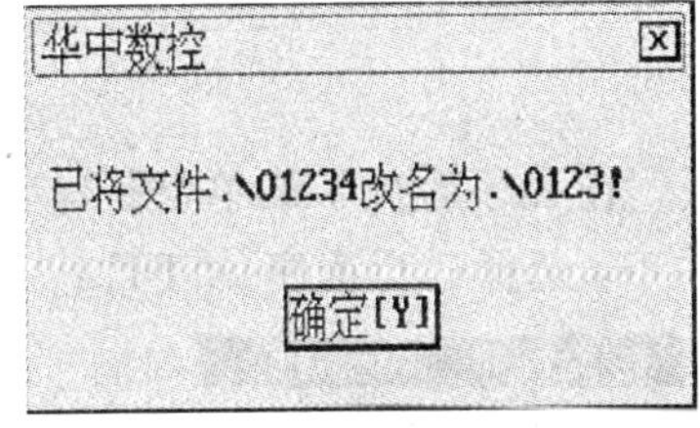

图 3.75　拷贝成功提示

(7)按< Enter >键，弹出如图 3.75 所示的提示对话框。

(8)按 <Y >键或< Enter> 键完成拷贝。

注意：要拷贝的目标文件不能和当前目录中已存在的文件同名，否则会提示拷贝失败。

4)删除文件

删除文件的操作步骤如下。

(1)在文件管理菜单中用▲、▼选中“删除文件”选项。

(2)按<Enter> 键，弹出如图 3.76 所示对话框。

(3)按 1)的步骤(4)～(7) 选择要被删除的文件路径及文件名，如当前目录下的“O123”。

(4)按< Enter> 键，弹出如图 3.77 所示对的话框。

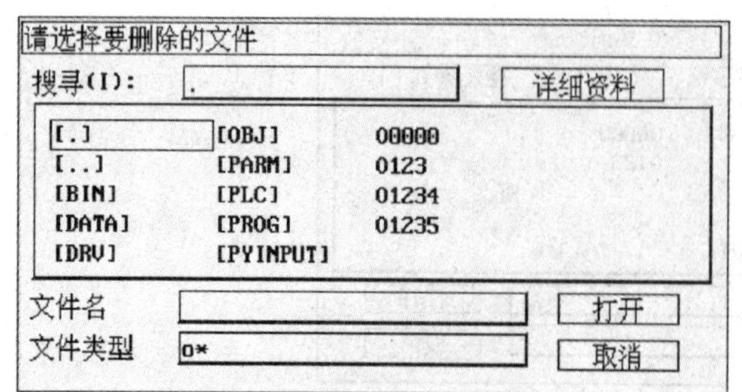

图 3.76 选择要被删除的文件

图 3.77 确认是否删除文件

(5)按 <Y> 键将进行删除，按< N > 键则取消删除操作。

(六)数控程序运行

在图 3.25 所示的软件操作界面下，按<F1>键进入程序运行子菜单，命令行与菜单条的显示如图 3.78 所示。

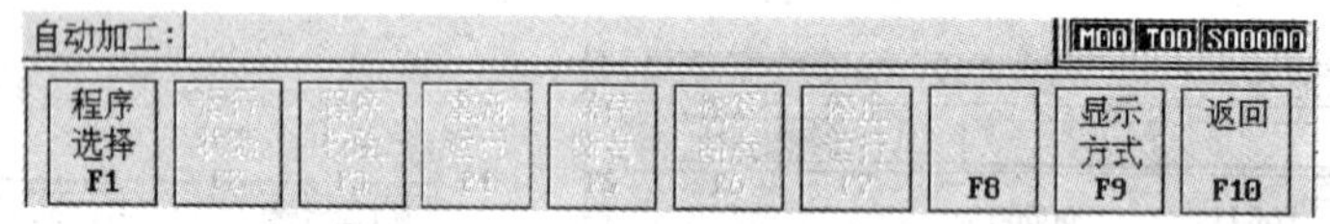

图 3.78 程序运行子菜单

在程序运行子菜单(图 3.78)下，可以装入、检验并自动运行一个零件程序。

1. 选择运行程序(<F1>→<F1>)

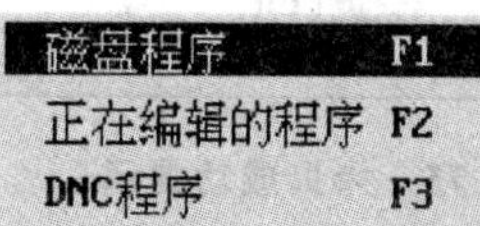

图 3.79 选择运行程序

在程序运行子菜单(图 3.78)下按< F1> 键，将弹出如图 3.79 所示的“选择运行程序”子菜单(按 <Esc> 键可取消该菜单)。

(1)磁盘程序：保存在电子盘、硬盘、软盘或网络上的文件。

(2)正在编辑的程序：编辑器已经选择存放在编辑缓冲区的一个零件程序。

(3)DNC 程序：通过 RS232 串口传送的程序。

1)选择磁盘程序(含网络程序)

选择磁盘程序(含网络程序)的操作方法如下。

(1)在“选择程序”菜单(图 3.79)中，用▲、▼选中“磁盘程序“选项(或直接按快捷键< F1>)，下同。

(2)按< Enter >键，弹出如图 3.79 所示的对话框。

(3)如果选择缺省目录下的程序，跳过步骤(4)～(7)。

(4)连续按< Tab >键将蓝色亮条移到“搜寻”栏。

(5)按▼键弹出系统的分区表，用▲、▼选择分区，如[D:]。

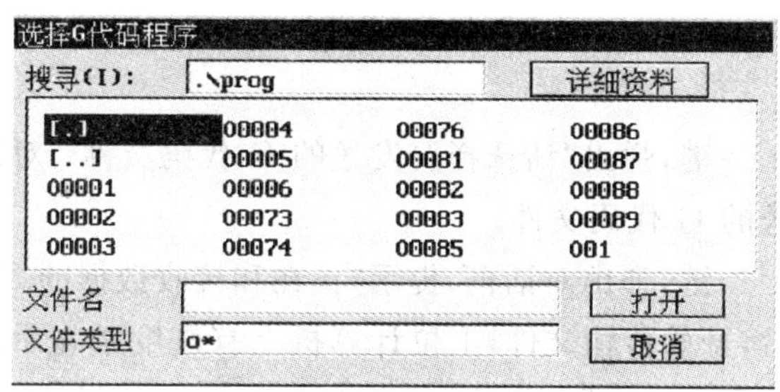

图 3.80　选择要运行的磁盘程序

(6)按< Enter >键，文件列表框中显示被选分区的目录和文件。

(7)按 <Tab> 键进入文件列表框。

(8)用▲、▼、▶、◀、Enter 键选中想要运行的磁盘程序的路径和名称，如当前目录下的 O1234。

(9)按 < Enter > 键，如果被选文件不是零件程序，将弹出如图 3.81 所示的对话框，不能调入文件。

(10)否则直接调入文件到运行缓冲区进行加工。

2)选择正在编辑的程序

选择正在编辑的程序的操步骤如下。

(1)在“选择运行程序”菜单(图 3.79)中，用▲、▼选中“正在编辑的程序”选项。

(2)按< Enter >键，如果编辑器没有选择编辑程序，将弹出如图 3.82 所示的提示信息，否则解释器将调入正在编辑的程序，文件到运行缓冲区。

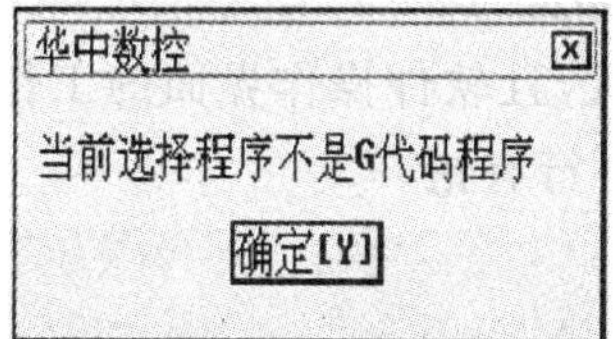

图 3.81　提示文件类型错

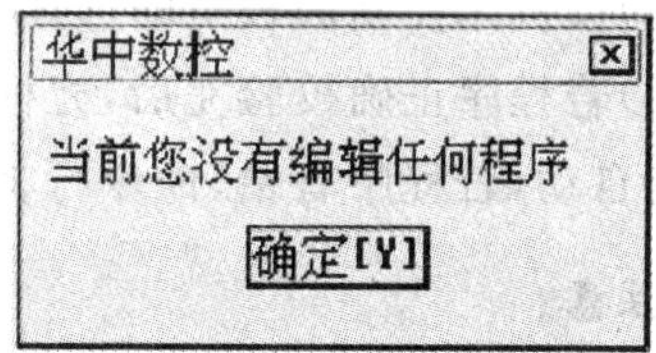

图 3.82　提示没有编辑程序

注意：系统调入加工程序后，图形显示窗口会发生一些变化，其显示的内容取决于当前图形显示方式。

3)DNC 加工

DNC 加工(加工串口程序)的操作步骤如下。

(1)在“选择加工程序”菜单(图 3.79)中，用▲ 、▼选中“DNC 程序”选项。

(2)按< Enter >键，系统命令行提示“正在和发送串口数据的计算机联络”。

(3)在上位计算机上执行 DNC 程序，弹出 DNC 程序主菜单。

(4)按 <ALT>+<C>，在“设置”子菜单下设置好传输参数。

(5)按 <ALT>+<F>,在“文件”子菜单(图 3.52)下选择“发送 DNC 程序”命令。

(6)按 <Enter>键,弹出“请选择要发送的 G 代码文件 ”对话框。

(7)选择要发送的 G 代码文件。

(8)按 <Enter>键,弹出对话框,提示“正在和接收数据的 NC 装置联络”。

(9)联络成功后,开始传输文件,上位计算机上有进度条显示传输文件的进度并提示“请稍等,正在通过串口发送文件,要退出请按 Alt+E”,HNC-21T 的命令行提示“正在接收串口文件”,并将调入串口程序到运行缓冲区。

(10)传输完毕,上位计算机上弹出对话框提示文件发送完毕,HNC-21T 的命令行提示“DNC 加工完毕”。

2. 程序校验(<F1>→<F3>)

程序校验用于对调入加工缓冲区的零件程序进行校验,并提示可能的错误,以前未在机床上运行的新程序在调入后最好先进行校验运行,正确无误后再启动自动运行。

程序校验运行的操作步骤如下。

(1)按 1 中的方法,调入要校验的加工程序。

(2)按机床控制面板上的自动按钮进入程序运行方式。

(3)在程序运行子菜单下,按<F3> 键,此时软件操作界面的工作方式显示改为校验运行。

(4)按机床控制面板上的循环启动按钮,程序校验开始。

(5)若程序正确校验完后,光标将返回到程序头,且软件操作界面的工作方式显示改为自动,若程序有错,命令行将提示程序的哪一行有错。

注意:

(1)校验运行时,机床不动作。

(2)为确保加工程序正确无误,选择不同的图形显示方式来观察校验运行的结果。

3. 启动、暂停、中止、再启动

1)启动自动运行

系统调入零件加工程序,经校验无误后,可正式启动运行。

(1)按一下机床控制面板上的自动按钮(指示灯亮)进入程序运行方式。

(2)按一下机床控制面板上的循环启动按钮(指示灯亮),机床开始自动运行调入的零件加工程序。

2)暂停运行

在程序运行的过程中，需要暂停运行，可按下述步骤操作。

(1)在程序运行子菜单下，按 ＜F7＞ 键，弹出如图 3.83 所示对话框。

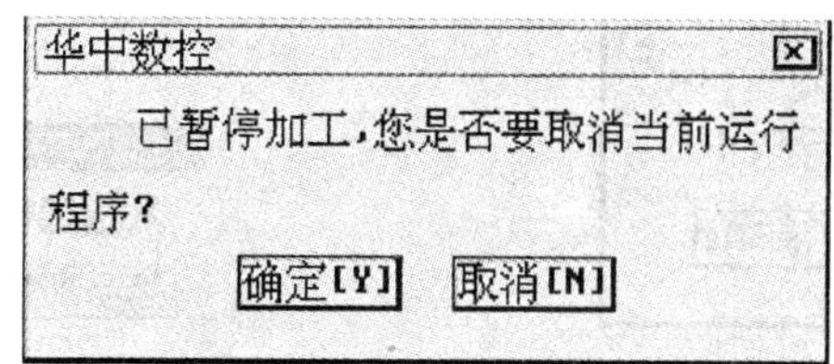

图 3.83　程序运行过程中停止运行

(2)按＜N＞键则暂停程序运行，并保留当前运行程序的模态信息。

暂停运行后，可按下面第 4)所述的方法从暂停处重新启动运行。

3)中止运行

在程序运行的过程中，需要中止运行，可按下述步骤操作。

(1) 在程序运行子菜单下，按＜F7＞键弹出如图 3.83 所示对话框。

(2) 按 ＜Y＞键则中止程序运行，并卸载当前运行程序的模态信息(中止运行后，可按下面 5)所述的方法从程序头重新启动运行)。

4)暂停后的再启动

在自动运行暂停状态下，按一下机床控制面板上的按钮，系统将从暂停前的状态重新启动，继续运行。

5)重新运行

在当前加工程序中止自动运行后，希望从程序头重新开始运行时，可按下述步骤操作。

(1)在程序运行子菜单下，按 ＜F4＞ 键，弹出如图 3.84 所示对话框。

(2)按 ＜Y ＞键则光标将返回到程序头，按＜ N ＞键则取消重新运行。

(3)按机床控制面板上的按钮，从程序首行开始重新运行当前加工程序。

6)从任意行执行

在自动运行暂停状态下，除了能从暂停处重启动继续运行外，还可控制程序从任意行执行。

从红色行开始运行，从红色行开始运行的操作步骤如下。

(1)在程序运行子菜单下，按 ＜F7＞ 键，然后按＜ N ＞键暂停程序运行。

(2)用▲、▼、PgUp、PgDn 键移动蓝色亮条到开始运行行，此时蓝色亮条变为红色亮条。

(3)在程序运行子菜单下，按 ＜F8＞ 键，弹出如图 3.85 所示对话框。

(4)用▲键选择“从红色行开始运行”项，弹出如图 3.86 所示对话框。

(5)按 ＜Y＞或 ＜Enter＞ 键，红色亮条变成蓝色亮条。

(6)按机床控制面板上的按钮，程序从蓝色亮条(即红色行)处开始运行。

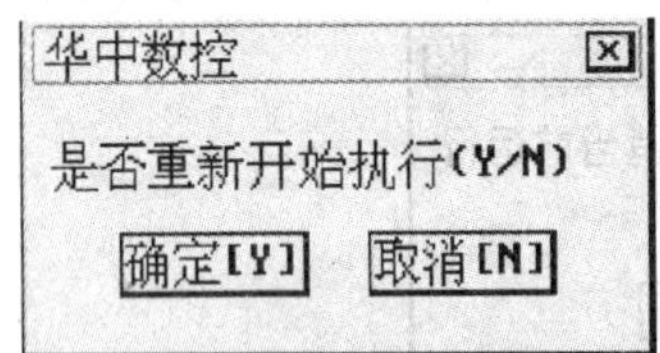

图 3.84　自动方式下重新运行程序

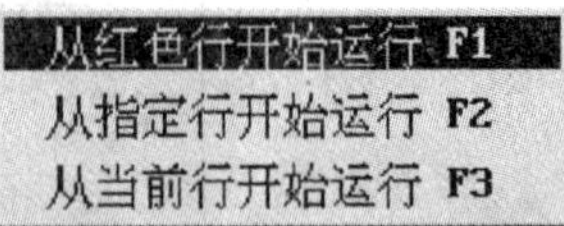

图 3.85　暂停运行时从任意行运行

从指定行开始运行的操作步骤如下。

(1)在程序运行子菜单下，按 <F7> 键，然后按 <N> 键暂停程序运行。

(2)在程序运行子菜单下，按< F8 >键，弹出如图 3.85 所示的对话框。

(3)用▲、▼键选择“从指定行开始运行”选项，弹出如图 3.87 所示的输入框。

(4)输入开始运行行号弹出如图 3.86 所示的对话框。

(5)按 <Y> 或< Enter >键，蓝色亮条移动到指定行。

(6)按机床控制面板上的按钮，程序从指定行开始运行。

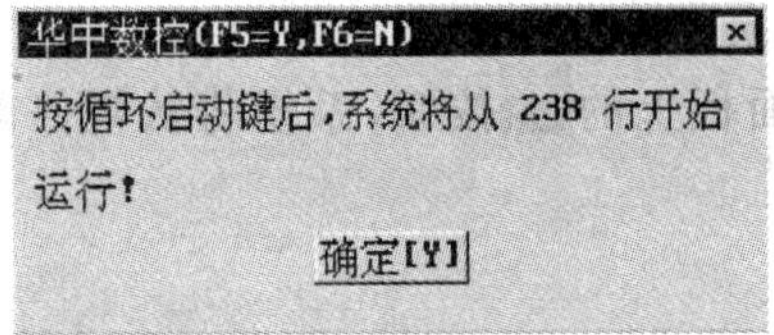

图 3.86　从红色行开始运行

图 3.87　从指定行开始运行

从当前行开始运行的操作步骤如下。

(1)在程序运行子菜单下，按 <F7> 键，然后按< N >键暂停程序运行。

(2)用▲、▼、PgUp、PgDn 键移动蓝色亮条到开始运行行，此时蓝色亮条变为红色亮条。

(3)在程序运行子菜单下，按 <F8> 键，弹出如图 3.85 所示的对话框。

(4)用▲ 、▼键选择“从当前行开始运行” 选项，弹出如图 3.86 所示的对话框。

(5)按< Y >或< Enter >键，红色亮条消失，蓝色亮条回到移动前的位置。

(6)按机床控制面板上的按钮，程序从蓝色亮条处开始运行。

4. 空运行

在自动方式下，按一下机床控制面板上的空运行按钮（ 指示灯亮)，CNC 处于空运行状态，程序中编制的进给速率被忽略，坐标轴以最大快移速度移动空运行不作实际切削，目的在于确认切削路径及程序。在实际切削时，应关闭此功能，否则可能会造成危险，此功能对螺纹切削无效。

5. 单段运行

按一下机床控制面板上的按钮(指示灯亮)，系统处于单段自动运行方式，程序控制将逐段执行。

(1)按一下按钮，运行一程序段，机床运动轴减速停止，刀具、主轴电机停止运行。

(2)再按一下按钮，又执行下一程序段，执行完后再次停止。

6. 加工断点保存与恢复

一些大零件其加工时间一般都会超过一个工作日，有时甚至需要好几天，如果能在零件加工一段时间后，保存断点(让系统记住此时的各种状态)，关断电源，并在隔一段时间后打开电源，恢复断点(让系统恢复上次中断加工时的状态)，从而继续加工，可为用户提供极大的方便。

1)保存加工断点(<F1>→<F5>)

保存加工断点的操作步骤如下。

(1)在程序运行子菜单下，按 <F7 >键，弹出如图 3.83 所示的对话框。

(2)按< N >键暂停程序运行，但不取消当前运行程序。

(3)按 <F5> 键，弹出如图 3.88 所示对话框。

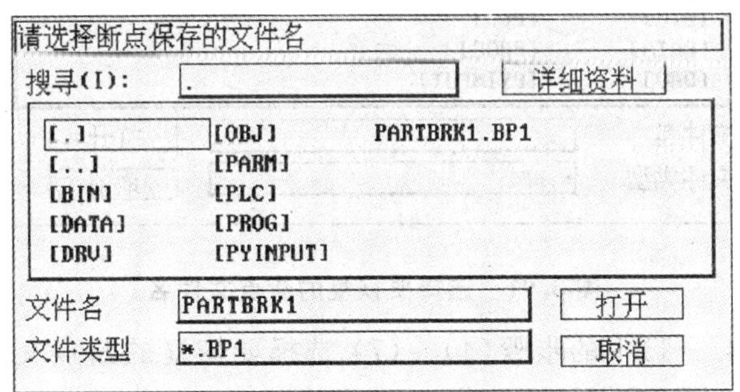

图 3.88　输入保存断点的文件名

(4)按(五)→4→1)中的步骤(3)～(7) 选择断点文件的路径。

(5)按(五)→4→1)中的步骤(8)～(10)在“文件名”栏输入断点文件的文件名，如“PARTBRK1”。

(6)按 <Enter >键，系统将自动建立一个名为“ PARTBRK1. BP1”的断点文件。

注意：

(1)按 <F4 >键保存断点前，必须在自动方式下装入加工程序，否则，系统会弹出如图 3.89 所示对话框，提示“没有装入零件程序”。

(2)按 <F4 >键保存断点之前,必须暂停程序运行,否则系统会弹出如图 3.90 所示对话框,提示“有程序正在加工,请先停止”。

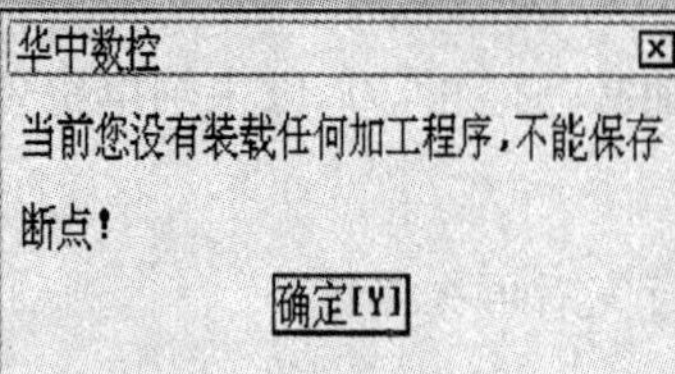

图 3.89 提示没有装入程序

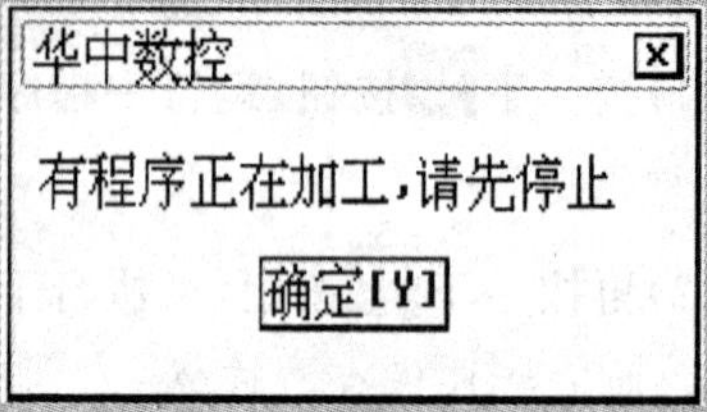

华中数控
有程序正在加工,请先停止
确定[Y]

图 3.90 提示停止加工

2)恢复断点(<F1>→<F6>)

恢复加工断点的操作步骤如下。

(1)如果在保存断点后,关断系统电源,则上电后,首先应进行回参考点操作,否则直接进入步骤(2)。

(2)按< F6 >键,弹出如图 3.91 所示的对话框。

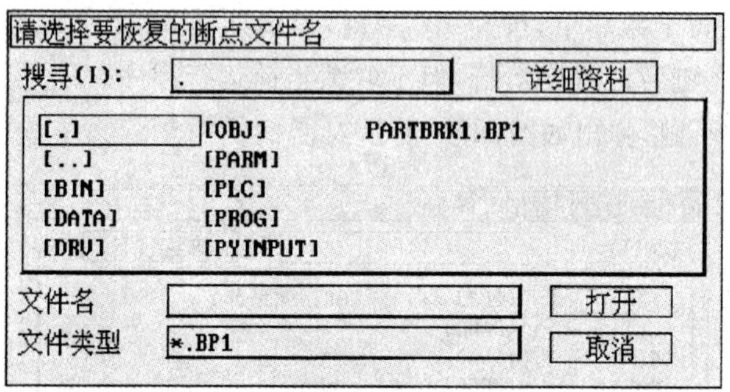

图 3.91 选择要恢复的断点文件名

(3)按(五)→4.→1)中的步骤(4)～(7) 选择要恢复的断点文件路径及文件名,如当前目录下的“PARTBRK1. BP1”。

(4)按 <Enter> 键,系统会根据断点文件中的信息,恢复中断程序运行时的状态,并弹出如图 3.92 或图 3.93 所示对话框。

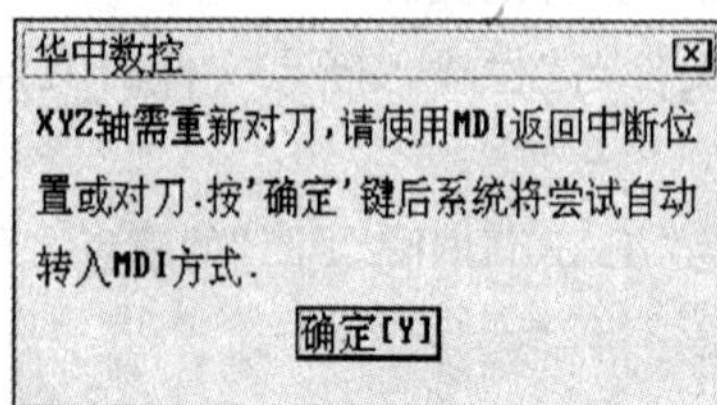

图 3.92 需要重新对刀

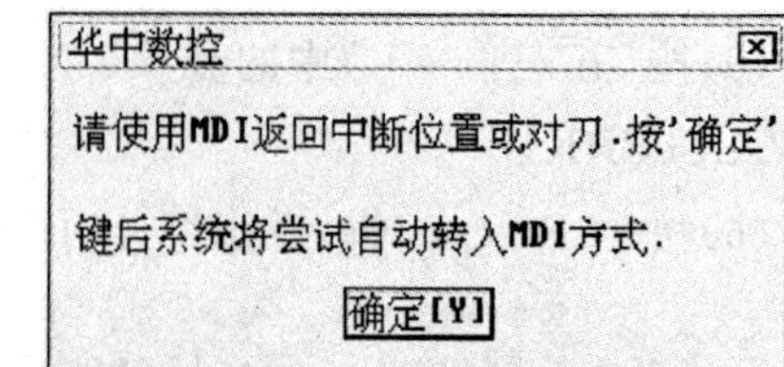

图 3.93 需要返回断点

(5)按< Y >键,系统自动进入 MDI 方式。

3)定位至加工断点(<F4>→<F4>)

如果在保存断点后,移动过某些坐标轴,要继续从断点处加工必须先定位至加工断点。

(1)手动移动坐标轴到断点位置附近,并确保在机床自动返回断点时不发生碰撞。

(2)在 MDI 方式子菜单下,按< F4 >键,自动将断点数据输入 MDI 运行程序段。

(3)按按钮启动 MDI 运行,系统将移动刀具到断点位置。

(4)按 <F10 >键退出 MDI 方式。

定位至加工断点后,按机床控制面板上的按钮即可,继续从断点处加工。

注意:在恢复断点前,必须装入相应的零件程序,否则系统会提示"不能成功恢复断点"。

4)重新对刀(<F4>→<F5>)

在保存断点后,如果工件发生过偏移需重新对刀,可使用本功能重新对刀后继续从断点处加工。

(1)手动将刀具移动到加工断点处。

(2)在 MDI 子菜单下按< F5 >键,自动将断点处的工作坐标输入 MDI 运行程序段。

(3)按按钮,系统将修改当前工件坐标系原点,完成对刀操作。

(4)按 <F10> 键退出 MDI 方式。

重新对刀并退出 MDI 方式后,按机床控制面板上的按钮即可继续从断点处加工。

7. 运行时干预

1)进给速度修调

在自动方式或 MDI 运行方式下,当 F 代码编程的进给速度偏高或偏低时,可用进给修调右侧的、、按钮,修调程序中编制的进给速度,按压按钮(指示灯亮)进给修调倍率被置为 100%,按一下按钮,进给修调倍率递增 5%,按一下按钮,进给修调倍率递减 5%。

2)快移速度修调

在自动方式或 MDI 运行方式下,可用快速修调右侧的和、按钮,修调 G00 快速移动时系统参数,最高快移速度设置的速度,按压按钮(指示灯亮),快速修调倍率被置为 100%，按一下 + 按钮，快速修调倍率递增 5%，按一下 - 按钮，快速修调倍率递减 5%。

3)主轴修调

在自动方式或 MDI 运行方式下，当 S 代码编程的主轴速度偏高或偏低时，可用主轴修调右侧的 x100 和 +、- 按钮，修调程序中编制的主轴速度，按压 x100 按钮（指示灯亮），主轴修调倍率被置为 100%，按一下 + 按钮，主轴修调倍率递增 5%，按一下 - 按钮，主轴修调倍率递减 5%，机械齿轮换挡时，主轴速度不能修调。

4)机床锁住

机床锁住即禁止机床坐标轴动作。在自动运行开始前，按一下按钮（指示灯亮），再按按钮，系统继续执行程序，显示屏上的坐标轴位置信息变化，但不输出伺服轴的移动指令，所以机床停止不动，这个功能用于校验程序。

注意：

(1)即使是 G28、G29 功能，刀具也不运动到参考点。

(2)机床辅助功能 M、S、T 仍然有效。

(3)在自动运行过程中，按按钮，机床锁住无效。

(4)在自动运行过程中，只在运行结束时，方可解除机床锁住。

(5)每次执行此功能后，需再次进行回参考点操作。

(七)数控机床网络与通信功能

1. 以太网连接

新建目录	F1
更改文件名	F2
拷贝文件	F3
删除文件	F4
映射网络盘	F5
断开网络盘	F6
接收串口文件	F7
发送串口文件	F8

图 3.94 文件管理子菜单

以太网连接的操作步骤如下。

(1)在集线器(HUB)处连上网线。

(2)在 HNC－21T 数控装置的以太网接口处连上网线。

(3)数控装置上电，如果以太网接口处的指示灯一闪一闪的，说明以太网连接好。

2. 建立网络路径

建立网络路径的操作步骤如下。

(1)在编辑功能菜单下(图 3.44)按 <F1> 的键，弹出如图 3.94 所示的文件管理子菜单。

(2)用▲、▼选中“映射网络盘”选项。

(3)按 <Enter> 键，弹出如图 3.95 所示的映射路径输入框。

(4)在映射路径输入框内输入一个虚拟驱动器名及其对应的具体网络路径名，如“X:\LKIMTOG”。

(5)按 <Enter> 键，弹出如图 3.96 所示的对话框。

(6)按下机床控制面板上的“急停”按钮。

(7)按 MDI 键盘上任意键，如果映射的网络路径不需要共享密码，则系统出现瞬间黑屏后又返回到 HNC－21T 软件操作界面，并建立网络路径。

华中数控

映射路径：

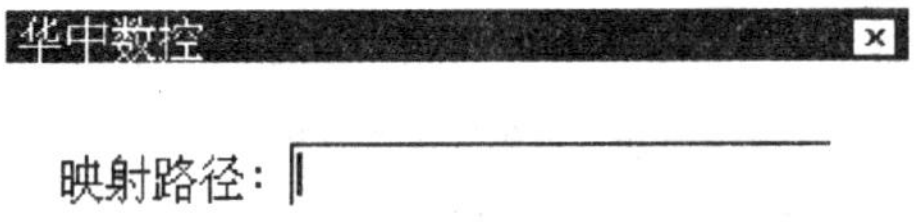

图 3.95　映射网络路径

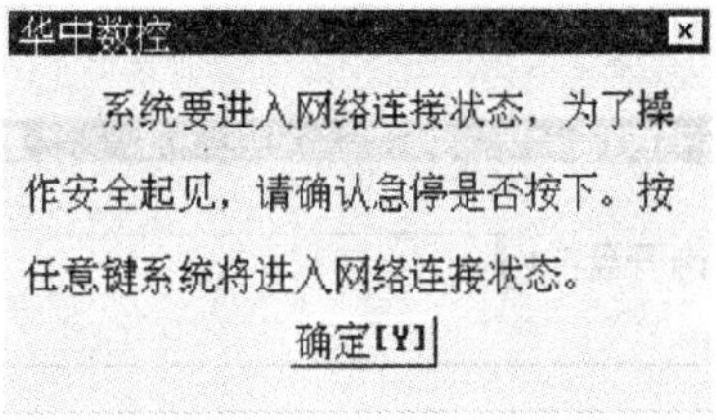

华中数控

系统要进入网络连接状态，为了操作安全起见，请确认急停是否按下。按任意键系统将进入网络连接状态。

确定[Y]

图 3.96　建立网络连接

(8)否则弹出如图 3.97 所示的画面。

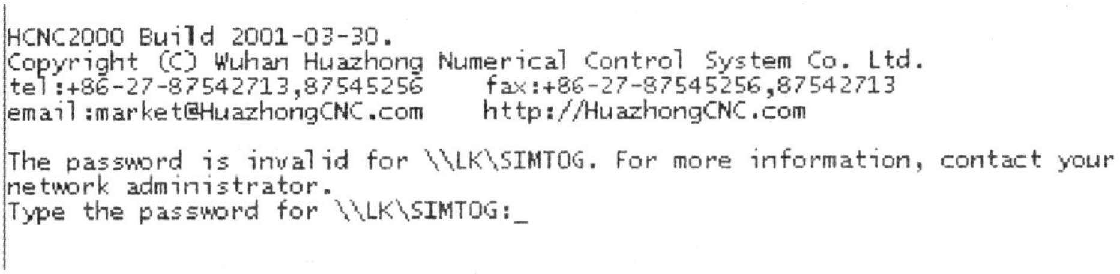

```
HCNC2000 Build 2001-03-30.
Copyright (C) Wuhan Huazhong Numerical Control System Co. Ltd.
tel:+86-27-87542713,87545256     fax:+86-27-87545256,87542713
email:market@HuazhongCNC.com     http://HuazhongCNC.com

The password is invalid for \\LK\SIMTOG. For more information, contact your
network administrator.
Type the password for \\LK\SIMTOG:_
```

图 3.97　输入共享密码

(9)输入共享密码，按 <Enter >键，系统出现瞬间黑屏后又返回到 HNC－21T 软件操作界面，并建立网络路径。

注意：

(1)建立网络路径后，可以像访问系统内部硬盘一样访问映射的网络盘。

(2)虚拟驱动器名可以是 A～Z 中的任一字母，不过一般选择本地盘之外的盘符，如 X:。

(3)网络路径名要求以“\”开始，然后才是机器名，再加“\”，再接具体的共享目录名，比如访问机器名为 YBS 目录中的 MAILBOX 目录下的文件，则网络路径名为“\\YBSMAILBOX”。

3. 断开网络路径

断开网络路径的操作步骤如下。

(1)在文件管理菜单中(图 3.94) 用▲、▼选中“断开网络盘”选项。

(2)按 <Enter> 键,弹出如图 3.98 所示断开网络路径输入框。

(3)在断开盘符输入框内输入一个已建立网络连接的虚拟驱动器名,如 X:。

(4)按 <Enter> 键,弹出如图 3.99 所示的对话框。

(5)按下机床控制面板上的按钮。

(6)按 MDI 键盘上任意键,则系统出现瞬间黑屏后又返回到 HNC－21T 软件操作界面,并断开网络路径。

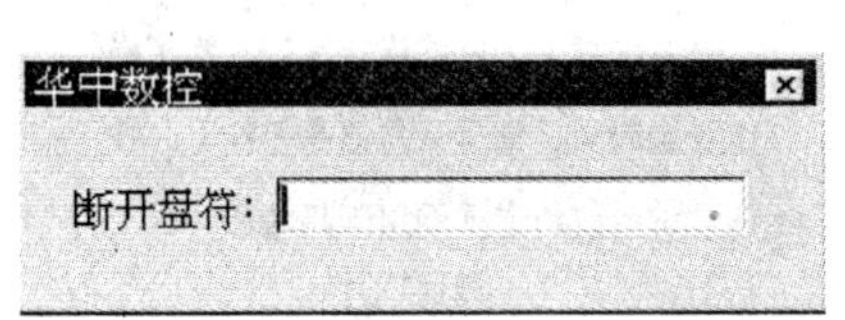

图 3.98　断开网络路径

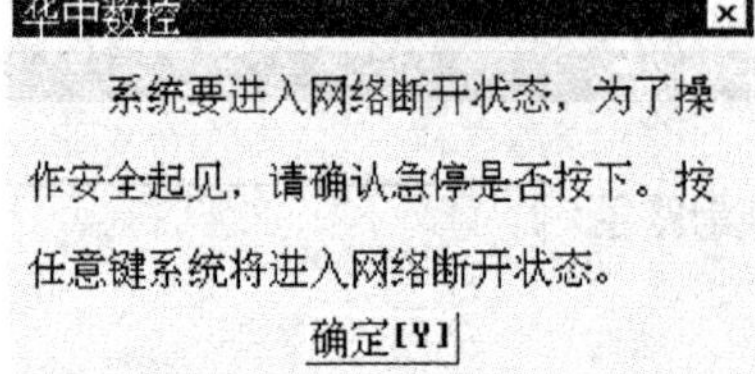

图 3.99　断开网络连接

4. 选择网络程序

选择网络程序的操作与选择磁盘程序的操作方法完全一样。

1)选择网络程序编辑

选择网络程序进行编辑的操作方法如下。

(1)在"选择编辑程序"菜单(图 3.46)中,用▲、▼选中"磁盘程序"选项。

(2)按 <Enter> 键,弹出如图 3.100 所示对话框。

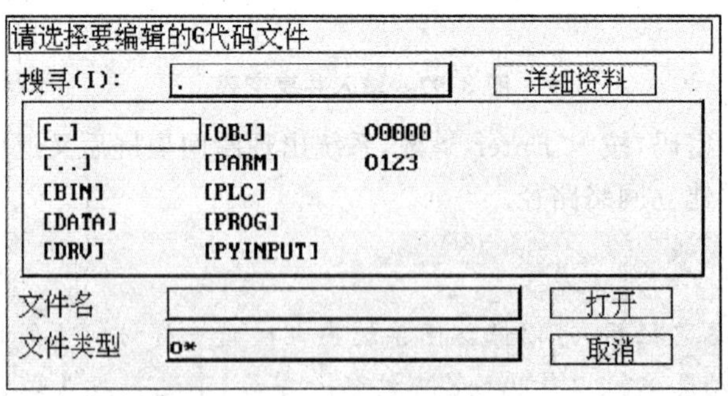

图 3.100　选择要编辑的零件程序

(3)连续按 <Tab> 键将蓝色亮条移到"搜寻"栏。

(4)按▼键弹出系统的本地盘和网络盘,用▲、▼选择网络盘,如[X:]。

(5)按 <Enter> 键,文件列表框中显示被选网络盘的目录和文件。

(6)按 <Tab> 键进入文件列表框。

(7)用▲、▼、▶、◀、Enter 键选中想要编辑的网络程序的路径和名称。

(8)按 <Enter> 键,如果被选文件不是零件程序,将弹出提示文件类型错误的对话框，显示“当前选择程序不是G代码程序”，不能调入文件。

(9)如果被选文件是只读G代码文件(可编辑但不能保存只能另存)，将弹出如图3.101所示的对话框。

图 3.101　提示文件只读

(10)否则直接调入文件到编辑缓冲区(图形显示窗口)进行编辑。

2)选择网络程序加工

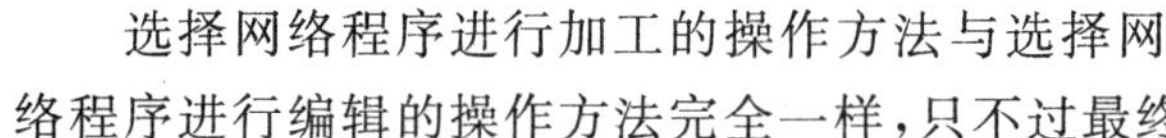

选择网络程序进行加工的操作方法与选择网络程序进行编辑的操作方法完全一样，只不过最终调入文件到加工缓冲区。

5. 复制网络程序

复制网络程序的操作与复制磁盘程序的操作方法完全一样。

(1)在文件管理子菜单(图3.94)中用▲、▼选中“拷贝文件”选项。

(2)按 <Enter>键，弹出如图3.102所示的对话框。

(3)按4.1)节的步骤(3)～(8)选择被拷贝的网络源文件路径及文件名。

(4)按 <Enter> 键，弹出如图3.103所示的对话框。

(5)按4.1)节的步骤(3)～(7)选择要拷贝的目标文件网络路径。

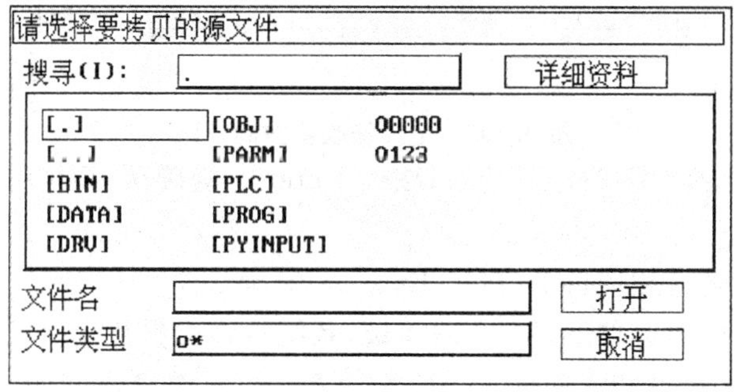

图 3.102　选择被拷贝的源文件

(6)按 <Tab> 键进入“文件名”栏。

(7)在“文件名”栏输入要拷贝的目标文件名。

(8)按 <Enter> 键，弹出如图3.104所示的提示对话框。

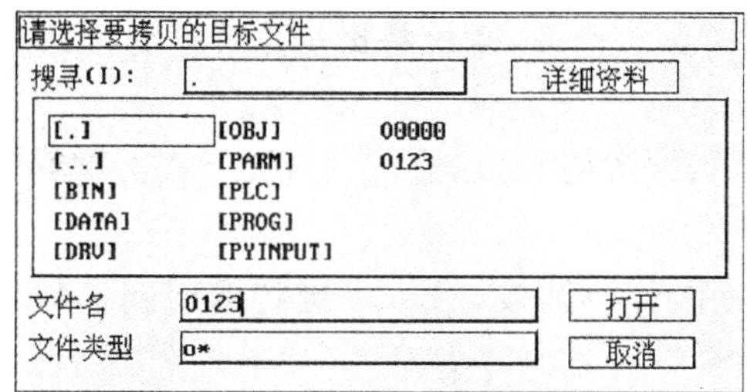

图 3.103　选择要拷贝的目标文件

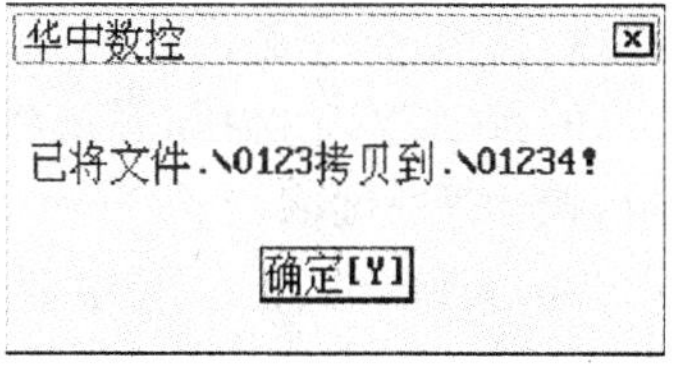

图 3.104　拷贝成功提示

(9)按 ＜Y＞ 键或 ＜Enter＞键完成拷贝。

6. 保存到网络

在编辑状态下,按＜F4＞键可对当前编辑的网络程序进行存盘,按 ＜F5＞ 键可将当前编辑程序另存为网络程序。

注意:将编辑程序保存到网络的前提是网络路径必须是完全共享的,否则系统会弹出对话框提示不能保存文件。

7. RS232 连接

用串口线连接 HNC－21T 的 RS232 串口和上位计算机的 RS232 串口,然后分别在数控装置侧和上位计算机侧执行下述操作。

1)数控装置侧串口参数设置

数控装置侧串口参数设置的操作步骤如下。

(1)在参数功能子菜单(图 3.105(a))下按＜ F3＞ 键,弹出如图 3.105(b)所示的菜单。

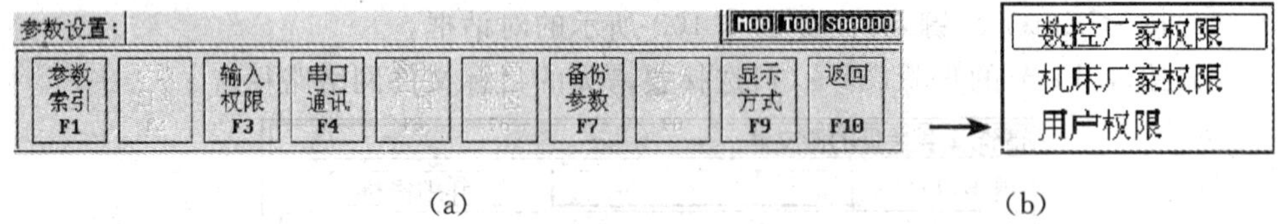

(a) (b)

图 3.105 选择修改参数的权限

(2)用▲、▼选择"用户权限"选项,按＜ Enter＞ 键确认,系统将弹出输入口令对话框。

(3)在输入栏输入相应口令,按 ＜Enter＞ 键确认。

(4)在参数功能子菜单下,按 ＜F1＞键,系统将弹出参数索引子菜单。

(5)用▲、▼选择"DNC 参数"选项,按 ＜Enter＞ 键确定,此时图形显示窗口将显示 DNC 参数的参数名及参数值,如图 3.106 所示。

(6)用▲、▼键移动蓝色亮条到要设置的选项处。

(7)按 ＜Enter＞ 键则进入编辑设置状态,用▶、◀、BS、Del 键进行编辑,按 ＜Enter＞ 键确认。

(8)按 ＜Esc＞ 键退出编辑,如果有参数被修改,系统将提示是否存盘,按＜Y＞键存盘,按＜N＞ 键不存盘。

(9)按 ＜Y＞ 键后,系统将提示是否当缺省值(出厂值)保存,按 ＜Y＞键存为缺省值,按＜N＞键取消。

(10)系统回到上一级参数选择菜单后,若继续按＜Esc＞键将退回到参数功能子菜单。

2)上位计算机参数设置

(1)在上位计算机上执行 DNC 程序 ,弹出如图 3.107 所示的主菜单。

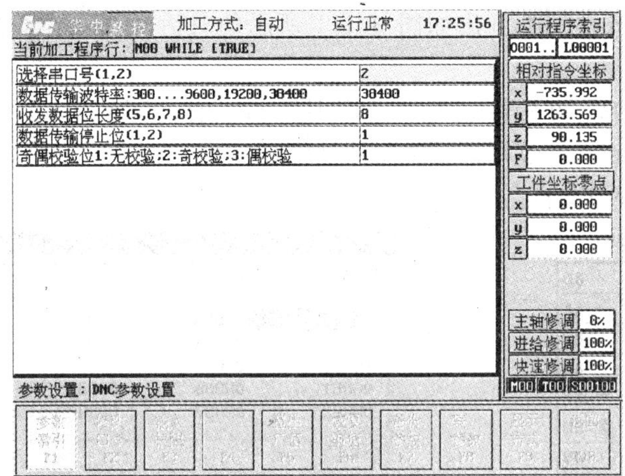

图 3.106　设置 DNC 参数

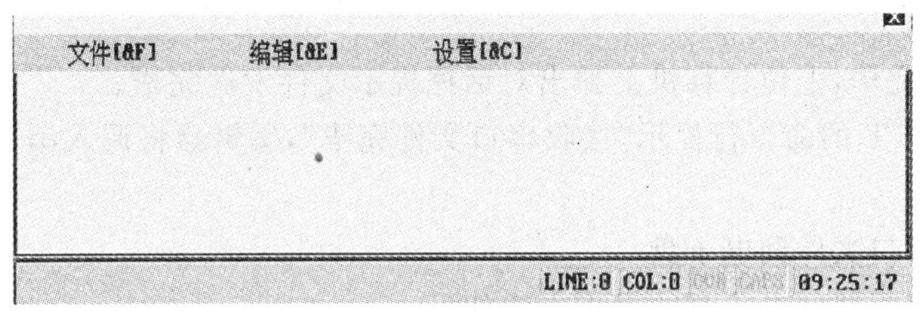

图 3.107　DNC 程序主菜单

(2)按<Alt>+<C>弹出如图 3.108 所示的参数设置子菜单。

(3)按 <Tab> 键进入每一个选项，分别设置端口号(1、2)波特率(300、600、1 200、2 400、4 800、9 600、19 200、…)、数据长度(5、6、7、8)、停止位(1、2)、校验位(1 无校验、2 奇校验、3 偶校验)等参数。

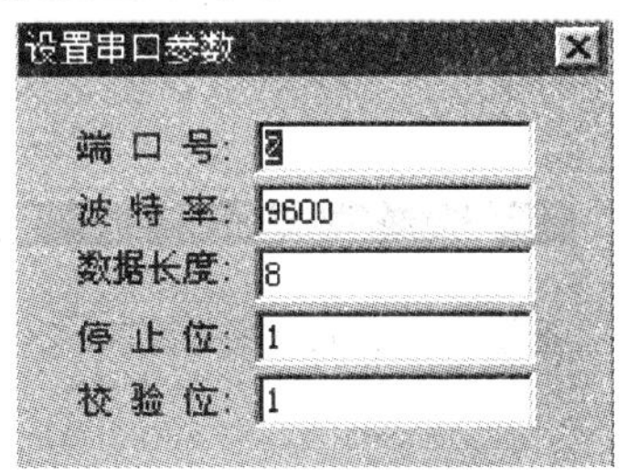

图 3.108　参数设置子菜单

8. 读入串口程序

1)读入串口程序到编辑缓冲区

读入串口程序进行编辑的操作步骤如下。

(1)在“选择编辑程序”菜单(图 3.46)中，用▲、▼选中“串口程序”选项。

(2)按 <Enter> 键，系统命令行提示“正在和发送串口数据的计算机联络”。

(3)在上位计算机的主菜单(图 3.107)下按<Alt>+<F>键弹出如图 3.109 所示的文件子菜单。

(4)用▲、▼键选择“发送 DNC 程序”选项。

(5)按 <Enter> 键，弹出如图 3.110 所示的对话框。

(6)选择要发送的 G 代码文件。

(7)按 <Enter> 键,弹出如图 3.111 所示的对话框,提示“正在和接收数据的NC 装置联络”。

(8)联络成功后,开始传输文件,上位计算机上有进度条显示,传输文件的进度,并提示“请稍等,正在通过串口发送文件,要退出请按 Alt+E”,HNC-21T的命令行提示“正在接收串口文件”。

文件[&F]	
打开文件	&O
关闭文件	&K
保存文件	&S
另存为	&A
发送DNC程序	&H
接收DNC程序	&Q
发送当前程序	&V
退出	&X

图 3.109　文件子菜单

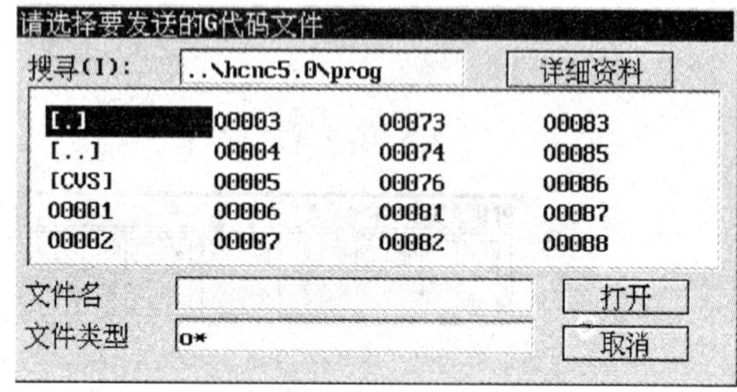

图 3.110　在上位计算机选择要发送的文件

(9)传输完毕,上位计算机上弹出对话框提示文件发送完毕。

HNC-21T 的命令行提示“接收串口文件完毕”,编辑器将调入串口程序到编辑缓冲区。

2)读入串口文件到电子盘

读入串口程序到电子盘的操作方法如下。

(1)在文件管理菜单(图 3.95)中用▲、▼选中“接收串口文件”选项。

(2)按 <Enter> 键,弹出如图 3.112 所示的对话框。

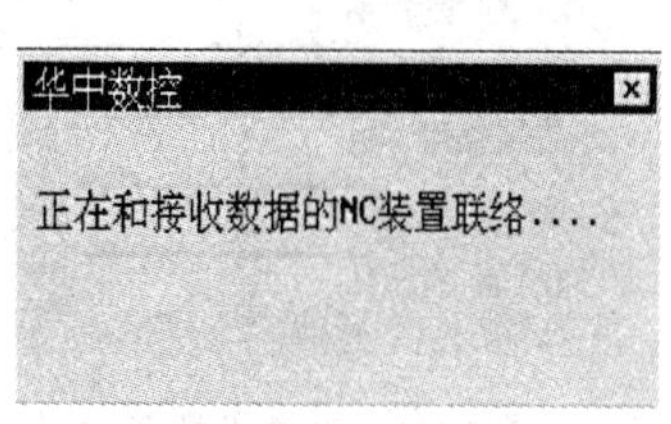

图 3.111　提示正在和接收数据的NC 装置联络

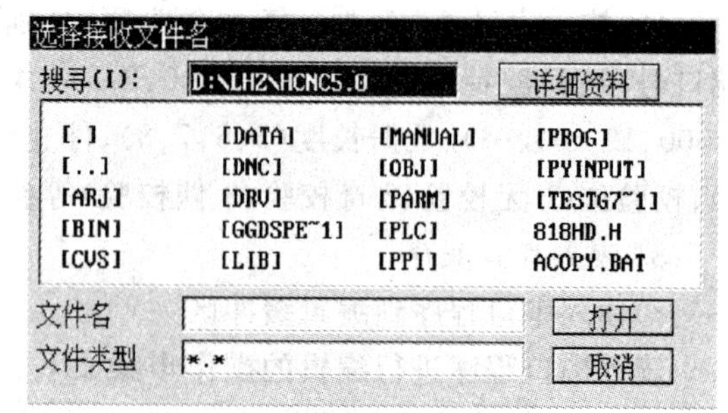

图 3.112　选择接收文件名

(3)输入接收路径和文件名。

(4)按 <Enter> 键,命令行提示“正在和发送串口数据的计算机联络”。

(5)在上位计算机的文件子菜单(图 3.109)下,用▲、▼键选择“发送 DNC 程序”选项。

(6)按 <Enter> 键,弹出如图 3.110 所示的对话框。

(7) 选择要发送的 G 代码文件。

(8)按 <Enter> 键,弹出如图 3.111 所示的对话框提示“正在和接收数据的 NC 装置联络”。

(9)联络成功后,开始传输文件,上位计算机上有进度条显示传输文件的进度并提示“请稍等正在通过串口发送文件,要退出请按 Alt+E ”,退出 HNC－21T 的命令行提示“正在接收串口文件”。

(10)传输完毕,上位计算机上弹出对话框提示文件发送完毕。

HNC－21T 的命令行提示“接收串口文件完毕” 。

9. 发送串口程序

1)发送当前编辑的串口程序到上位机

如果当前编辑的是上位计算机传来的串口程序,编辑完成后,按<F4>键可将当前编辑程序通过串口回送上位计算机。

2)发送电子盘文件到上位机

通过串口发送电子盘文件到上位机的操作方法如下。

(1)在上位计算机的主菜单(图 3.107)下按<Alt>+<F>弹出如图3.109所示的文件子菜单。

(2)用▲、▼键选择“接收 DNC 程序”选项。

(3)按 <Enter> 键,弹出如图 3.110 所示的对话框。

(4)输入接收路径和文件名,按 <Enter> 键。

(5)在 HNC－21T 的文件管理菜单中(图 3.94) 用▲、▼选中“发送串口文件”选项。

(6)按 <Enter> 键,弹出如图 3.113 所示的对话框。

(7)选择发送路径和文件名。

(8)按 <Enter> 键,弹出如图 3.114 所示的对话框,提示“正在和接收串口数据的计算机联络”。

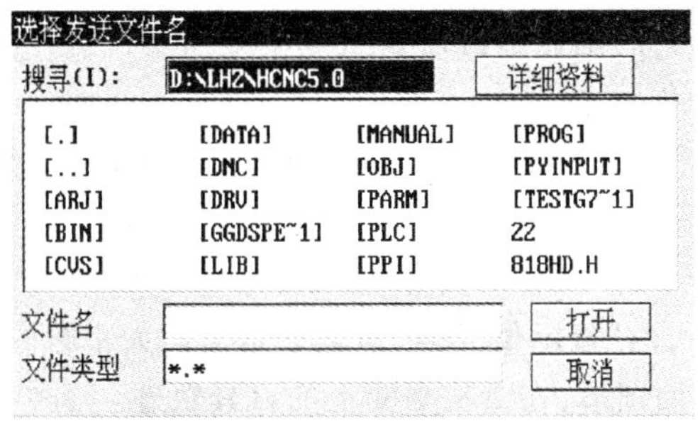

图 3.113　选择发送文件名

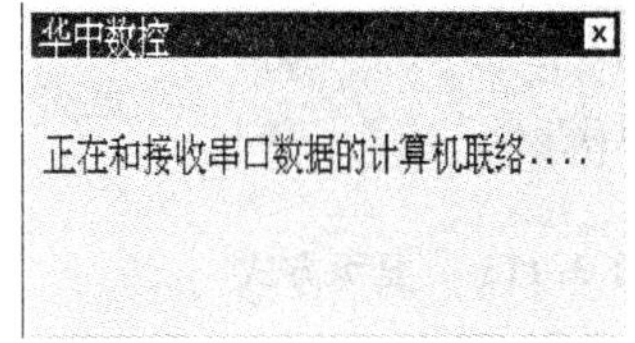

图 3.114　提示正与 NC 装置联络

(9)联络成功后,开始传输文件,HNC－21T 弹出对话框提示“请稍等,正在通过串口发送文件，要退出请按 <Alt+E>退出”，并有进度条显示传输文件的进度，上位计算机上提示“正在接收串口文件”。

(10)传输完毕，HNC－21T 弹出对话框提示文件发送完毕，上位计算机上提示“接收串口文件完毕”。

10. 加工串口程序

加工串口程序 DNC 加工的操作步骤如下。

(1)在“选择加工程序 ”菜单(图 3.78)中，用▲、▼选中“DNC 程序”选项。

(2)按 <Enter >键，命令行提示“正在和发送串口数据的计算机联络”。

(3)在上位计算机上执行 DNC 程序，弹出 DNC 程序主菜单。

(4)按<Alt>+<C>在“设置”子菜单下设置好传输参数。

(5)按<Alt>+<F>在“文件”子菜单下选择“发送 DNC 程序”命令。

(6)按 <Enter> 键，弹出“请选择要发送的 G 代码文件”对话框。

(7)选择要发送的 G 代码文件。

(8)按 <Enter> 键，弹出对话框，提示“正在和接收数据的 NC 装置联络”。

(9)联络成功后，开始传输文件，上位计算机上有进度条显示传输文件的进度，并提示“请稍等，正在通过串口发送文件，要退出请按 Alt+E”，HNC－21T 的命令行提示“正在接收串口文件”，并将调入串口程序到运行缓冲区。

(10)加工完毕，上位计算机上弹出对话框提示文件发送完毕，HNC－21T 的命令行提示“DNC 加工完毕”。

(八)数控机床显示功能

在显示方式菜单下，可以设置显示模式、显示值、显示坐标系、图形放大倍数、夹具中心绝对位置、内孔直径、毛坯大小。

显示模式	F1
显示值	F2
坐标系	F3
图形放大倍数	F4
夹具中心绝对位置	F5
内孔直径	F6
毛坯尺寸	F7
机床坐标系设定	F8

图 3.115　显示方式

1. 主显示窗口

HNC－21T 的主显示窗口如图 3.116 所示。

2. 显示模式

HNC－21T 的主显示窗口共有 3 种显示模式可供选择。

(1)正文：当前加工的 G 代码程序。

(2)大字符：由“显示值”菜单所选显示值的大字符。

(3)*ZX* 平面图形：在 *ZX* 平面上的刀具轨迹。

1)正文显示

选择正文显示模式的操作步骤如下。

(1)在“显示方式”菜单(图 3.115)中，用▲、▼选中“显示模式”选项。

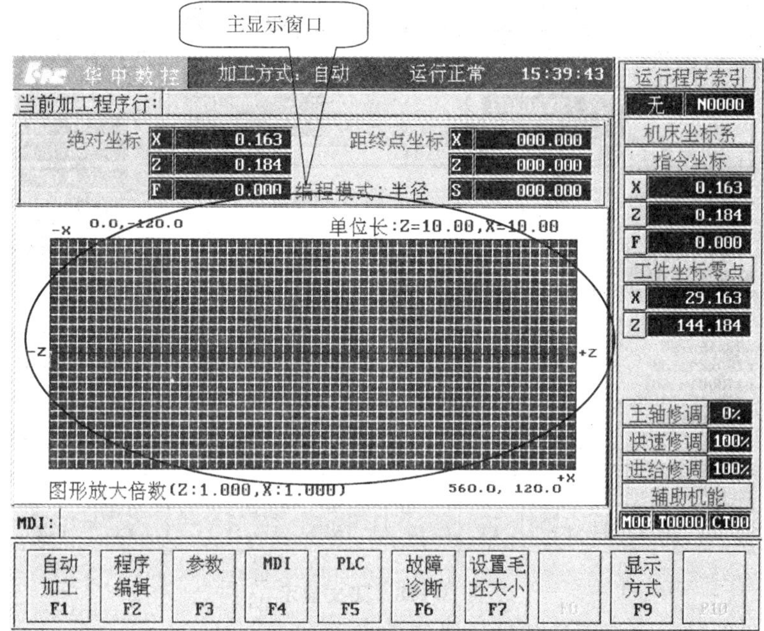

图 3.116　主显示窗口

(2)按 <Enter> 键，弹出如图 3.117 所示的显示模式菜单。

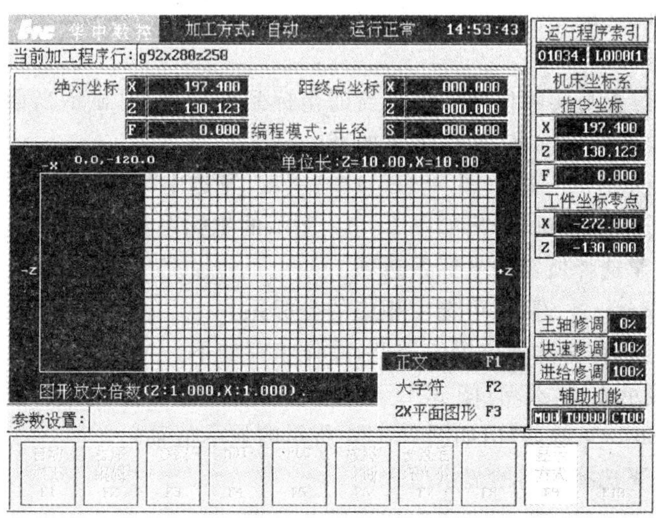

图 3.117　选择显示模式

(3)用▲、▼选择“正文”选项。

(4)按 <Enter> 键，显示窗口将显示当前加工程序的正文，如图 3.118 所示。

2)当前位置显示

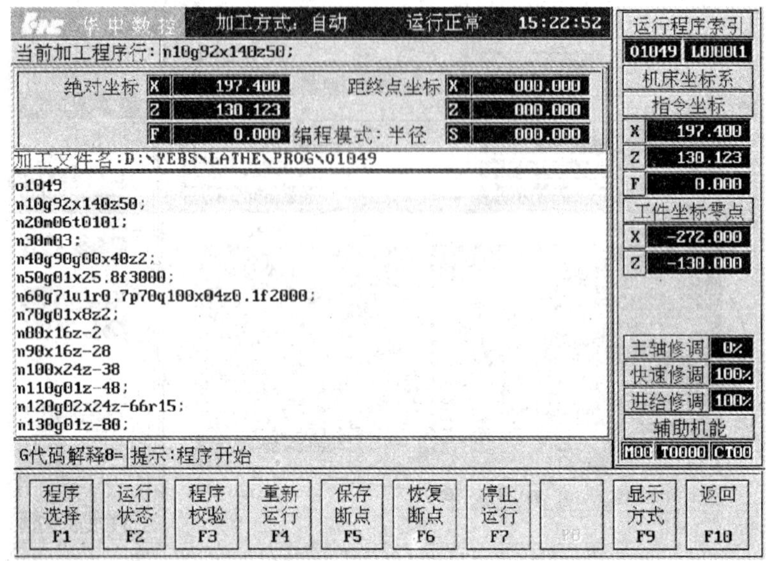

图 3.118 正文显示

当前位置显示包括下述几种位置值的显示。

(1)指令位置：CNC 输出的理论位置。

(2)实际位置：反馈元件采样的位置。

(3)剩余进给：当前程序段的终点与实际位置之差。

(4)跟踪误差：指令位置与实际位置之差。

(5)负载电流。

由于指令位置与实际位置依赖于当前坐标系的选择，要显示当前指令位置与实际位置，首先要选择坐标系，操作步骤如下。

(1)在“显示方式”菜单(图 3.115)中，用▲、▼选中“坐标系”选项。

(2)按 <Enter> 键，弹出如图 3.119 所示的坐标系菜单。

(3)用▲、▼选择所需的坐标系选项。

(4)按 <Enter> 键，即可选中相应的坐标系。

选好坐标系后，再选择位置值类型，操作步骤如下。

(1)在“显示方式”菜单(图 3.115)中，用▲、▼选中“显示值”选项。

(2)按<Enter>键，弹出如图 3.120 所示的显示值菜单。

(3)用▲、▼选择所需的显示值选项。

(4)按 <Enter> 键，即可选中相应的显示值。

选好坐标系和位置值类型后，再选择当前位置值显示模式，操作步骤如下。

(1)在“显示方式”菜单(图 3.115)中，用▲、▼选中“显示模式”选项。

(2)按 <Enter> 键，弹出如图 3.117 所示的显示模式菜单。

(3)用▲、▼选择“大字符”选项。

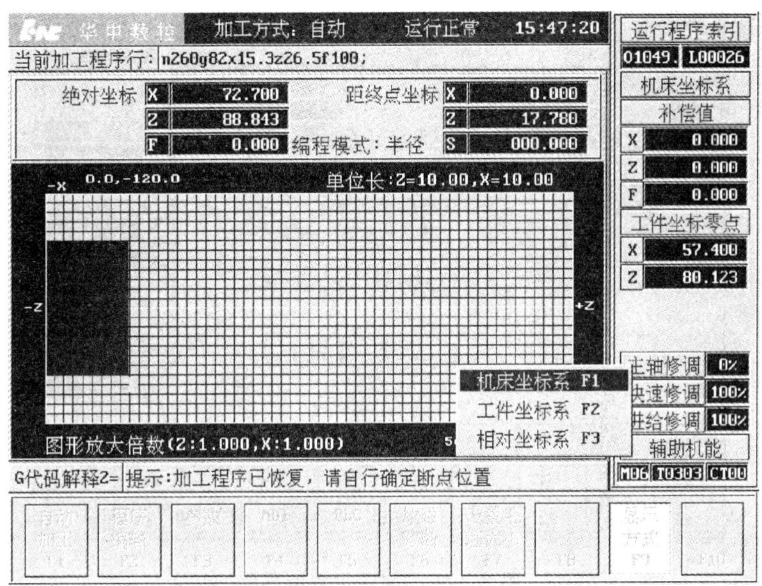

图 3.119　选择坐标系

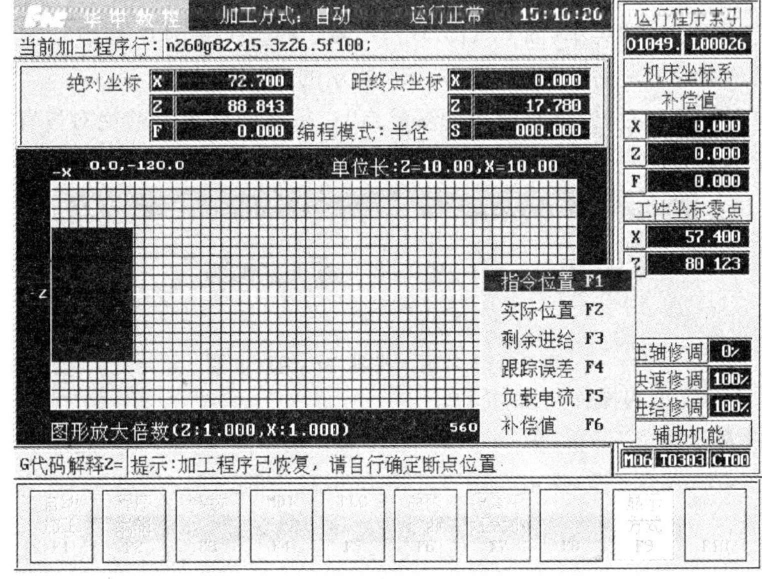

图 3.120　选择显示值

(4)按 <Enter> 键，显示窗口将显示当前位置值，如图 3.121 所示。

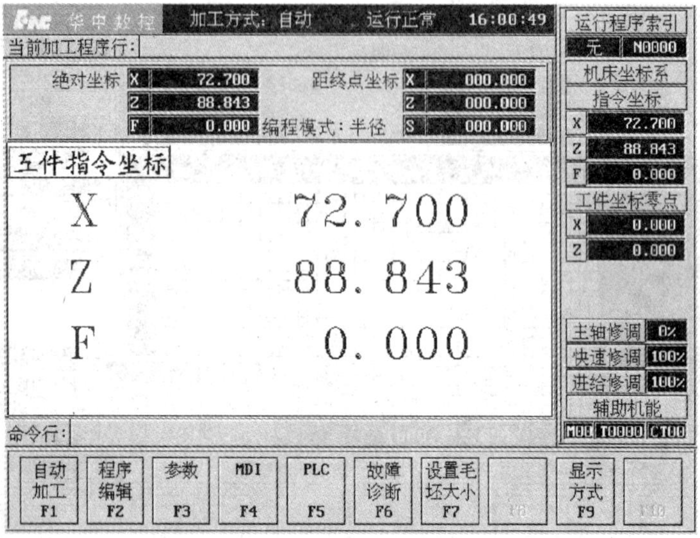

图 3.121 当前位置值显示

3)图形显示

要显示 ZX 平面图形，首先应设置好如下图形显示参数，夹具中心绝对位置、内孔直径、毛坯大小等。

设置夹具中心绝对位置的操作步骤如下。

(1)在“显示方式”菜单(图 3.115)中，用▲、▼选中“夹具中心绝对位置”选项。

(2)按 <Enter> 键，弹出如图 3.122 所示的对话框。

(3)输入夹具中心(也就是显示的基准点)在机床坐标系下的绝对位置。

(4)按 <Enter> 键，完成图形夹具中心绝对位置的输入。

图 3.122 输入夹具中心绝对位置

设置毛坯大小的操作步骤如下。

(1)在“显示方式”菜单(图 3.115)中，用▲、▼选中”毛坯大小”选项。

(2)按 <Enter> 键，弹出如图 3.123 所示对话框。

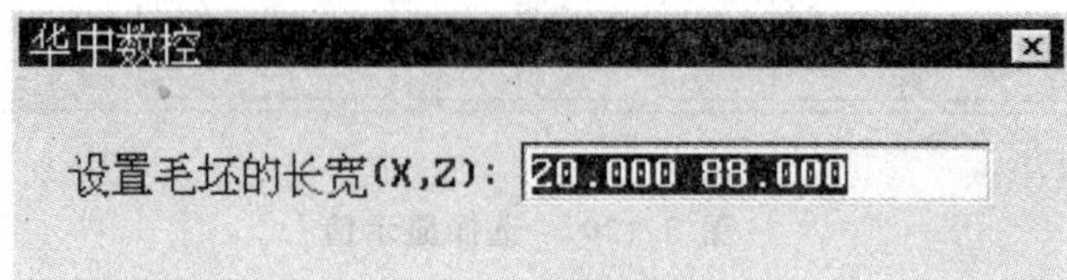

图 3.123 输入毛坯大小

(3)依次输入毛坯的外径和长度。

(4)按 <Enter> 键,完成毛坯大小的输入。

注意:设置毛坯大小的另一种方法如下。

(1)MDI 运行或手动将刀具移动到毛坯的外顶点。

(2)在主菜单下,按 <F7>(设置毛坯大小)键。

如果是内孔加工,还需设置毛坯的内孔直径,操作步骤如下。

(1)在“显示方式”菜单(图 3.115)中,用▲、▼选中“内孔直径”选项。

(2)按 <Enter> 键,弹出如图 3.124 所示的对话框。

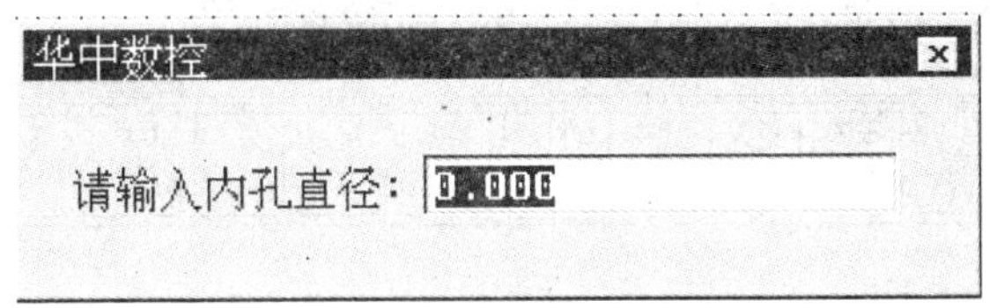

图 3.124　输入毛坯内孔直径

(3)输入毛坯的内孔直径。

(4)按 <Enter> 键,完成毛坯内孔直径的输入。

设置显示坐标系的操作步骤如下。

(1)在“显示方式”菜单(图 3.115)中,用▲、▼选中“显示坐标系设定”选项。

(2)按 <Enter> 键,弹出如图 3.125 所示的输入框。

(3)输入“0”则显示坐标系形式,X 轴正向朝下;输入“1”则显示坐标系形式,X 轴正向朝上。

图 3.125　输入显示坐标系形式

(4)按 <Enter> 键,完成显示坐标系的设置。

设置图形显示模式的操作步骤如下。

(1)在“显示方式”菜单(图 3.115)中,用▲、▼选中“显示模式”选项。

(2)按 <Enter> 键,弹出如图 3.117 所示的显示模式菜单。

(3)用▲、▼选择“ZX 平面图形”选项。

(4)按 <Enter> 键,显示窗口将显示 ZX 平面的刀具轨迹,如图 3.126 所示。

注意:在加工过程中可随时切换显示模式,不过,系统并不保存刀具的移动轨迹,因而在切换显示模式时,系统不会重画以前的刀具轨迹。

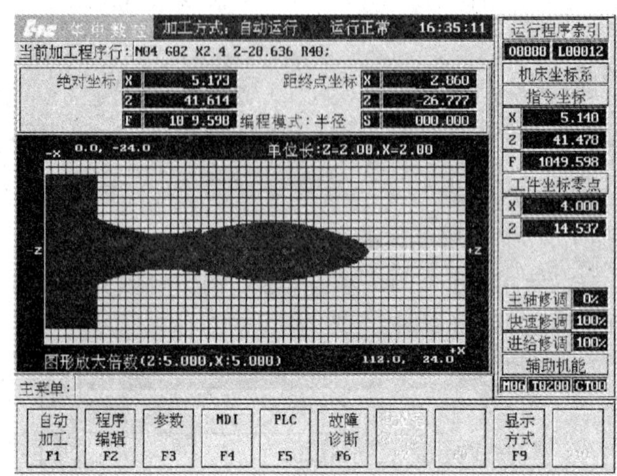

图 3.126 *ZX* 平面图形显示模式

4)图形放大倍数

设置图形放大倍数的操作步骤如下。

(1)在“显示方式”菜单(图 3.115)中，用▲、▼选中“图形放大倍数”选项。

(2)按 <Enter> 键，弹出如图 3.127 所示的对话框。

图 3.127 图形放大倍数

(3)输入 *XZ* 轴图形放大倍数。

(4)按 <Enter> 键，完成图形放大倍数的输入。

3. 运行状态显示

在自动运行过程中，可以查看刀具的有关参数或程序运行中变量的状态，操作步骤如下。

(1)在自动加工子菜单下按 <F2> 键，弹出如图 3.128 所示的“运行状态”菜单。

(2)用▲、▼选中其中某一选项，如“系统运行模态”。

(3)按 <Enter> 键，弹出如图 3.129 所示画面。

(4)用▲、▼、Pgup、Pgdn 可以查看每一子项的值。

(5)按 <Esc> 键则取消查看。

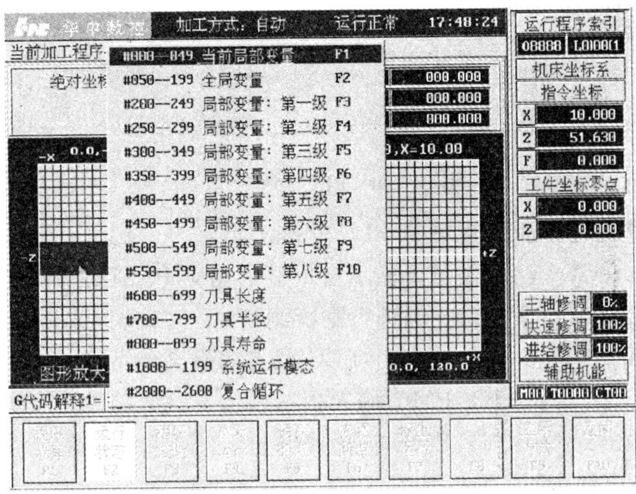

图 3.128　运行状态

华中数控　加工方式：自动　运行正常　17:50:44

当前加工程序行：N01 G92 X16 273.463;

#1000--1199 系统运行模态

索引号	值
#1000 当前机床位置X	10.000
#1001 当前机床位置Y	
#1002 当前机床位置Z	51.630
#1003 当前机床位置A	
#1004 当前机床位置B	
#1005 当前机床位置C	
#1006 当前机床位置U	
#1007 当前机床位置V	
#1008 当前机床位置W	
#1009 车床直径编程	0
#1010 当前运行终点X	
#1011 当前运行终点Y	
#1012 当前运行终点Z	
#1013 当前运行终点A	

G代码解释1=　提示：程序开始

运行程序索引　O8888　L0100(1
机床坐标系
指令坐标　X 10.000　Z 51.630　F 0.000
工件坐标零点　X 0.000　Z 0.000
主轴修调 0%　快速修调 100%　进给修调 100%
辅助机能
M00 T0000 CT00

返回 F10

图 3.129　系统运行模态

4. PLC 状态显示

在图 3.25 所示的主操作界面下，按 <F5> 键进入 PLC 功能，命令行与菜单条的显示如图 3.130 所示。在 PLC 功能子菜单下，可以动态显示 PLC(PMC)状态，操作步骤如下。

(1)在 PLC 功能子菜单下按 <F4> 键，弹出如图 3.131 所示的 PLC 状态显示菜单。

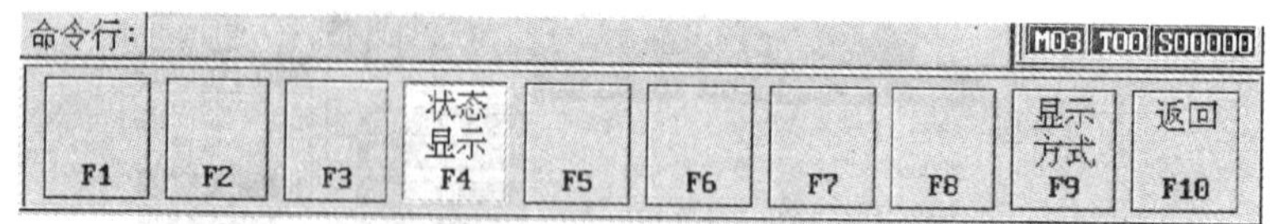

图 3.130　PLC 功能子菜单

(2)用▲、▼键选择所要查看的 PLC 状态类型。

(3)按 <Enter> 键,将在图形显示窗口显示相应 PLC 状态。

(4)按 <Pgup>、<Pgdn> 键进行翻页浏览,按 <Esc>键退出状态显示。

共有 8 种 PLC 状态可供选择,各 PLC 状态的意义如下。

(1)机床输入到 PMC(X):PMC 输入状态显示。

(2)PMC 输出到机床(Y):PMC 输出状态显示。

(3)CNC 输出到 PMC(F):CNC、PMC 状态显示。

(4)PMC 输入到 CNC(G):PMC、CNC 状态显示。

(5)中间继电器(R):中间继电器状态显示。

(6)参数(P):PMC 用户参数的状态显示。

(7)解释器模态值(M):解释器模态值显示。

(8)断电保护区(B):断电保护数据显示。

断电保护区除了能显示外,还能进行编辑。

(1)在 PLC 状态显示子菜单(图 3.131)下,选择"断电保护区"选项。

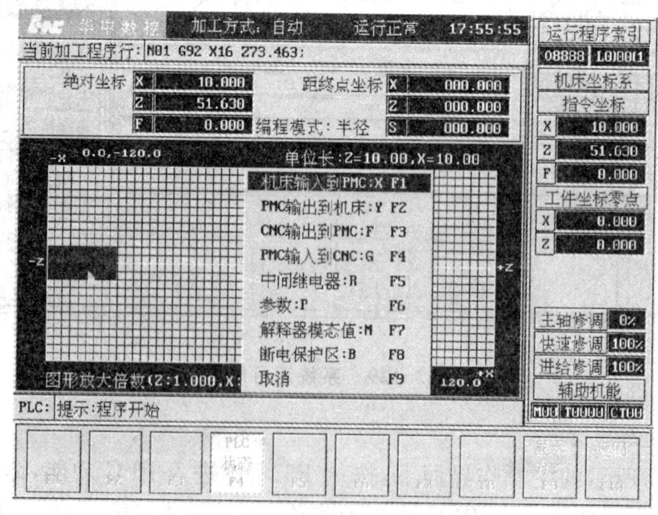

图 3.131　PLC 状态显示菜单

(2)按 <Enter> 键,将在图形显示窗口显示如图 3.132 所示的断电保护区状态。

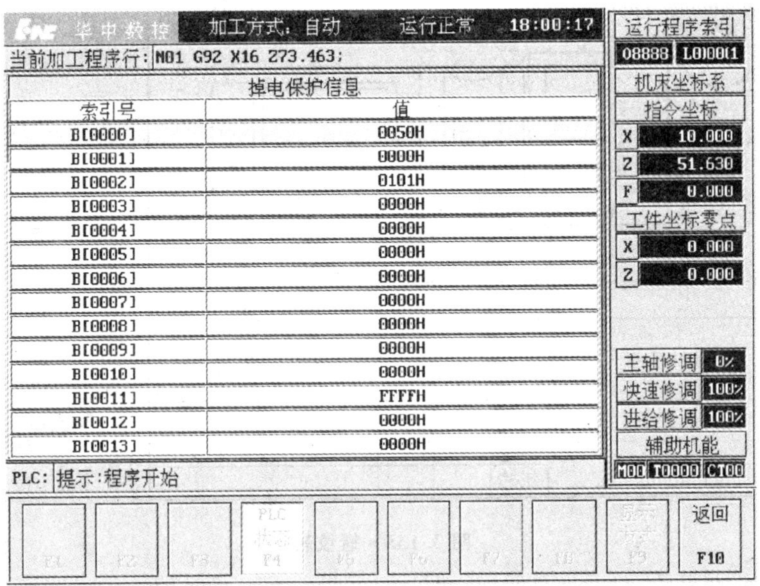

图 3.132　断电保护区 B

(3)按 <Pgup>、<Pgdn>、▲、▼键移动蓝色亮条到想要编辑的选项上。

(4)按 <Enter> 键即可看见一闪烁的光标，此时可用▶、◀、<BS>、<Del> 键移动光标对此项进行编辑，按 <Esc> 键将取消编辑，当前选项保持原值不变。

(5)按 <Enter> 键将确认修改的值。

(6)按 <Esc> 键退出断电保护区编辑状态。

任务十九　手柄的加工——刀具的选择、刃磨与安装

知识要点

- 数控车床的维护与保养。
- 数控车床基本操作步骤。
- 数控车床面板操作。
- 数控车床加工精度、加工质量的保证措施。
- 掌握综合零件加工工艺及加工方法。

[任务描述]

◆ 技术要求：如图 3.133 所示的零件毛坯为 $\phi40$ mm×125 mm 的棒料，材料为 45 号钢，分析零件图纸，编制零件的加工程序并进行数控加工。

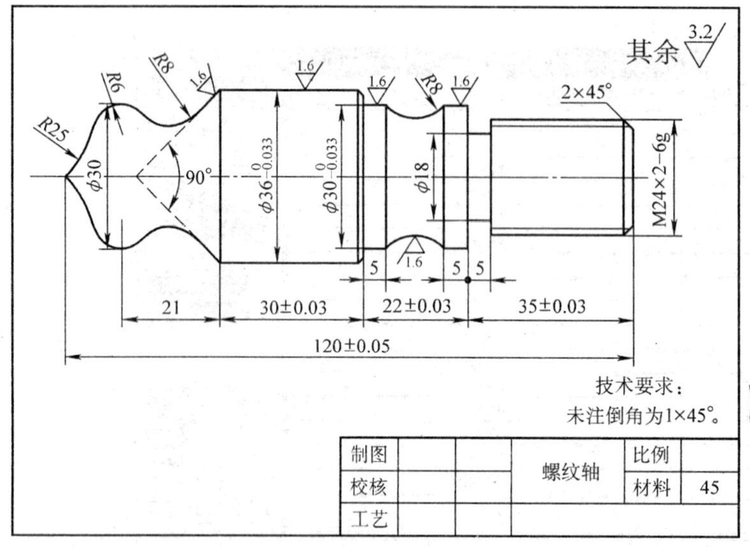

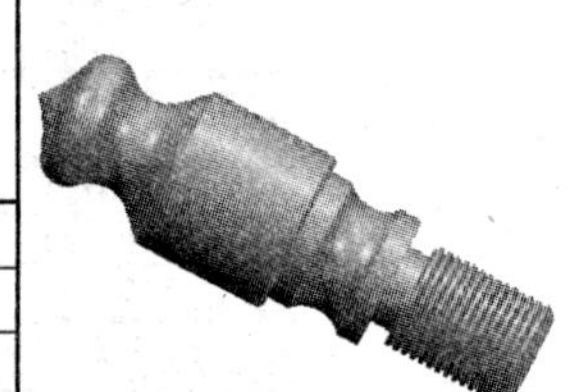

图 3.133 螺纹轴

[编制加工工艺]

1. 制订加工工艺路线

1)装夹与定位

该零件属于短轴类零件,轴心线为工艺基准。用三爪自定心卡盘夹持 φ40 mm 外圆,分 2 次完成加工,先完成零件左端的切削,然后调头切削工件右端部分。

2)工步顺序

该工件完整加工路线如下。

(1)装夹 φ40 mm 外圆,找正。

(2)先粗加工图纸中工件左端轮廓,直至 φ36 mm 轴段。

(3)精车上述轴段轮廓一次至图纸要求。

(4)调头,先粗车零件的右端轮廓。

(5)精车达到图纸要求。

(6)用切槽刀车螺纹退刀槽。

(7)用螺纹刀车螺纹。

3)切削参数

根据制订的加工工艺,确定切削参数。

(1)机床转速:车曲线轮廓为 600 r/min,车直线轮廓为 800 r/min,车退刀槽时为 500 r/min,车螺纹时为 800 r/min。

(2)精加工余量为 0.5 mm(直径量)。

(3)进给率:粗加工外圆面时进给速度为 0.3 mm/r,精加工时进给速度为 0.08 mm/r。

4)确定工件坐标系、对刀点和换刀点

根据零件的尺寸标注特点及基准统一的原则，选择工件右端面轴心线的交点为编程原点，建立 *XOZ* 工件坐标系。采用手动试切对刀方法对刀，工件原点在毛坯端面中心。换刀点在(X100、Z100)处，换刀点应设在工件或夹具的外部，以换刀时不碰工件及其他部件为准。

2. 选择机床和数控系统

(1)机床型号：使用威海天诺数控机械有限公司生产的 CK6132－Ⅱ型数控车床。

(2)数控系统：采用华中世纪星 HNC－21T 数控系统。

3. 选择刀具、工具和量具

1)刀具

所选刀具尺寸及刀具号见表 3.3。

表 3.3　刀具号

刀具号	刀具名称	用途
T0101	35°机夹外圆刀	粗、精车零件外轮廓
T0202	宽 4 mm 的车槽刀	车退刀槽
T0303	60°螺纹刀	车 M24×2 的螺纹

2)刀具装夹

刀具牢靠地安装在刀架上，调整安装高度，使切削刃与工件轴线等高。刀架的 1 号刀位安装外圆车刀，2 号刀位安装切槽刀，3 号刀位安装螺纹刀。对这 3 把刀分别进行对刀操作，把它们的刀偏值输入相应的刀具参数中。

3)工具、夹具

采用卡盘扳手、六角头扳手、铜棒、垫铁。

4)量具

采用游标卡尺、外径千分尺、M24×2－6g 外螺纹规。

4. 编制加工程序

1)程序分析

该零件结构要素有圆柱面、圆弧面、倒角等，为减少热变形和切削力变形对工件的形状、位置精度、尺寸精度和表面粗糙度的影响，应将粗、精加工分开进行。因工件表面有一定的要求，对粗、精加工采用不同的进给率。

根据制订的零件加工路线，粗车外圆采用 G71 指令去除余量，车螺纹采用 G76 指令。

2)程序清单

```
%3002                          切削零件左端轮廓
N10 M03 S600;                  主轴打开
N20 T0101;                     35°机夹车刀
```

```
N30 G00 X40 Z5;                              快速至循环起点
N40 G71 U1 R1 P50 Q130 X0.5 Z0 F0.3;         G71外圆粗车循环
N50 G00 X0 Z5 S1000;                         精加工轮廓起始程序段
N60 G01 Z0 F0.08;                            定位至加工起点
N70 G02 X18 Z-6 R25;                         精加工R25圆弧面
N80 G03 X30 Z-12 R6;                         精加工R6前段圆弧面
N90 G03 X26.19 Z-16.39 R6;                   精加工R6后段圆弧面
N100 G02 X21.1 Z-22.24 R8;                   精加工R8前段圆弧面
N110 G02 X25.79 Z-27.89 R8;                  精加工R8后段圆弧面
N120 G01 X36 Z-33;                           精加工外圆锥面
N130 G01 Z-65;                               精加工φ36外圆,精加工轮廓结束程序段
N140 G00 X100 Z100;                          快速返回换刀点
N150 M30;                                    程序结束

%3003                                        调头装夹,切削零件右端轮廓
N10 M03 S800;                                主轴打开
N20 T0101;                                   35°机夹车刀
N30 G00 X40 Z5;                              快速至循环起点
N40 G71 U2 R1 P50 Q160 X0.5 Z0 F0.2;         G71外圆粗车循环
N50 G00 X0 Z5 S1000;                         精加工轮廓起始程序段
N60 G01 Z0 F0.08;                            定位至加工起点
N70 X20;                                     定位至倒角加工起点
N80 X24 Z-2;                                 精加工2×45°倒角
N90 Z-35;                                    精加工φ24外圆
N100 X30;                                    精加工端面
N110 Z-40;                                   精加工φ30外圆
N120 G02 X24.58 Z-46 R8;                     精加工R8前段圆弧面
N130 G02 X30 Z-52 R8;                        精加工R8后段圆弧面
N140 G01 Z-57;                               精加工φ30外圆
N150 X34;                                    精加工端面
N160 X36 Z-58;                               精加工1×45°倒角
N170 G00 X100 Z100;                          快速返回换刀点
N180 T0202 S500;                             换车槽刀,车退刀槽
N190 G00 X31 Z-35;                           定位至切槽起始处
```

N200 G01 X18 F0.05;	车退刀槽至 $\phi18$
N210 X25;	X 向退刀
N220 W1;	Z 正向偏移 1 mm
N230 X18;	车退刀槽至 $\phi18$
N240 G00 X35;	X 向退刀
N250 G00 X100 Z100;	快速返回换刀点
N260 T0303 S800;	换 60°螺纹刀，车螺纹
N270 G00 X24 Z10;	快速至螺纹循环加工起始点
N280 G76 C2 A60 X21.8 Z−32 I0	
K1.299 U0.1 V0.1 Q0.9 F2;	螺纹切削复合循环
N290 G00 X100 Z100;	快速返回换刀点
N300 M30;	程序结束

任务二十　锥孔螺母套的加工——工件的找正、装夹

[任务描述]

◆ 技术要求：如图 3.134 所示的零件毛坯为 $\phi75$ mm×85 mm 的棒料，材料为 45 号钢，单件小批量生产，分析零件图纸，编制零件的加工程序并进行数控加工。

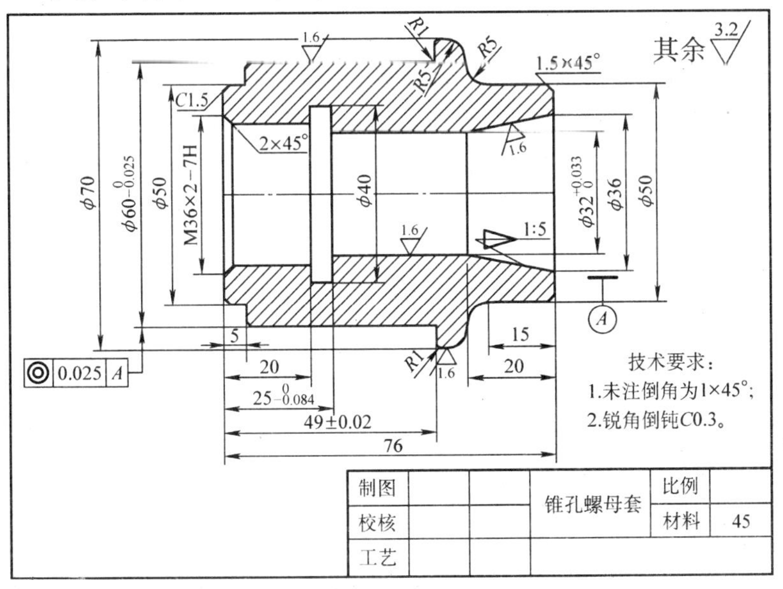

图 3.134　锥孔螺母套

[编制加工工艺]

1. 零件图工艺分析

该零件表面由内外圆柱面、圆锥面、顺圆弧、逆圆弧及内螺纹等表面组成，其中多

个直径尺寸与轴向尺寸有较高的尺寸精度、表面粗糙度和形位公差要求。零件图尺寸标注完整,符合数控加工尺寸标注要求;轮廓描述清楚完整;零件材料为45号钢,切削加工性能较好,无热处理和硬度要求。

通过上述分析,采取以下几点工艺措施。

(1)零件图纸上带公差的尺寸,除内螺纹退刀槽尺寸 $25_{-0.084}^{0}$ 公差值较大,编程时可取平均值24.958外,其他尺寸因公差值较小,故编程时不必取其平均值,而取基本尺寸即可。

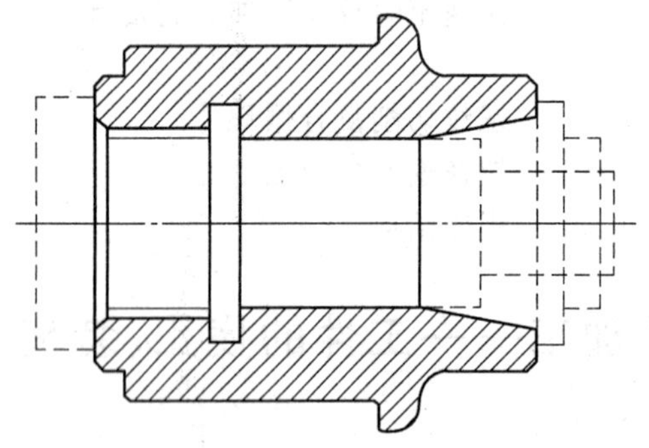

图3.135 切削心轴定位装夹方案

(2)左右端面均为多个尺寸的设计基准,相应工序加工前,应该先将左右端面车出来。

(3)内孔圆锥面加工完后,需要调头再加工内螺纹。

2. 确定装夹方案

内孔加工时以外圆定位,用三爪自定心卡盘夹紧。加工外轮廓时,为保证同轴度要求和便于装夹,以坯件左侧端面和轴线为定位基准,为此需要设计一心轴装置(图3.135虚线部分),用三爪自定心卡盘夹持心轴左端,心轴右端留有中心孔,用尾座顶尖顶紧以提高工艺系统的刚性。

3. 确定加工顺序及走刀路线

加工顺序的确定按先加工基准面、再按先内后外、先粗后精、先近后远的原则确定,在一次装夹中尽可能加工出较多的工件表面。结合本零件的结构特征,可先粗、精加工内孔各表面,然后粗、精加工外轮廓表面。由于该零件为单件小批量生产,走刀路线设计不必考虑最短进给路线或最短空行程路线,外轮廓表面切削走刀路线可沿零件轮廓顺序进行。

4. 刀具选择

(1)切削端面选用45°硬质合金端面车刀。

(2)ϕ4中心钻,钻中心孔以利于钻削底孔时刀具找正。

(3)ϕ31.5高速钢钻头,钻内孔底孔。

(4)粗镗内孔选用内孔镗刀。

(5)螺纹退刀槽加工选用5 mm内槽车刀。

(6)内螺纹切削选用60°内螺纹车刀。

(7)选用93°硬质合金右偏刀,副偏角选35°自右向左切削外圆表面。

(8)选用93°硬质合金左偏刀,副偏角选35°自左向右切削外圆表面。

(9)选用3 mm硬质合金切槽刀,切断工件。

5. 切削用量选择

根据被加工表面质量要求、刀具材料和工件材料,参考切削用量手册或有关资料选取切削速度与每转进给量，计算主轴转速与进给速度，计算结果填入表 3.4 工序卡中。根据 CK6132－Ⅱ型数控车床配备的华中世纪星 HNC－21T 数控系统功能介绍，车螺纹时只要输入被加工螺纹的螺距（导程），从系统提供的几种可供选择的主轴转速中选取一个即可，进给速度由系统根据螺距与主轴转速自动确定。

表 3.4　数控加工刀具卡片

产品名称或代号	数控机床加工实例	零件名称	锥孔螺母套	零件图号	3－2
序号	刀具规格名称	数量	加工表面	刀尖半径(mm)	备注
1	45°硬质合金端面车刀	1	车端面	0.5	
2	ϕ4 mm 中心钻	1	钻 ϕ4 mm 中心孔		
3	ϕ31.5 mm 钻头	1	钻孔		
4	镗刀	1	镗孔及镗内孔锥面	0.4	
5	5 mm 内槽车刀	1	切 5 mm 宽螺纹退刀槽	0.4	
6	60°内螺纹车刀	1	车内螺纹及螺纹孔倒角	0.3	
7	93°右偏刀	1	自右向左车外表面	0.2	
8	93°左偏刀	1	自左向右车外表面	0.2	
9	3 mm 宽硬质合金切槽刀	1	切断	0.1	
编制	审核		批准	共 1 页	第 1 页

背吃刀量的选择因粗、精加工而有所不同。粗加工时，在工艺系统刚性和机床功率允许的情况下，尽可能取较大的背吃刀量，以减少进给次数；精加工时，为保证零件表面粗糙度要求，背吃刀量一般取 0.1～0.4 mm 较为合适。

6. 数控加工工序卡片拟订

将前面分析的各项内容综合成表 3.5 所示的数控加工工艺卡片，此表是编制加工程序的主要依据和操作人员配合数控程序进行数控加工的指导性文件，主要内容包括工步顺序、工步内容、各工步所用的刀具及切削用量等。

表 3.5　数控加工工序卡片

<table>
<tr><td rowspan="2">单位名称</td><td rowspan="2">威海职业学院</td><td>产品名称或代号</td><td colspan="2">零件名称</td><td colspan="2">零件图号</td></tr>
<tr><td>数控机床加工实例</td><td colspan="2">锥孔螺母套</td><td colspan="2">3－2</td></tr>
<tr><td>工序号</td><td>程序编号</td><td>夹具名称</td><td colspan="2">使用设备</td><td colspan="2">车间</td></tr>
<tr><td>001</td><td>P3－2</td><td>三爪自定心卡盘和自制心轴</td><td colspan="2">CK6132－Ⅱ</td><td colspan="2">数控中心</td></tr>
<tr><td>工步号</td><td>工步内容</td><td>刀具名称及规格</td><td>主轴转速
($r \cdot min^{-1}$)</td><td>进给速度
($mm \cdot min^{-1}$)</td><td>背吃刀量
(mm)</td><td>备注</td></tr>
<tr><td>1</td><td>平端面</td><td>端面车刀、25×25</td><td>320</td><td>40</td><td>1</td><td>自动</td></tr>
<tr><td>2</td><td>粗、精车外圆至 ϕ70</td><td>93°右偏刀</td><td>500</td><td>40</td><td>1</td><td>自动</td></tr>
<tr><td>3</td><td>切断、长度尺寸 77 mm</td><td>3 mm 切断刀</td><td>500</td><td>40</td><td></td><td>自动</td></tr>
<tr><td>4</td><td>车另一端面，保证长度尺寸 76 mm</td><td>端面车刀、25×25</td><td>320</td><td>30</td><td></td><td>自动</td></tr>
</table>

续表

单位名称	威海职业学院	产品名称或代号	零件名称		零件图号	
		数控机床加工实例	锥孔螺母套		3－2	
5	钻中心孔	中心孔钻、ϕ4	300			手动
6	钻孔	钻头、ϕ31.5	200			手动
7	粗、精镗通孔、锥孔	镗刀、20×20	500	40	0.2	自动
8	倒角、镗螺纹底孔至尺寸 ϕ34.2 mm	镗刀、20×20	320	25	0.2	自动
9	切 5 mm 内孔退刀槽	内槽车刀、16×16	320	20		自动
10	车内孔螺纹至 M36×2－7H	内螺纹车刀、16×16	320	2	0.2	自动
11	自右向左车外表面	右偏刀、25×25	320	30	0.2	自动
12	自左向右车外表面	左偏刀、25×25	320	30	0.2	自动
编制	审核	批准	日期		共 1 页	第 1 页

7. 加工程序与操作步骤

(1)基准面加工：采用自动方式加工出圆柱体。平端面→粗、精车外圆→切断→(调头)平端面。用 45°右偏刀、93°右偏刀、切断刀加工，保证 ϕ70 mm，长度 76 mm。

(2)钻中心孔：在 MDI 方式下，用 ϕ4 mm 的中心钻，钻深 3～5 mm 的中心孔。

(3)钻孔：在 MDI 方式下，用 ϕ31.5 mm 的钻头，钻通孔。

(4)镗 ϕ32 mm 孔及 1∶5 锥孔：在自动方式下，用镗刀粗镗、精镗内孔至 ϕ32 mm→粗镗、精镗锥孔 1∶5。用内孔镗刀、三爪自定心卡盘夹持左端，选工件右端面与轴线交点为工件坐标系原点。加工程序如下。

```
%3004
N10 T0101 M03 S450;
N20 G90 G94 G00 X30 Z5;          快速定位至循环起点
N30 G80 X31.9 Z-78 F100;         内圆柱面单一切削循环，粗镗
N40 X32 Z-78;                    精镗至尺寸 φ32 mm
N50 X31.8 Z-20 I2;               内圆锥面单一切削循环，粗镗锥孔
N60 X32 Z-20 I2;                 精镗至尺寸
N70 G00 X100 Z100;               快速返回换刀点
N80 M05;
N90 M30;
```

(5)内螺纹加工：在自动方式下，用镗刀(T01)倒角 C1.5，镗孔至内螺纹顶径 ϕ34.2 mm、深度 $25_{-0.084}^{\ 0}$ mm→用切槽刀(T02)加工内孔螺纹退刀槽，使宽度为 5 mm，内孔直

径为 ϕ40 mm→用内螺纹刀(T03)加工 M36×2－7H 螺纹。

```
%3005
N10 T0101 M03 S500;
N20 G90 G94 G00 X37.2 Z5;
N30 G01 Z0 F50;                   进给速度移动至端面倒角起点
N40 X34.2 Z-1.5;                  倒角
N50 Z-25;                         镗孔至尺寸
N60 X30;                          X 向退刀
N70 G00 Z5;                       Z 向快退至孔外
N80 X100 Z100;                    快退至换刀点
N90 T0202;                        换 02 号刀,采用 2 号刀偏
N100 G00 X30 Z5;                  快进
N110 Z-25;
N120 G01 X40 F100;                切内环槽至φ40 mm
N130 X30;                         退刀
N140 G00 Z5;                      退刀
N150 G00 X100 Z100;               快退至换刀点
N160 T0303;                       换 03 号刀,采用 3 号刀偏
N170 G00 X30 Z2;                  快进至螺纹加工循环起点
N180 G82 X35 Z-22 F2;             直螺纹加工循环
N190 G82 X35.6 Z-22 F2;
N200 G82 X35.8 Z-22 F2;
N210 G82 X36 Z-22 F2;
N220 G00 X100 Z100;
N230 M05;
N240 M30;
```

(6)外轮廓表面加工:在自动方式下,采用 93°右偏刀(T01)自右向左车外表面→采用 93°左偏刀(T02)自左向右车外表面。用三爪自定心卡盘夹紧心轴,装上工件用螺母固定,尾座支撑且找正使同心。加工程序如下。

```
%3006
N10 T0101 M03 S600 M08;
N20 G90 G94 G00 X72.3 Z2;         快进至子程序循环起始点
N30 M98 P3007 L10;                调用%3007 子程序 10 次,切至
                                  φ50.3 mm
N40 G90 G00 X54 Z2;               进刀
N50 M98 P3007 L1;                 调用%3007 子程序 1 次,切至尺寸
```

```
N60 G90 G00 X43 Z2;              快进至倒角延长线上的起点
N70 G01 X52 Z-2.5 F100;          切至倒角延长线上的终点
N80 G00 X100 Z100;               快退至换刀点
N90 T0202;                       换 02 号刀,采用 2 号刀偏
N100 G00 X72 Z-78;               快进至切削循环起点
N110 G80 X68 Z-28 F100;          外圆切削单一固定循环
N120 X66 Z-28;
N130 X64 Z-28;
N140 X62 Z-28;
N150 X60.5 Z-28;                 切至 φ60.5 mm,留 0.5 mm 精切余量
N160 X58 Z-71.5;                 循环加工阶梯段,Z 向留 0.5 mm 余量
N170 X56 Z-71.5;
N180 X54 Z-71.5;
N190 X52 Z-71.5;
N200 X50.5 Z-71.5;               切至 φ50.5 mm,留 0.5 mm
N210 G00 X47 Z-78;
N220 G01 Z-76 F100;              移至倒角起点,精切零件外轮廓起始点
N230 X50 Z-74.5;
N240 G01 Z-71;
N250 X60;
N260 Z-28;                       车 φ60 mm 外圆
N270 G03 X62 Z-27 R1;            加工 R1 圆弧面
N280 G01 X68;
N290 G02 X70 Z-26 R1;            加工 R1 圆弧面
N300 G01 Z-25;
N310 G00 X100 Z100;
N320 M05;
N330 M30;
%3007
N10 G91 G00 X-4;                 增量编程,X 向进刀 4 mm
N20 G01 Z-17 F100;               切外圆柱面
N30 G02 X10 Z-5 R5;              加工 R5 圆弧面
N40 G03 X10 Z-5 R5;              加工 R5 圆弧面
```

N50 G00 X2；

N60 Z27；

N70 X－20；

N80 M99；

附录　数控车工职业标准

一、职业概况

1. 职业名称

职业名称为数控车床操作工。

2. 职业定义

职业定义为操作数控车床、进行工件车削加工的人员。

3. 职业等级

本职业共设4个等级，分别为中级（相当于国家职业资格四级）、高级（相当于国家职业资格三级）、技师（相当于国家职业资格二级）、高级技师（相当于国家职业资格一级）。

4. 职业环境

职业环境为室内、常温。

5. 职业能力特征

职业能力特征为具有较强的计算能力和空间感、形体知觉及色觉，手指、手臂灵活，动作协调。

6. 基本文化程度

基本文化程度为高中毕业（含同等学历）。

7. 培训要求

（1）培训期限：全日制职业学校教育，根据其培养目标和教学计划确定。晋级培训期限：中级不少于400标准学时；高级不少于300标准学时。

（2）培训教师：基础理论课教师应具备本科及本科以上学历，具有一定的教学经验；培训中、高级人员的教师应具备本职业技师以上职业资格证书或本专业中级以上专业技术职务任职资格；培训技师的教师应具备本职业高级技师职业资格证书或本专业高级专业技术职务任职资格；培训高级技师的教师应具备本职业高级技师职业资格证书2年以上或本专业高级专业技术职务任职资格。

（3）培训场地设备：满足教学需要的标准教室；数控车床及完成加工所需的工件、刀具、夹具、量具和机床辅助设备；计算机、正版国产或进口CAD/CAM自动编程软件和数控加工仿真软件等。

8. 鉴定要求

(1)适用对象：从事和准备从事本职业的人员。

(2)申报条件。

——中级（具备以下条件之一者）

①取得相关职业(指车、铣、镗工,以下同)初级职业资格证书后,连续从事相关职业3年以上,经本职业中级正规培训达规定的标准学时,并取得毕(结)业证书。

②取得相关职业中级职业资格证书后,且连续从事相关职业1年以上,经本职业中级正规培训达规定的标准学时数,并取得毕(结)业证书。

③取得中等职业学校数控加工技术专业或大专以上(含大专)相关专业毕业证书。

——高级(具备以下条件之一者)

①取得本职业中级职业资格证书后,连续从事本职业4年以上,经本职业高级正规培训达规定的标准学时数,并取得毕(结)业证书。

②取得本职业中级职业资格证书后,连续从事本职业工作7年以上。

③取得高级技工学校或经劳动保障行政部门审核认定的、以高级技能为培养目标的高等职业学校本专业毕业证书。

④具有相关专业大专学历,并取得本职业中级职业资格证书后,连续从事本职业工作2年以上。

(3)鉴定方式:分为理论知识考试、软件应用考试和技能操作考核3部分。理论知识考试采用闭卷笔试方式。软件应用考试采用上机操作方式,根据考题的要求,完成零件的几何造型、加工参数设置、刀具路径与加工轨迹的生成、代码生成与后置处理和数控加工仿真。技能操作考核在配置数控车床机床的现场采用实际操作方式,按图纸要求完成试件加工。

(4)考评员和考生的配备:理论知识考核每标准考场配备2名监考员;技能考试每台设备配备2名监考人员;每次鉴定组成3～5人的考评小组。

(5)成绩评定:由考评小组负责,3项考试均采用百分制,皆达到60分以上者为合格。理论知识与软件应用由考评员根据评分标准统一阅卷、评分与计分。操作技能的成绩由现场操作规范和试件加工质量两部分组成,其中操作规范成绩根据现场实际操作表现,按照评分标准,依据考评员的现场纪录,由考评小组集体评判成绩;试件加工质量依据评分标准,根据检测设备的实际检测结果,进行客观评判、计分。

(6)鉴定时间:各等级理论知识考试和软件应用考试时间均为120 min;各等级技能操作考核时间:中级不少于300 min;高级不少于360 min;技师不少于420 min;高级技师不少于240 min。

(7)鉴定场所、设备:理论知识考试在标准教室进行;软件应用考试在标准机房进行,使用正版国产或进口CAD/CAM自动编程软件和数控加工仿真软件;技能操作考核设备为数控车床、工件、夹具、量具、刀具、机床附件及计算机等必备仪器设备,具体技术指标可参考如下要求。

①数控车床技术指标要求如表1所示。

表1 数控车床技术指标

项 目	参 数
床身上最大工件回转直径	≥200 mm
最大工件长度	≥500 mm
主轴转速范围,无级变速	≥50 r/min
定位精度	X:0.025 mm Z:0.03 mm (GB/T 16462——96)
重复定位精度	X:0.008 mm Z:0.01 mm (GB/T 16462——96)
回转刀架工位数	≥4

②切削刀具。每台数控车床配备6把以上相应刀具和规定数量的刀片,部分刀具为焊接刀具,要求自行刃磨。

③测量工具。每台数控车床配备检验试件加工精度和表面粗糙度所需的量具。

二、基本要求

1. 职业道德

1) 职业道德基本知识

2) 职业守则

(1)爱岗敬业,忠于职守。

(2)努力钻研业务,刻苦学习,勤于思考,善于观察。

(3)工作认真负责,严于律己,吃苦耐劳。

(4)遵守操作规程,坚持安全生产。

(5)着装整洁,爱护设备,保持工作环境的清洁有序,作到文明生产。

2. 基础知识

1) 数控应用技术基础

(1)数控原理与机床基本知识(组成结构、插补原理、控制原理、伺服原理等)。

(2)数控编程技术(含手动编程和自动编程,内容包括程序格式、指令代码、子程序、固定循环、宏程序等)。

(3)CAD/CAM软件使用方法(零件几何造型、刀具轨迹生成、后置处理等)。

(4)机械加工工艺原理(切削工艺、切削用量、夹具选择和使用、刀具的选择等)。

2) 安全文明生产与环境保护

(1)安全操作规程。

(2)事故防范、应变措施及记录。

(3)环境保护(车间粉尘、噪音、强光、有害气体的防范)。

3) 质量管理

(1)企业的质量方针。

(2)岗位的质量要求。

(3)岗位的质量保证措施与责任。

4）相关法律、法规知识

(1)劳动法相关知识。

(2)合同法相关知识。

三、工作要求

本标准以国家职业标准《车工》中关于数控中级工、高级工、技师、高级技师的工作要求为基础，以国家高技能人才培训工程——数控工艺培训考核大纲和职业院校数控技术应用专业领域技能型紧缺人才培养培训指导方案为补充，适当增加新技术、新技能等相关知识形成。各等级的知识和技能要求依次递进，高级别包括低级别的要求。

表 2　中级工考核大纲要求

职业功能	工作内容	技能要求	相关知识
加工准备	读图与绘图	1.能读懂中等复杂程度（如曲轴）的零件图 2.能绘制简单的轴、盘类零件图 3.能读懂进给机构、主轴系统的装配图	1.复杂零件的表达方法 2.简单零件图的画法 3.零件三视图、局部视图和剖视图的画法 4.装配图的画法
	制订加工工艺	1.能读懂复杂零件的数控车床加工工艺文件 2.能编制简单（轴盘）零件的数控车床加工工艺文件	数控车床加工工艺文件的制定
	零件定位与装夹	能使用通用夹具（如三爪自定心卡盘、四爪单动卡盘）进行零件装夹与定位	1.数控车床常用夹具的使用方法 2.零件定位、装夹的原理和方法
	刀具准备	1.能根据数控车床加工工艺文件选择、安装和调整数控车床常用刀具 2.能刃磨常用车削刀具	1.金属切削与刀具磨损知识 2.数控车床常用刀具的种类、结构和特点 3.数控车床、零件材料、加工精度和工作效率对刀具的要求
数控编程	手动编程	1.能编制由直线、圆弧组成的二维轮廓数控加工程序 2.能编制螺纹加工程序 3.能运用固定循环、子程序进行零件的加工程序编制	1.数控编程知识 2.直线插补和圆弧插补的原理 3.坐标点的计算方法
	计算机辅助编程	1.能使用计算机绘图设计软件绘制简单（轴、盘、套）零件图 2.能利用计算机绘图软件计算节点	计算机绘图软件（二维）的使用方法

续表

职业功能	工作内容	技能要求	相关知识
数控车床操作	操作面板	1. 能按照操作规程启动及停止机床 2. 能使用操作面板上的常用功能键(如回零、手动、MDI、修调等)	1. 熟悉数控车床操作说明书 2. 数控车床操作面板的使用方法
	程序输入与编辑	1. 能通过各种途径(如 DNC、网络等)输入加工程序 2. 能通过操作面板编辑加工程序	1. 数控加工程序的输入方法 2. 数控加工程序的编辑方法 3. 网络知识
	对刀	1. 能进行对刀并确定相关坐标系 2. 能设置刀具参数	1. 对刀的方法 2. 坐标系的知识 3. 刀具偏置补偿、半径补偿与刀具参数的输入方法
	程序调试与运行	能够对程序进行校验、单步执行、空运行并完成零件试切	程序调试的方法
零件加工	轮廓加工	1. 能进行轴、套类零件加工,并达到以下要求: (1)尺寸公差等级:IT6 (2)形位公差等级:IT8 (3)表面粗糙度:RA1.6 2. 能进行盘类、支架类零件加工,并达到以下要求: (1)轴径公差等级:IT6 (2)孔径公差等级:IT7 (3)形位公差等级:IT8 (4)表面粗糙度:RA1.6	1. 内、外径的车削加工方法,测量方法 2. 形位公差的测量方法 3. 表面粗糙度的测量方法
	螺纹加工	能进行单线等节距普通三角螺纹、锥螺纹的加工,并达到以下要求: (1)尺寸公差等级:IT6~IT7 (2)形位公差等级:IT8 (3)表面粗糙度:R1.6	1. 常用螺纹的车削加工方法 2. 螺纹加工中的参数计算
	槽类加工	能进行内径槽、外径槽和端面槽的加工,并达到以下要求: (1)尺寸公差等级:IT8 (2)形位公差等级:IT8 (3)表面粗糙度:R3.2	内径槽、外径槽和端槽的加工方法
零件加工	孔加工	能进行孔加工,并达到以下要求: (1)尺寸公差等级:IT7 (2)形位公差等级:IT8 (3)表面粗糙度:R3.2	孔的加工方法
	零件精度检验	能进行零件的长度、内径、外径、螺纹、角度精度检验	1. 通用量具的使用方法 2. 零件精度检验及测量方法

续表

职业功能	工作内容	技能要求	相关知识
数控车床维护和故障诊断	数控车床日常维护	能根据说明书完成数控车床的定期及不定期维护保养，包括机械、电、气、液压、冷却数控系统检查和日常保养等	1. 数控车床说明书 2. 数控车床日常保养方法 3. 数控车床操作规程 4. 数控系统（进口与国产数控系统）使用说明书
	数控车床故障诊断	1. 能读懂数控系统的报警信息 2. 能发现并排除由数控程序引起的数控车床的一般故障	1. 使用数控系统报警信息表的方法 2. 数控机床的编程和操作故障诊断方法
	数控车床精度检查	能进行数控车床水平的检查	1. 水平仪的使用方法 2. 机床垫铁的调整方法

表 3 高级工考核大纲要求

职业功能	工作内容	技能要求	相关知识
加工准备	读图与绘图	1. 能读懂中等复杂程度（如刀架）的装配图 2. 能根据装配图拆画零件图 3. 能测绘零件	1. 根据装配图拆画零件图的方法 2. 零件的测绘方法
	制订加工工艺	能编制复杂零件的数控车床加工工艺文件	复杂零件数控车床的加工工艺文件的制订
	零件定位与装夹	1. 能选择和使用数控车床组合夹具和专用夹具 2. 能分析并计算车床夹具的定位误差 3. 能设计与自制装夹辅具（如心轴、轴套、定位件等）	1. 数控车床组合夹具和专用夹具的使用、调整方法 2. 专用夹具的使用方法 3. 夹具定位误差的分析与计算方法
	刀具准备	1. 能选择各种刀具及刀具附件 2. 能根据加工材料的特点，选择刀具的材料、结构和几何参数 3. 能刃磨特殊车削刀具	1. 专用刀具的种类、用途、特点和刃磨方法 2. 切削加工材料时的刀具材料和几何参数的确定方法
数控编程	手动编程	能运用变量编程编制含有公式曲线的零件数控加工程序	1. 固定循环和子程序的编程方法 2. 变量编程的规则和方法
	计算机辅助编程	能用计算机绘图软件绘制装配图	计算机绘图软件的使用方法
	数控加工仿真	能利用数控加工仿真软件实施加工过程仿真以及加工代码检查、干涉检查、工时估算	数控加工仿真软件的使用方法

续表

职业功能	工作内容	技能要求	相关知识
零件加工	轮廓加工	能进行细长、薄壁零件加工，并达到以下要求： (1)轴径公差等级：IT6 (2)孔径公差等级：IT7 (3)形位公差等级：IT8 (4)表面粗糙度：R1.6	细长、薄壁零件加工的特点及装夹、车削方法
	螺纹加工	1. 能进行单线和多线等节距的T形螺纹、锥螺纹加工，并达到以下要求： (1)尺寸公差等级：IT6 (2)形位公差等级：IT8 (3)表面粗糙度：R1.6 2. 能进行变节距螺纹的加工，并达到以下要求： (1)尺寸公差等级：IT6 (2)形位公差等级：IT7 (3)表面粗糙度：R1.6	1. T形螺纹、锥螺纹加工中的参数计算 2. 变节距螺纹的车削加工方法
	孔加工	能进行深孔加工，并达到以下要求： (1)尺寸公差等级：IT6 (2)形位公差等级：IT8 (3)表面粗糙度：R1.6	深孔的加工方法
	配合件加工	能按装配图上的技术要求对套件进行零件加工和组装，配合全差达到IT7级	套件的加工方法
	零件精度检验	1. 能在加工过程中使用百分表、千分表等进行在线测量，并进行加工技术参数的调整 2. 能够进行多线螺纹的检验 3. 能进行加工误差分析	1. 百分表、千分表的使用方法 2. 多线螺纹的精度检验方法 3. 误差分析的方法
数控车床维护与精度检验	数控车床日常维护	1. 能制定数控车床的日常维护规程 2. 能监督检查数控车床的日常维护状况	1. 数控车床维护管理基本知识 2. 数控机床维护操作规程的制定方法

续表

职业功能	工作内容	技能要求	相关知识
数控车床维护与精度检验	数控车床故障诊断	1. 能判断数控车床机械、液压、气压和冷却系统的一般故障 2. 能判断数控车床控制与电气系统的一般故障 3. 能够判断数控车床刀架的一般故障	1. 数控车床机械故障的诊断方法 2. 数控车床液压、气压元器件的基本原理 3. 数控机床电气元件的基本原理 4. 数控车床刀架结构
	机床精度检验	1. 能利用量具、量规对机床主轴的垂直平等度、机床水平等一般机床几何精度进行检验 2. 能进行机床切削精度检验	1. 机床几何精度检验内容及方法 2. 机床切削精度检验内容及方法

表 4 技师考核大纲要求

职业功能	工作内容	技能要求	相关知识
加工准备	读图与绘图	1. 能绘制工装装配图 2. 能读懂常用数控车床的机械结构图及装配图	1. 工装装配图的画法 2. 常用数控车床的机械原理图及装配图的画法
	制订加工工艺	1. 能编制高难度、高精密、特殊材料零件的数控加工多工种工艺文件 2. 能对零件的数控加工工艺进行合理性分析，并提出改进建议 3. 能推广应用新知识、新技术、新工艺、新材料	1. 零件的多工种工艺分析方法 2. 数控加工工艺方案合理性的分析方法及改进措施 3. 特殊材料的加工方法 4. 新知识、新技术、新工艺、新材料
	零件定位与装夹	能设计与制作零件的专用夹具	专用夹具的设计与制造方法
	刀具准备	1. 能依据切削条件和刀具条件估算刀具的使用寿命 2. 根据刀具寿命计算并设置相关参数 3. 能推广应用新刀具	1. 切削刀具的选用原则 2. 延长刀具寿命的方法 3. 刀具新材料、新技术 4. 刀具使用寿命的参数设定方法
数控编程	手动编程	能编制车削中心、车铣中心的三轴及三轴以上（含旋转轴）的加工程序	编制车削中心、车铣中心加工程序的方法
	计算机辅助编程	1. 能用计算机辅助设计/制造软件进行车削零件的造型和生成加工轨迹 2. 能根据不同的数控系统进行后置处理并生成加工代码	1. 三维造型和编辑 2. 计算机辅助设计/制造软件（三维）的使用方法

续表

职业功能	工作内容	技能要求	相关知识
	数控加工仿真	能利用数控加工仿真软件分析和优化数控加工工艺	数控加工仿真软件的使用方法
零件加工	轮廓加工	1.能编制数控加工程序车削多拐曲轴达到以下要求： (1)直径公差等级:IT6 (2)表面粗糙度:R1.6 2.能编制数控加工程序对适合在车削中心加工的带有车削、铣削等工序的复杂零件进行加工	1.多拐曲轴车削加工的基本知识 2.车削加工中心加工复杂零件的车削方法
	配合件加工	能进行2件(含2件)以上具有多处尺寸链配合的零件加工与配合	多尺寸链配合的零件加工方法
	零件精度检验	能根据测量结果对加工误差进行分析并提出改进措施	1.精密零件的精度检验方法 2.检具设计知识
数控车床维护与精度检验	数控车床维修	1.能实施数控车床的一般维修 2.能借助字典阅读数控设备的主要外文信息	1.数控车床常用机械故障的维修方法 2.数控车床专业外文知识
	数控车床故障诊断和排除	1.能排除数控车床机械、液压、气压和冷却系统的一般故障 2.能排除数控车床控制与电气系统的一般故障 3.能够排除数控车床刀架的一般故障	1.数控车床液压、气压元件的维修方法 2.数控车床电气元件的维修方法 3.数控车床数控系统的基本原理 4.数控车床刀架维修方法
	机床精度检验	1.能利用量具、量规对机床定位精度、重复定位精度、主轴精度、刀架的转位精度进行精度检验 2.能根据机床切削精度判断机床精度误差	1.机床定位精度检验、重复定位精度检验的内容及方法 2.机床动态特性的基本原理
培训与管理	操作指导	能指导本职业中级、高级工进行实际操作	操作指导书的编制方法

续表

职业功能	工作内容	技能要求	相关知识
培训与管理	理论培训	1. 能对本职业中级、高级工和技师进行理论培训 2. 能系统地讲授各种切削刀具的特点和使用方法	1. 培训教材编写方法 2. 切削刀具的特点和使用方法
	质量管理	能在本职工作中认真贯彻各项质量标准	相关质量标准
	生产管理	能协助部门领导进行生产计划、调度及人员的管理	生产管理基本知识
	技术发造与创新	能进行加工工艺、夹具、刀具的改进	数控加工工艺综合知识

表 5 高级技师考核大纲要求

职业功能	工作内容	技能要求	相关知识
工艺分析与设计	读图与绘图	1. 能绘制复杂工装装配图 2. 能读懂常用数控车床的电气、液压原理图	1. 复杂工装设计方法 2. 常用数控车床电气、液压原理图的画法
	制订加工工艺	1. 能对高难度、高精密零件的数控加工工艺方案进行优化并实施 2. 能编制多轴车削中心的数控加工工艺文件 3. 能对零件加工工艺提出改进建议	1. 复杂、精密零件加工工艺的系统知识 2. 车削中心、车铣中心加工工艺文件编制方法
	零件定位与装夹	能对现有的数控车床夹具进行误差分析并提出改进建议	误差分析方法
	刀具准备	能根据零件要求设计刀具，并提出制造方法	刀具的设计与制造知识
零件加工	异形零件加工	能解决高难度（如十字座类、连杆类、叉架类等异形零件）零件车削加工的技术问题、并制定工艺措施	高难度零件的加工方法
	零件精度检验	能制定高难度零件加工过程中的精度检验方法	在机械加工全过程中影响质量的因素及提高质量的措施
数控车床维护与精度检验	数控车床维修	1. 能组织并实施数控车床的重大维修 2. 能借助字典看懂数控设备的主要外文技术资料 3. 能针对机床运行现状合理调整数控系统相关参数	数控车床大修方法 数控系统机床参数信息表

续表

职业功能	工作内容	技能要求	相关知识
数控车床维护与精度检验	数控车床故障故障诊断和排除	1.能分析数控车床机械、液压、气压和冷却系统故障产生的原因，并能提出改进措施减少故障率 2.能根据机床电路图或可编程逻辑控制器(PLC)梯形图检查出故障发生点，并提出机床维修方案	1.数控车床数控系统的控制方法 2.数控机床机械、液压、气压和冷却系统结构调整和维修方法 3.机床电路图使用方法 4.可编程逻辑控制器(PLC)的使用方法
	机床精度检验	1.能利用激光干涉仪或其他设备对数控车床进行定位精度、重复定位精度、导轨垂直平行度的检验 2.能通过调整和修改机床参数对可补偿的机床误差进行精度补偿	1.激光干涉仪的使用方法 2.误差统计和计算方法 3.数控系统中机床误差的补偿
	数控设备网络化	能借助网络设备和软件系统实现数控设备的网络化管理	数控设备网络接口及相关技术
培训与管理	(一)操作指导	能指导本职业中级、高级工和技师进行实际操作	操作理论教学指导书的编写方法
	(二)理论培训	能对本职业中级、高级工和技师进行理论培训	教学计划与大纲的编制方法
	(三)质量管理	能应用全面质量管理知识，实现操作过程的质量分析与控制	质量分析与控制方法
	(四)技术改造与创新	能组织实施技术改造和创新，并撰写相应的论文	科技论文撰写方法

附表 1 华中世纪星 HNC-21T 准备功能一览表

G 代码	组	功能	参数(后续地址字)	备注
G00	01	快速定位	X、Z	
G01		直线插补	同上	*
G02		顺圆插补	X、Z、I、K、R	
G03		逆圆插补	同上	
G04	00	暂停	P	
G20	08	英寸输入		
G21		毫米输入		*
G28	00	返回到参考点	X、Z	
G29		由参考点返回	同上	
G32	01	螺纹切削	X、Z	
G40	09	刀尖半径补偿取消		*
G41		左刀补	D	
G42		右刀补	D	
G52	00	局部坐标系设定	X、Z	
G54	11	零点偏置		*
55				
56				
57				
58				
59				
G65	00	宏指令简单调用	P、A～Z	
G71	06	外径/内径车削复合循环	X、Z、U、W、P、Q、R	
G71		端面车削复合循环		
G73		闭环车削复合循环		
G76		螺纹切削复合循环		
G80	01	内/外径车削固定循环	X、Z、I、K	
G81		端面车削固定循环		
G82		螺纹切削固定循环		
G90	13	绝对值编程		*
G91		增量值编程		
G92	00	工件坐标系设定	X、Z	

续表

G代码	组	功能	参数(后续地址字)	备注
G94	14	每分钟进给		*
G95		每转进给		
G36	16	直径编程		*
G37		半径编程		

注意:(1)除00组的G代码为非模态指令,其他组的代码为模态指令。

(2)带*号的表示系统缺省值。

附表 2 FANUC 0i 系统数控车床 G 指令代码表

代码	分组	意义	格式
G00	01	快速进给、定位	G00 X-- Z--
G01		直线插补	G01 X-- Z--
G02		圆弧插补 CW(顺时针)	
G03		圆弧插补 CCW(逆时针)	
G04	00	暂停	G04 [X|U|P] X,U 单位:s;P 单位:ms(整数)
G20	06	英制输入	
G21		米制输入	
G28	0	回归参考点	G28 X-- Z--
G29		由参考点回归	G29 X-- Z--
G32	01	螺纹切削(由参数指定绝对和增量)	Gxx X|U… Z|W… F|E… F 指定单位为 0.01 mm/r 的螺距。E 指定单位为 0.1 μm/r 的螺旋
G40	07	刀具补偿取消	G40
G41		左半径补偿	
G42		右半径补偿	
G50	00		设定工件坐标系:G50 X Z 偏移工件坐标系:G50 U W
G53		机械坐标系选择	G53 X-- Z--
G54	12	选择工作坐标系 1	GXX
G55		选择工作坐标系 2	
G56		选择工作坐标系 3	
G57		选择工作坐标系 4	
G58		选择工作坐标系 5	
G59		选择工作坐标系 6	
G70	00	精加工循环	G70 Pns Qnf
G71		外圆粗车循环	G71 UΔd Re G71 Pns Qnf UΔu WΔw Ff
G72		端面粗切削循环	G72 W(Δd) R(e) G72 P(ns) Q(nf) U(Δu) W(Δw) F(f) S(s) T(t) Δd:切深量 e:退刀量 ns:精加工形状的程序段组的第一个程序段的顺序号 nf:精加工形状的程序段组的最后程序段的顺序号 Δu:*X* 方向精加工余量的距离及方向 Δw:*Z* 方向精加工余量的距离及方向
G73		封闭切削循环	G73 Ui WΔk Rd G73 Pns Qnf UΔu WΔw Ff

续表

代码	分组	意义	格式
G74	00	端面切断循环	G74 R(e) G74 X(U)_Z(W)_P(Δi)Q(Δk)R(Δd)F(f) e:返回量 Δi:*X* 方向的移动量 Δk:*Z* 方向的切深量 Δd:孔底的退刀量 f:进给速度
G75		内径/外径切断循环	G75 R(e) G75 X(U)_Z(W)_P(Δi)Q(Δk)R(Δd)F(f)
G76		复合型螺纹切削循环	G76 P(m) (r) (a) Q(Δdmin) R(d) G76 X(u)_Z(W)_R(i) P(k)Q(Δd)F(l) m:最终精加工重复次数为 1～99 r:螺纹的精加工量(倒角量) a:刀尖的角度(螺牙的角度)可选择 80、60、55、30、29、0 六个种类 m,r,a:同用地址 P 一次指定 Δdmin:最小切深度 i:螺纹部分的半径差 k:螺牙的高度 Δd:第一次的切深量 l:螺纹导程
G90	01	直线车削循环加工	G90 X(U)——— Z(W)——— F——— G90 X(U)——— Z(W)——— R——— F———
G92		螺纹车削循环	G92 X(U)——— Z(W)——— F——— G92 X(U)——— Z(W)——— R——— F———
G94		端面车削循环	G94 X(U)——— Z(W)——— F——— G94 X(U)——— Z(W)——— R——— F———
G98	05	每分钟进给速度	
G99		每转进给速度	

附表 3 FANUC 0i 系统数控机床 M 指令代码表

代码	意义	格式
M00	停止程序运行	
M01	选择性停止	
M02	结束程序运行	
M03	主轴正向转动开始	
M04	主轴反向转动开始	
M05	主轴停止转动	
M06	换刀指令	M06 Txx
M08	冷却液开启	
M09	冷却液关闭	
M30	结束程序运行且返回程序开头	
M98	子程序调用 调用程序号为 Onnnn 的程序次。	M98 Pxxnnnn
M99	子程序结束	Onnnn … M99

附表 4 SIEMENS 802S 数控系统 G 指令代码表

分类	分组	代码	意义	格式	备注
插补	1	G0	快速线性移动(笛卡尔坐标)	G0 X… Y… Z…	
		G1 *	带进给率的线性插补(笛卡尔坐标)	G1 X… Y… Z…	
		G2	顺时针圆弧(笛卡尔坐标,终点+圆心)	G2 X… Y… Z… I… J… K…	XYZ 确定终点,IJK 确定圆心
			顺时针圆弧(笛卡尔坐标,终点+半径)	G2 X… Y… Z… CR=…	XYZ 确定终点, CR 为半径(大于 0 为优弧,小于 0 为劣弧)
			顺时针圆弧(笛卡尔坐标,圆心+圆心角)	G2 AR=… I… J… K…	AR 确定圆心角(0 到 360°), IJK 确定圆心
			顺时针圆弧(笛卡尔坐标,终点+圆心角)	G2 AR=… X… Y… Z…	AR 确定圆心角(0 到 360°),XYZ 确定终点
		G3	逆时针圆弧(笛卡尔坐标,终点+圆心)	G3 X… Y… Z… I… J… K…	
			逆时针圆弧(笛卡尔坐标,终点+半径)	G3 X… Y… Z… CR=…	
			逆时针圆弧(笛卡尔坐标,圆心+圆心角)	G3 AR=… I… J… K…	
			逆时针圆弧(笛卡尔坐标,终点+圆心角)	G3 AR=… X… Y… Z…	
		G5	通过中间点进行圆弧插补	G5 Z… X…KZ… IX…	通过起始点和终点之间的中间点位置确定圆弧的方向 G5 一直有效,直到被 G 功能组中其它的指令取代为止
		G33	加工恒螺距螺纹	G33 Z…K…	圆柱螺纹
				G33 Z…X…K…	锥螺纹(锥角小于 45°)
				G33 Z…X…I…	锥螺纹(锥角大于 45°)
				G33 X…I…	端面螺纹
				G33 Z…K… SF=… Z…X…K… Z…X…K…	多段连续螺纹 SF=:起始点偏移值

续表

分类	分组	代码	意　义	格　式	备　注
暂停	2	G4	通过在两个程序段之间插入一个G4程序段，可以使加工中断给定的时间	G4 F… G4 S…	G4 F…：暂停时间(秒) G4 S…：暂停主轴转速
平面	6	G17 *	指定 *XY* 平面	G17	
		G18	指定 *ZX* 平面	G18	
		G19	指定 *YZ* 平面	G19	
主轴运动	3	G25	通过在程序中写入G25或G26指令和地址S下的转速，可以限制特定情况下主轴的极限值范围	G25 S…	主轴转速下限
		G26		G26 S…	主轴转速上限
增量设置	14	G90 *	绝对尺寸	G90	
		G91	增量尺寸	G91	
单位	13	G70 *	英制单位输入	G70	
		G71	公制单位输入	G71	
可设定的零点偏移	9	G53	取消可设定零点偏移（程序段方式有效）	G53	
	8	G500 *	取消可设定零点偏移(模态有效)	G500	
		G54	第一可设定零点偏移值	G54	
		G55	第二可设定零点偏移值	G55	
		G56	第三可设定零点偏移值	G56	
		G57	第四可设定零点偏移值	G57	
进给	15	G94 *	进给率	F	mm/min
		G95	主轴进给率	F	mm/r
	2	G63			
可编程的零点偏移	3	G158	对所有坐标轴编程零点偏移	G158	后面的G158指令取代先前的可编程零点偏移指令；在程序段中仅输入G158指令而后面不跟坐标轴名称时，表示取消当前的可编程零点偏移
	2	G74	回参考点(原点)	G74 X… Y…Z…	G74之后的程序段原先“插补方式”组中的G指令将再次生效；G74需要一独立程序段，并按程序段方式有效
		G75	返回固定点	G75 X…Y…Z…	G75之后的程序段原先“插补方式”组中的G指令将再次生效；G75需要一独立程序段，并按程序段方式有效

续表

分类	分组	代码	意　义	格　式	备　注
刀具补偿	7	G40 *	取消刀尖半径补偿	G40	进行刀尖半径补偿时必须有相应的 D 号才能有效;刀尖半径补偿只有在线性插补时才能选择
		G41	左侧刀尖半径补偿	G41	
		G42	右侧刀尖半径补偿	G42	
	18	G450 *	刀补时拐角走圆角	G450	圆弧过渡 刀具中心轨迹为一个圆弧,其起点为前一曲线的终点,终点为后一曲线的起点,半径等于刀具半径 圆弧过渡在运行下一个,带运行指令的程序段时才有效
		G451	刀补时,到交点再拐角	G451	交点 回刀具中心轨迹交点—以刀具半径为距离的等距线交点

附表 5　SIEMENS 802S 数控系统其他指令代码表

指令	意　义	格　式
IF	有条件程序跳跃	IF expression GOTOB LABEL 或 IF expression GOTOF LABEL LABEL： IF　跳转条件导入符 GOTOB　带向后跳跃目的的跳跃指令（朝程序开头） GOTOF　带向前跳跃目的的跳跃指令（朝程序结尾） LABEL　目的（程序内标号） LABEL：　跳跃目的；冒号后面为跳跃目的名 ＝＝　等于 ＜＞ 不等于；＞ 大于；＜ 小于 ＞＝　大于或等于；＜＝　小于或等于 例： N100 IF R1＞1 GOTOF MARKE2 ... N1000 IF R45＝＝R7＋1 GOTOB MARKE3
COS	余弦	Sin(x)
SIN	正弦	Cos(x)
SQRT	开方	SQRT(x)
GOTOB	向后跳转	GOTOB LABEL 向程序开始的方向跳转 LABEL：所选的标记符
GOTOF	向前跳转	GOTOF LABEL 向程序结束的方向跳转 参数意义同上
LCYC82	钻削，深孔加工	R101 R102 R103 R104 R105 LCYC82 R101：退回平面（绝对平面） R102：安全距离 R103：参考平面（绝对平面） R104：最后钻深（绝对值） R105：在此钻削深度停留时间 例： N10 G0 G18 G90 F500 T2 D1 S500 M4

续表

指令	意　义	格　式
LCYC82	钻削,深孔加工	N20 Z110 X0 N25 G17 N30 R101=110 R102=4 R103=102 R104=75 N35 R105=2 N40 LCYC82 N50 M2
LCYC83	深孔钻削	R101 R102 R103 R104 R105 R107 R108 R109 R110 R111 R127 LCYC83 R107:钻削进给率 R108:首钻进给率 R109:在起始点和排屑时停留时间 R110:首钻深度 R111:递减量,无符号 R127:加工方式:断屑=0,排屑=1 其他参数意义同 LCYC82 例: N100 G0 G18 G90 T4 S500 M3 N110 Z155 N120 X0 N125 G17 R101=155 R102=1 R103=150 R104=5 R109=0 R110=150 R111=20 R107=500 R127=1 R108=400 N140 LCYC83 N199 M2
LCYC84	无补偿卡盘攻丝	R101 R102 R103 R104 R105 R106 R112 R113 LCYC84 R106:螺纹导程值 R112:攻丝速度 R113:对刀速度 例: N10 G0 G90 G17 T4 D4 N20 X30 Y35 Z40 N30 R101=40 R102=2 R103=36 R104=6 R105=0 N40 R106=-0.5 R112=100 R113=500 N50 LCYC84 N60 M2

续表

指令	意　义	格　式
LCYC85	镗孔	R101 R102 R103 R104 R105 R107 R108 LCYC85 R107:确定钻削时的进给率大小 R108:确定退刀时的进给率大小 其余参数意义同 LCYC82 例: N10 G0 G90 G18 F1000 S500 M3 T1 D1 N20 Z110 X0 N25 G17 N30 R101=105 R102=2 R103=102 R104=77 N35 R105=0 R107=200 R108=400 N40 LCYC85 N50 M2
LCYC840	带补偿夹具内螺纹切削	R101 R102 R103 R104 R106 R126 LCYC840 R106:螺纹导程值(0.001～20 000.000mm) R126:攻丝时主轴旋转方向(3 用于 M3;4 用于 M4) 其余参数意义同 LCYC82 例: N10 G0 G17 G90 S300 M3 D1 T1 N20 X35 Z60 N30 R101=60 R102=2 R103=56 R104=15 R105=1 N40 R106=0.5 R126=3 N45 LCYC840 N50 M2
LCYC60	行列孔	R115 R116 R117 R118 R119 R120 R121 LCYC60 R115:钻孔或攻丝循环号 R116:横坐标参考点 R117:纵坐标参考点 R118:第一孔到参考点的距离 R119:孔数 R120:平面中孔排列直线的角度 R121:空间距离 例: N10 G0 G18 G90 S500 M3 T1 D1 N20 X50 Z50 Y110

续表

指令	意　义	格　式
LCYC60	行列孔	N30 R101＝105 R102＝2 R103＝102 R104＝22, N40 R107＝100 R108＝50 R109＝1 N50 R110＝90 R111＝20 R127＝1 N60 R115＝83 R116＝30 R117＝20 R119＝0 R120＝20 R121＝20 N70 LCYC60 ; Call cycle for row of holes N80 .... N90 R106＝0.5 R112＝100 R113＝500 N100 R115＝84 N110 LCYC60 N120 M2
LCYC61	圆周孔	R115 R116 R117 R118 R119 R120 R121 LCYC6061 R118:孔所在圆周半径 R120:起始角度 R121:孔间角度 其余参数意义同 LCYC60 例: N10 G0 G17 G90 F500 S400 M3 T3 D1 N20 X50 Y45 Z5 N30 R101＝5 R102＝2 R103＝0 R104＝－30 R105＝1 N40 R115＝82 R116＝70 R117＝60 R118＝42 R119＝4 N50 R120＝33 R121＝0 N60 LCYC61 N70 M2
LCYC75	矩形或圆形的套,槽	R101 R102 R103 R104 R116 R117 R118 R119 R120 R121 R122 R123 R124 R125 R126 R127 LCYC75 R104:槽深 R116:横坐标参考点 R117:纵坐标参考点 R118:槽的长度 R119:槽的宽度 R120:圆角半径 R121:最大进给深度 R122:深度进给的进给率 R123:表面加工的进给率

续表

指令	意　义	格　式
LCYC75	矩形或圆形的套，槽	R124：表面加工的精加工量，无符号 R125：深度加工的精加工量，无符号 R126：铣削方向(2=G2;3=G3) R127：加工方式(1;2) 其余参数意义同 LCYC60 例： N10 G0 G17 G90 F200 S300 M3 T4 D1 N20 X60 Y40 Z5 N30 R101 = 5 R102 = 2 R103 = 0 R104 = − 17.5 R105=2 N40 LCYC82 N50 .... N60 R116=60 R117=40 R118=60 R119=40 R120=8 N70 R121 = 4 R122 = 120 R123 = 300 R124 = 0.75 R125=0.5 N80 R126=2 R127=1 N90 LCYC75 N100 .... N110 R127=2 N120 LCYC75 N130 M2
LCYC93	切槽循环 5	R100 R101 R105 R106 R107 R108 R114 R115 R116 R117 R118 R119 LCYC93 R100：横向坐标轴起始点 R101：纵向坐标轴起始点 R105：加工类型(1～8) R106：精加工余量，无符号 R107：刀具宽度，无符号 R108：切入深度，无符号 R114：槽宽，无符号 R115：槽深，无符号 R116：角，无符号(0～89.999°) R117：槽沿倒角 R118：槽底倒角 R119：槽底停留时间 例： N10 G0 G90 Z100 X100 T2 D1 S300 M3 G23； N20 G95 F0.3 R100=35 R101=60 R105=5 R106=1 R107=12

续表

指令	意　义	格　式
LCYC93	切槽循环 5	R108=10 R114=30 R115=25 R116=20 R117=0 R118-2 R119=1 N60 LCYC93 N70 G90 G0 Z100 X50 N100 M2
LCYC94	凹、凸切削循环	R100 R101 R105 R107 LCYC94 R105:形状定义(值 55 为形状 E;值 56 为形状 F) R107:刀具的刀尖位置定义(值 1～4 对应于位置 1～4) 其余参数意义同 LCYC93 例: N50 G0 G90 G23 Z100 X50 T25 D3 S300 M3 N55 G95 F0. 3 R100=20 R101=60 R105=55 R107=3 N60 LCYC94 N70 G90 G0 Z100 X50 N99 M02
LCYC95	毛坯切削循环	R105 R106 R108 R109 R110 R111 R112 LCYC95 R105:加工类型(1～12) R106:精加工余量,无符号 R108:切入深度,无符号 R109:粗加工的切入角 R110:粗加工的退刀量 R111:粗切进给率 R112:精切进给率 例: N10 T1 D1 G0 G23 G95 S500 M3 F0. 4 N20 Z125 X162 _CNAME="TESTK1" R105=9 R106=1. 2 R108=5 R109=7 R110=1. 5 R111=0. 4 R112=0. 25 N20 LCYC95 N30 G0 G90 X81 N35 Z125 N99 M30 N10 G1 Z100 X40 ;Starting point N20 Z85 ;P1

续表

指令	意 义	格 式
LCYC95	毛坯切削循环	N30 X54 ;P2 N40 Z77 X70 ;P3 N50 Z67 ;P4 N60 G2 Z62 X80 CR=5 ;P5 N70 G1 Z62 X96 ;P6 N80 G3 Z50 X120 CR=12 ;P7 N90 G1 Z35 ;P8 M17
LCYC97	螺纹切削	R100 R101 R102 R103 R104 R105 R106 R109 R110 R111 R112 R113 R114 LCYC97 R100:螺纹起始点直径 R101:纵向轴螺纹起始点 R102:螺纹终点直径 R103:纵向轴螺纹终点 R104:螺纹导程值,无符号 R105:加工类型(1,2) R106:精加工余量,无符号 R109:空刀导入量,无符号 R110:空刀退出量,无符号 R111:螺纹深度,无符号 R112:起始点偏移,无符号 R113:粗切削次数,无符号 R114:螺纹头数,无符号 例: N10 G23 G95 F0.3 G90 T1 D1 S1000 M4 N20 G0 Z100 X120 R100=42 R101=80 R102=42 R103=45 R105=1 R106=1 R109=12 R110=6 R111=4 R112=0 R113=3 R114=2 N50 LCYC97 N100 G0 Z100 X60 N110 M2

附表 6　SIEMENS 802S 数控系统 M 指令代码表

<table>
<tr><th>代码</th><th>意义</th><th>格式</th><th>功能</th></tr>
<tr><td>M0</td><td>编程停止</td><td></td><td></td></tr>
<tr><td>M1</td><td>选择性暂停</td><td></td><td></td></tr>
<tr><td>M2</td><td>主程序结束返回程序开头</td><td></td><td></td></tr>
<tr><td>M3</td><td>主轴正转</td><td></td><td></td></tr>
<tr><td>M4</td><td>主轴反转</td><td></td><td></td></tr>
<tr><td>M5</td><td>主轴停转</td><td></td><td></td></tr>
<tr><td rowspan="2">M6</td><td rowspan="2">换刀(缺省设置)</td><td></td><td>选择第 X 号刀，X 范围：0～32 000，T0 取消刀具</td></tr>
<tr><td>M6</td><td>T 生效且对应补偿 D 生效
H 补偿在 Z 轴移动时才有效</td></tr>
<tr><td rowspan="2">M17</td><td rowspan="2">子程序结束</td><td></td><td>若单独执行子程序则此功能同 M2 和 M30 相同</td></tr>
<tr><td></td><td></td></tr>
<tr><td>M30</td><td>主程序结束且返回</td><td></td><td></td></tr>
</table>

参考文献

[1] 刘雄伟.数控机床操作与编程操作培训教程[M]. 北京:机械工业出版社,2001.

[2] 朱绍华等.机械加工工艺[M]. 北京:机械工业出版社,1996.

[3] 陈洪涛.数控加工工艺与编程[M]. 北京:高等教育出版社,2005.

[4] 徐嘉元.机械加工工艺基础[M]. 北京:机械工业出版社,1990.

[5] 华茂发.数控机床加工工艺[M]. 北京:机械工业出版社,2004.

[6] 方沂.数控机床编程与操作[M]. 北京:国防工业出版社,2005.

[7] 覃岭.数控加工工艺基础[M]. 重庆:重庆大学出版社,2004.

[8] 彭德荫等,车工工艺与技能训练[M]. 北京:中国劳动社会保障出版社,2001.

[9] 李云,机械制造工艺学[M]. 北京:机械工业出版社,1998.

[10] 中国机械工业教育协会.数控加工工艺及编程[M]. 北京:机械工业出版社,2001.

[11] 赵志修.机械制造工艺学[M]. 北京:机械工业出版社,1985.

[12] 宋放之等.数控工艺培训教程(数控车部分)[M]. 北京:清华大学出版社, 2003.

[13] 数控技能教材编写组.数控车床编程与操作[M]. 上海:复旦大学出版社, 2006.

[14] 郑修本. 机械制造工艺学[M]. 北京: 机械工业出版社, 2006.

[15] 张超英,罗学科.数控机床加工工艺、编程及操作实训[M]. 北京:高等教育出版社,2003.

[16] 司乃钧. 机械加工工艺基础[M]. 北京:高等教育出版社,1992.